江苏高校品牌专业建设工程·建筑工程技术专业

U0661077

建筑结构

主　编　朱进军　刘小丽　李晟文
副主编　李　晶　房忠洁
参　编　顾亚雯　李仁飞　马翠红

南京大学出版社

编 委 会

主　任：袁洪志（常州工程职业技术学院）

副主任：陈年和（江苏建筑职业技术学院）
　　　　汤金华（南通职业大学）
　　　　张苏俊（扬州工业职业技术学院）

委　员：（按姓氏笔画为序）
　　　　马庆华（连云港职业技术学院）
　　　　玉小冰（湖南工程职业技术学院）
　　　　刘如兵（泰州职业技术学院）
　　　　刘　霁（湖南城建职业技术学院）
　　　　汤　进（江苏商贸职业学院）
　　　　李晟文（九州职业技术学院）
　　　　杨建华（江苏城乡建设职业学院）
　　　　何隆权（江西工业贸易职业技术学院）
　　　　徐永红（常州工程职业技术学院）
　　　　常爱萍（湖南交通职业技术学院）

前　　言

本书是按照培养高等职业院校土建类高素质技术技能型人才的要求,根据土建类专业指导性教学计划及教学大纲,以国家现行的建筑工程相关规范、规程、图集为主要依据,并结合编者多年的实际工程经验编写而成。学习本书旨在使学生掌握基本的建筑结构概念,并且能够运用基本理论分析解决建筑结构设计与施工中常见的问题,为后续施工类必修课程的学习和今后的实习与工作打下坚实的基础。

本书作为高职高专类教材,以建筑结构设计规范为蓝本,并以工程实践和实验研究为基础,主要具有以下特点:

(1)根据高职教育以应用为导向的特点,将建筑结构基本概念的介绍和结构识图能力的培养作为该课程的教学重点。

(2)教材的每个章节都设有相应的思考题与练习题,以提高学生分析问题和解决问题的能力。

(3)本书内容少而精,浅显易懂,从应用角度出发并结合现行规范和工程实例,突出职业岗位的需要和对学生实践能力的培养。

全书共分为6章,主要包括课程引入、建筑结构的设计原则、混凝土结构的基本构件、框架结构整体分析与设计计算、高层建筑结构和结构施工图识读。学生应掌握建筑结构的基本概念和原理,熟悉常见的结构体系及各种构件的受力特性,并能够对常见结构进行简单的分析和验算,最后根据所学的知识正确绘制及识读结构施工图。

本书由连云港职业技术学院朱进军、刘小丽和九州职业技术学院李晟文担任主编,湘西民族职业技术学院李晶、扬州工业职业技术学院房忠洁担任副主编,连云港职业技术学院顾亚雯、李仁飞和江西工业贸易职业技术学院马翠红参与编写。

本书在编写过程中参考了大量同类教材及专业相关规范和文献资料,在此对相关作者表示衷心的感谢。

由于编者水平有限,本书存在不足和疏漏之处在所难免,恳请各位读者批评指正。

本书采用基于二维码的互动式学习平台,每一章配有二维码,读者可通过微信扫描二维码获取该章节相关的电子资源(课件、规范、习题答案等),体现了数字出版和教材立体化建设的理念。

编　者
2016 年 8 月

目　　录

课程引入

本部分主要介绍建筑结构的定义、类型、发展史及未来的发展方向，使读者能够对建筑结构的相关知识有一个总体的了解和认识。本部分还设置了较多实例，以帮助读者更好地理解建筑结构的各种类型。

■ **学习目标** 了解建筑结构的基本概念；了解建筑结构的发展概况；了解建筑结构课程内容和特点。

■ **核心概念** 建筑结构的基本概念；建筑结构课程概述。

0.1 建筑结构的基本概念

0.1.1 建筑结构的定义

建筑结构是指建筑物中由若干个基本构件按照一定规律组成的能够抵抗各种作用效应（如结构或构件的内力、应力、位移、应变、挠度、裂缝等）的几何不变体系。如图 0-1 所示的多层多跨框架结构，由板、次梁、主梁和柱等构件组成。

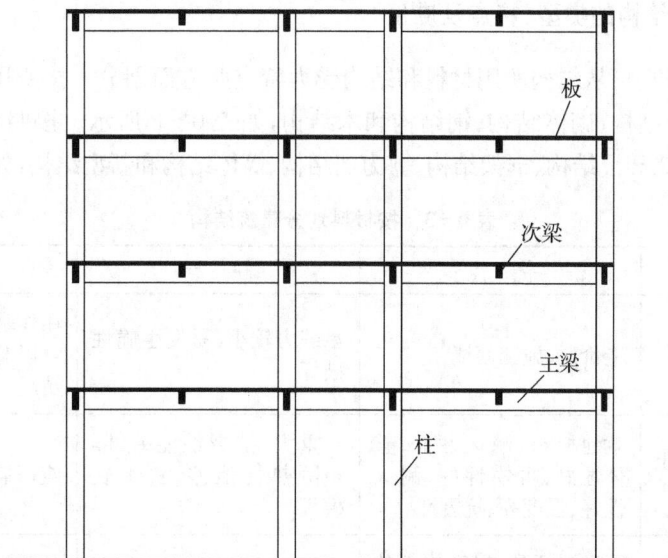

图 0-1 多层多跨框架结构

0.1.2 建筑结构的组成

建筑结构由若干构件通过一定方式连接而成,但是组成形式多种多样。建筑结构可按其主要受力构件分类,如表0-1所示。建筑结构的基本构件组成如表0-2所示。

表0-1 构件分类表

构件名称	作 用	实 例
水平构件	承受竖向荷载	板、梁、桁架、网架
竖向构件	支承水平构件或承受水平荷载	柱、墙
基础	上部建筑物与地基相联系的部分,将上部结构的荷载传递至地基	独立基础、条形基础、筏板基础、桩基础等

表0-2 基本构件表

构件名称	概 念	受力特点	实 例
受弯构件	截面受弯矩作用为主的构件	一般情况下截面上还有剪力作用	梁、板
受压构件	截面上受压力作用为主的构件	有时伴有剪力作用	柱、承重墙、屋架中的压杆
受拉构件	截面上受拉力作用为主的构件	有时伴有剪力作用	拉索、屋架中的拉杆
受扭构件	在构件截面中有扭矩作用的构件	受扭矩作用,同时有弯矩和剪力	雨棚梁、框架结构中的边梁
受剪构件	以受剪力作用为主的构件	主要承受剪力,但不一定承受弯矩	无拉杆的拱支座截面处

0.1.3 建筑结构的类型、特点及应用

建筑结构的类型可从结构所用材料和结构受力特点两方面划分。按所用材料划分,建筑结构可分为混凝土结构、砌体结构、钢结构和木结构,如表0-3所示。按照结构受力特点划分,建筑结构可分为砖混结构、框架结构、剪力墙结构、筒体结构和新型结构,如表0-4所示。

表0-3 按材料划分建筑结构

结构类型		优 点	缺 点	应 用
混凝土结构	素混凝土结构	造价低、施工便捷	承载力较小,易发生脆性破坏	用作基础垫层或室外地坪以及不承受活荷载的情况
	钢筋混凝土结构	就地取材、耐久性好、整体性好、可模性好、耐火性好、强度高、抗震性好	自重大、抗裂性能差、隔声隔热性能差、费工费模板	应用最多、应用最广泛
	预应力混凝土结构	可延缓开裂、提高构件的抗裂性能和刚度,节约钢筋,减轻自重	构造、计算和施工均较复杂,延性差	大跨度或承受动力荷载结构以及公路、铁路桥梁、立交桥、塔桅结构

(续表)

结构类型	优 点	缺 点	应 用
砌体结构	取材方便,造价低廉,耐火性和耐久性好,保温、隔热、隔声性能好,节能效果好,施工简单	劳动强度大、自重大、整体性差、黏土用量大、影响农业生产	多层民用建筑、烟囱、料仓、地沟
钢结构	强度高,塑性与韧性好,材质均匀,便于生产,抗震性好,无污染,可再生,节能,安全	易腐蚀、维护费用较高、耐火性差	高层建筑及大跨度结构(屋架、网架、悬索结构等)
木结构	就地取材,制作简单,污染小,材质轻,强度较高,可再生,可回收	资源短缺、易燃、易腐蚀、变形大	很少采用

表 0-4 按受力特点划分建筑结构

结构类型		概 念	特 点	应 用
砖混结构		由砌体和钢筋混凝土材料建造而成的共同承受外加荷载的结构	砌体材料强度低,整体性较差	多层民用建筑,如住宅、宿舍、一般的教学楼、办公楼
框架结构		由梁、柱构件构成的结构体系	空间分割比较灵活,承受竖向荷载能力较强,抵抗侧移的能力较弱	多层工业与民用建筑
剪力墙结构		由整片的钢筋混凝土墙体和钢筋混凝土楼(屋)盖组成的结构体系	整体刚度大,抗侧移能力强,空间划分受到限制,造价相对偏高	有较多横墙的建筑物,如高层住宅、宾馆、酒店
筒体结构		由钢筋混凝土墙或密集柱围成一个抗侧移刚度很大的结构体系	能够抵抗更大的侧向力,犹如一个嵌固在基础上的竖向悬臂构件	高层或超高层建筑
新型结构	框剪结构	由框架和剪力墙组成的结构体系	结合了框架结构和剪力墙结构的特点,既能提供较大的抗侧刚度,也能提供较灵活的空间	适用于平面或竖向布置繁杂,水平荷载大的高层建筑
	薄壳结构	外形呈曲面的薄壁结构	壳体能充分利用材料强度,同时又能将承重与围护两种功能融合为一	大型的体育馆、歌剧院等
	异形柱结构	全部或部分柱截面为L形、T形、十字形,截面高与肢厚之比小于或等于4的框架结构	柱肢较短,避免了普通框架柱凸出室内的缺点,扩大了建筑有效使用面积,提高了建筑布置的灵活性,改善了住宅室内空间视觉效果,且异形柱结构较剪力墙或短肢剪力墙结构更经济	异形柱框架结构,由于柱子截面较窄,抗震性能不好,一般都用于中低层

0.2 建筑结构的发展概况

0.2.1 建筑结构的发展历史

1. 土木结构

农村居民房屋普遍采用的结构形式是用竹条代替钢筋、黏土(有的还会加混稻草)代替混凝土加以夯实做成的房屋墙体,以木头为梁,以瓦或干草作为屋盖的一种建筑形式。

中国古建筑为何以土木为主? 土居中央,代表中心地位,土的颜色为黄色,代表尊贵,土又代表大地,从土地吸取有益于人类的"地气",更好地造福人类。木代表春天、早晨,是阳气的体现和生命力的所在。如图 0-2 和图 0-3 所示都是中国古建筑。

图 0-2 山西应县木塔(佛宫寺释迦塔)

图 0-3 天津蓟县独乐寺观音阁

2. 砌体结构

用砖砌体、石砌体或砌块砌体建造的结构,又称砖石结构。砌体结构最早见于西周时期的烧结砖,后发展到秦砖汉瓦,到现在已有高层砌体结构。

3. 钢结构

钢结构是以钢材作为主要材料建造的结构,是主要的建筑结构类型之一。我国是最早用钢铁作为房屋承重结构的国家。典型的钢结构建筑有兰津铁悬索桥、四川泸定大渡河铁索桥(图 0-4)、云南的元江桥、贵州的盘江桥和鸟巢(图 0-5)等。

图 0-4 泸定大渡河铁索桥

图 0-5 鸟巢

4. 钢筋混凝土结构

1824 年,英国人阿斯普丁最早发明硅酸盐水泥;1850 年,法国人郎波特制造了铁丝网水泥砂浆小船;1868年,法国人莫尼埃发明了钢筋混凝土;1872年,在纽约建造了第一所钢筋混凝土房屋;1928年,预应力钢筋混凝土结构产生。

0.2.2 建筑结构的发展趋势

1. 理论方面

建筑结构在理论方面的发展方向是以全概率论为基础的极限状态计算法。

2. 材料方面

在材料方面,混凝土结构向轻质、高强、新型、复合方向发展,砌体结构中空心砖的使用越来越普遍。

3. 结构方面

大跨度结构主要包括空间钢网架、悬索结构、薄壳结构等。高层结构主要有剪力墙结构、框架-剪力墙结构和筒体结构。组合结构发展趋势主要包括型钢混凝土结构和钢骨混凝土结构。

4. 高层结构

国内外的高层结构发展很快,世界上的高楼也越来越常见。

(1)国外:

① 1883年,美国芝加哥建成世界上第一座现代高层建筑,11层;

② 1931年,纽约建成的帝国大厦,102层,381 m;

③ 1973年,芝加哥建成的西尔斯大厦,109层,443 m;

④ 2010年,阿联酋建成的迪拜塔(哈里发塔)(图0-6),160层,828 m。

(2)国内:

① 深圳国际贸易中心,50层,160 m;

② 金茂大厦(图0-7),88+3层,420.5 m;

③ 上海环球金融中心(图0-8),101层,492 m。

图0-6 迪拜塔　　　　图0-7 金茂大厦　　　　图0-8 上海环球金融中心

0.3　"建筑结构"课程概述

0.3.1　课程内容

本书作为"建筑结构"课程的主要参考教材,由课程引入和项目一至项目五组成,共6章。课程引入主要介绍了建筑结构的基本概念、发展概况和课程概述。项目一介绍了建筑结构的设计原则。项目二、项目三和项目四分别介绍了建筑结构中混凝土结构的基本构件、框架结构和高层建筑结构。项目五介绍了结构施工图识读。

0.3.2　课程特点

"建筑结构"是三年制高职建筑工程专业的必修课。它培养学生建立运用结构基本理论解决结构设计与施工中常见问题的能力,使学生通过学习能正确认识和处理在施工中碰到的各种结构方面的问题,熟悉常见钢筋混凝土构件的受力分析及计算原理,了解框架结构的整体分析与设计计算和高层建筑的结构体系,从而正确理解并识读结构施工图,为后续施工类必修课程的学习打下坚实的基础。

本课程在专业课程体系中起着承上启下的作用。在学习本课程之前需要学习以下先修课程:建筑材料、建筑制图、理论力学、材料力学、结构力学等。后续课程有:土力学及地基基础、抗震工程学、建筑工程施工技术等。其中,先修课程是学习本课程的基础和前提,同时本课程为后续施工类课程及顶岗实习的实施和职业能力的提高做好了知识准备和能力准备。

0.3.3　学习要求

学完本课程后,应当掌握建筑结构的基本概念和原理,能够对简单的结构进行分析和验算,熟悉常见的结构体系及各种构件的受力特性,能根据所学的知识正确识读及绘制结构施工图,提高工程安全与质量意识,养成良好的职业道德,为后续课程的学习及顶岗实习打下坚实的基础。

另外,建筑结构设计计算理论是以工程实践和实验研究为基础的,因此,除课堂学习以外,还应通过参观、实训及现场的实践性教学积累感性知识,并深入理解本课程中具体的工程实例,结合各个小算例,将理论与实践有效结合起来。

思考题

0-1. 什么是建筑结构? 由哪几部分组成?

0-2. 按所用材料分,建筑结构可分为哪几类? 各有何特点?

0-3. 按结构受力特点分,建筑结构可分为哪几类? 各有何特点?

项目一
建筑结构的设计原则

在进行建筑结构设计与计算之前,需要了解建筑结构的计算基本原则及计算方法,这样才能准确有效地完成结构设计与计算。本部分主要介绍荷载的类型和取值方法,在此基础上,引入结构的极限状态设计方法,为今后学习建筑结构构件的设计、结构的计算理论和设计方法打下基础。同时,介绍了抗震设计的基本原则,主要从概念设计上认识抗震的基本要求和相关规范。

■ **学习目标** 掌握荷载及其代表值的概念;了解结构的功能要求与安全等级的概念;掌握结构的极限状态及其设计表达式;了解建筑抗震设计的基本原则。

■ **核心概念** 荷载的标准值、组合值、频遇值与准永久值;结构的安全性、适用性和耐久性;结构的安全等级;承载能力极限状态与正常使用极限状态。

1.1 荷载及其代表值

1.1.1 建筑结构的荷载类型

建筑结构的荷载可分为永久荷载、可变荷载和偶然荷载三类。

永久荷载是指在结构设计基准期(为确定可变荷载代表值而选定的时间参数,我国规范取 50 年为一个设计基准期)内,其作用量值不随时间变化,或其变化幅度与平均值相比可以忽略不计,或变化单调并趋于限值的荷载。包括结构自重、土压力、预应力等。

可变荷载是指在结构设计基准期内,其作用量值随时间而变化,其变化幅度与平均值相比不可忽略不计的荷载。包括楼面活荷载、屋面活荷载和风荷载、雪荷载、温度作用等。

偶然荷载是指在结构设计基准期内不一定出现,而一旦出现其量值很大且持续时间很短的荷载。包括爆炸力、撞击力等。

1.1.2 荷载代表值

在结构或构件设计时,根据不同极限状态的设计要求所采用的荷载量值称为荷载代表值。永久荷载采用标准值为代表值;可变荷载采用标准值、组合值、频遇值和准永久值为代表值;偶然荷载按使用的特点确定代表值。

标准值:荷载的基本代表值,为设计基准期内最大荷载统计分布的特征值(例如均值、众值、中值或某个分位值)。永久荷载标准值 G_k 可按结构构件的设计尺寸和材料重力密度计算确定,《建筑结构荷载规范》(GB 50009—2012)中给出了常用材料和构件的自重。可变荷载标准值 Q_k 可直接查《建筑结构荷载规范》(GB 50009—2012)。荷载标准值的确定,将在本书项目三中详细阐述。

组合值:对于可变荷载,当有多个可变荷载同时作用在结构上时,因为可变荷载具有不确定性,而每种荷载同时达到最大值的概率是非常小的,故对可变荷载标准值乘以相应的组合值系数 ψ_c 予以折减,折减后的值即为组合值。

$$组合值 = 可变荷载标准值 \times 组合值系数\ \psi_c$$

频遇值:可变荷载在设计基准期内被超越的总时间仅为设计基准期的一小部分或超越频率为规定频率的荷载值,称为频遇值。

$$频遇值 = 可变荷载标准值 \times 频遇值系数\ \psi_f$$

准永久值:在设计基准期内被超越的总时间约为设计基准期一半的荷载值,称可变荷载准永久值。其具有总持续时间较长的的特点,对结构的影响类似于永久荷载。

$$准永久值 = 可变荷载标准值 \times 准永久值系数\ \psi_q$$

1.2 建筑结构概率极限状态设计法

1.2.1 结构的功能要求

建筑结构设计的一般原则是安全适用、技术先进、经济合理和方便施工。为满足以上原则,对结构的功能提出相应要求。结构的功能要求包括安全性、适用性和耐久性。

安全性:结构应能承受正常施工和正常使用情况下出现的各种作用,以及在偶然事件发生时及发生后,结构仍能保持必要的整体稳定性,不致发生倒塌。

适用性:结构在正常使用期间应具有良好的工作性能。例如,不发生过大的变形、振幅,不产生过宽的裂缝等,以免影响正常使用。

耐久性:结构在正常维护条件下,具有足够的耐久性能,以保证能够正常使用到预定的设计使用期限。例如,抑制混凝土的风化、腐蚀以及钢筋的锈蚀。

为了方便设计,将上述的安全性、适用性、耐久性统一用可靠性来表示。可靠性是指在规定的时间内(设计使用年限),在规定的条件下(正常设计、正常施工、正常使用和维修),结构完成预定功能(安全性、适用性、耐久性)的能力。

设计使用年限是设计规定的一个期限,是指按规定指标设计的建筑结构或构件,在正常施工、正常使用和维护下,不需进行大修即可达到其预定功能要求的使用年限。我国规范将结构的设计使用年限分为四类,如表 1-1 所示。

表 1-1 结构的设计使用年限

类 别	设计使用年限/年	示 例
1	5	临时性结构
2	25	易于替换的结构构件
3	50	普通房屋和构筑物
4	100	纪念性建筑和特别重要的建筑结构

结构的设计使用年限不等同于结构的使用寿命,结构的设计使用年限是指在该年限内,结构不需要进行大修,只需正常使用和维护,当使用时间超过该年限后,并不能说明该结构无法继续使用下去,只要经过有关部门的鉴定和加固,仍可使结构达到使用时的安全要求。一般来说,结构的设计使用年限通常小于其使用寿命。

1.2.2　结构的安全等级

建筑结构设计时,应根据结构破坏可能产生后果(危及人的生命、造成的经济损失、产生的社会影响等)的严重性,采用不同的安全等级。建筑结构安全等级的划分见表1-2。

表1-2　建筑结构的安全等级

安全等级	破坏后果	建筑物类型
一级	很严重	重要的房屋
二级	严重	一般的房屋
三级	不严重	次要的房屋

建筑物中各类构件的安全等级,宜与整个结构的安全等级相同。对其中部分结构构件的安全等级可进行调整,但不得低于三级。

1.2.3　结构的极限状态

整个结构或结构的一部分超过某一特定的状态将不能满足设计规定的某一功能要求,此特定的状态称为该功能的极限状态。极限状态是区分结构工作状态可靠或失效的标志。设计中的极限状态往往以结构的某种荷载效应,如内力、应力、变形、裂缝等超过相应规定的限制为依据。极限状态分为承载能力极限状态和正常使用极限状态两类。

1. 承载能力极限状态

承载能力极限状态是对应于结构或结构构件达到最大承载能力或不适于继续承载的变形,超过这一极限状态,结构或结构构件便不能满足安全性的功能要求。通常当结构满足下列条件之一或同时满足多个条件时,即可认为结构达到承载能力极限状态:

① 整个结构或一部分作为刚体失去平衡;

② 结构构件或连接因材料强度不足而破坏(包括疲劳破坏),或因过度的塑性变形而不适于继续承载;

③ 结构变为机动体系;

④ 结构或构件丧失稳定性;

⑤ 地基丧失承载能力而破坏。

2. 正常使用极限状态

正常使用极限状态是对应于结构或结构构件达到正常使用或耐久性能的某项规定的限值。超过这一极限状态,结构或结构构件便不能满足适用性或耐久性的功能要求。通常当结构满足下列条件之一或同时满足多个条件时,即可认为结构达到正常使用极限状态:

① 影响正常使用及外观的变形;

② 影响正常使用或耐久性的局部损坏;

③ 影响正常使用的振动;

④ 影响结构正常使用的其他特定状态。

1.2.4 极限状态设计表达式

1. 承载能力极限状态设计表达式

对于承载能力极限状态,应按荷载的基本组合或偶然组合计算荷载组合的效应设计值,并应按如下表达式进行计算:

$$\gamma_0 S_d \leqslant R_d$$

式中,γ_0——结构重要性系数,安全等级为一级时不小于 1.1,二级时不小于 1.0,三级时不小于 0.9;

S_d——荷载组合的效应设计值;

R_d——结构构件的抗力设计值,与材料强度、构件的几何尺寸、施工工艺等有关。

荷载基本组合的效应设计值 S_d,应从下列荷载组合值中取最不利的效应设计值确定。

由可变荷载控制的效应设计值,应按下式计算:

$$S_d = \sum_{j=1}^{m} \gamma_{G_j} S_{G_j k} + \gamma_{Q_1} \gamma_{L_1} S_{Q_1 k} + \sum_{i=2}^{n} \gamma_{Q_i} \gamma_{L_i} \psi_{c_i} S_{Q_i k}$$

式中,γ_{G_j}——第 j 个永久荷载分项系数,此式中对结构有利时取 1.0,对结构不利时取 1.2;

γ_{Q_i}——第 i 个可变荷载的分项系数,其中 γ_{Q_1} 为主导可变荷载 Q_1 分项系数,民用建筑中取 1.4;

γ_{L_i}——第 i 个可变荷载考虑设计使用年限的调整系数,其中 γ_{L_1} 为主导可变荷载 Q_1 考虑设计使用年限的调整系数;

$S_{G_j k}$——按第 j 个永久荷载标准值 G_{jk} 计算的荷载效应值;

$S_{Q_i k}$——按第 i 个可变荷载标准值 Q_{ik} 计算的荷载效应值,其中 $S_{Q_1 k}$ 为所有可变荷载效应中起控制作用的可变荷载;

ψ_{c_i}——第 i 个可变荷载 Q_i 的组合值系数;

m——参与组合的永久荷载数;

n——参与组合的可变荷载数。

由永久荷载控制的效应设计值,应按下式计算:

$$S_d = \sum_{j=1}^{m} \gamma_{G_j} S_{G_j k} + \sum_{i=1}^{n} \gamma_{Q_i} \gamma_{L_i} \psi_{c_i} S_{Q_i k}$$

式中,γ_{G_j}——含义同上,但对结构不利时的取值有所不同,此式中取为 1.35。其他字母含义及取值均同上。

例 1-1 在永久荷载、楼面活荷载和风荷载的作用下,某梁两端弯矩标准值分别为 $M_{Gk}=50$ kN·m,$M_{Q_1 k}=15$ kN·m,$M_{Q_2 k}=5$ kN·m,楼面活荷载组合值系数为 0.7,风荷载组合值系数为 0.6,结构安全等级为二级,设计使用年限为 50 年。试确定该梁按承载能力极限状态设计时基本组合的效应设计值 M。

解: 当可变荷载起控制作用时:

楼面活荷载起控制作用时,$M=1.0\times(1.2\times50+1.4\times15+1.4\times0.6\times5)=85.2$ kN·m

风荷载起控制作用时,$M=1.0\times(1.2\times50+1.4\times5+1.4\times0.7\times15)=81.7\ kN\cdot m$

当永久荷载起控制作用时:

$M=1.0\times(1.35\times50+1.4\times0.7\times15+1.4\times0.6\times5)=86.4\ kN\cdot m$

取最大值 $M=86.4\ kN\cdot m$。

由于偶然荷载在一般的民用建筑中不予考虑,故对于由偶然荷载控制的效应设计值在此不再说明,有兴趣的读者可参照《建筑结构荷载规范》(GB 50009—2012)有关条文学习。

2. 正常使用极限状态设计表达式

对于正常使用极限状态,应根据不同的设计要求,采用荷载的标准组合、频遇组合或准永久组合,并应按如下表达式进行计算:

$$S_d \leqslant C$$

式中,C——结构或结构构件达到正常使用要求的规定限值,例如变形、裂缝、振幅、加速度、
　　　　应力等的限值。

对于标准组合,荷载组合的效应设计值 S_d 按如下表达式计算:

$$S_d = \sum_{j=1}^{m} S_{G_j k} + S_{Q_1 k} + \sum_{i=2}^{n} \psi_{c_i} S_{Q_i k}$$

对于频遇组合,荷载组合的效应设计值 S_d 按如下表达式计算:

$$S_d = \sum_{j=1}^{m} S_{G_j k} + \psi_{f_1} S_{Q_1 k} + \sum_{i=2}^{n} \psi_{q_i} S_{Q_i k}$$

对于准永久组合,荷载组合的效应设计值 S_d 按如下表达式计算:

$$S_d = \sum_{j=1}^{m} S_{G_j k} + \sum_{i=1}^{n} \psi_{q_i} S_{Q_i k}$$

1.3　建筑抗震设计基本原则

1.3.1　地震的基本概念

1. 地震的定义及分类

地震是由于地球上各板块之间的相对运动产生激烈撞击,造成地下岩层发生断裂和错动,从而在一定范围内引起的地面振动的现象。

地震可以按产生原因和震源深浅进行分类。

(1) 按成因分类

按照地震产生原因,可将地震分为火山地震、陷落地震、人工诱发地震和构造地震。火山地震是由于火山作用产生,火山爆发时的岩浆活动和气体爆炸等可能会激发地震。这类地震一般较小,只占全世界地震总数的 7% 左右。

陷落地震主要是由于岩层崩塌、陷落而导致的地面振动,这类地震主要发生在石灰岩等易溶岩分布的地区,数量较少。

人工诱发地震是指由于人类活动作用而诱发的地面振动,如水库蓄水、深井注水等活动

增加了地壳压力,工业爆破、地下核爆炸等造成振动,都会成为地震产生的诱因。

构造地震是由于地壳构造运动引起的地面振动,这类地震是最为常见的地震,分布最广,破坏性大,数量约占全世界地震总数的90%。

（2）按震源深浅分类

地震可按震源深浅分为浅源地震、中源地震和深源地震。震源深度小于60 km的地震为浅源地震;震源深度为60~300 km的地震称为中源地震;震源深度大于300 km的地震是深源地震。

2. 地震的破坏作用

地震的破坏作用主要体现在地表破坏、建筑结构破坏和地震次生灾害三个方面。地表破坏主要表现为产生裂缝、滑坡、崩塌和沉陷等地质现象;地震对建筑结构的破坏作用往往会导致建筑结构的承载力不足、整体稳定性丧失等情况,有时候甚至会导致建筑物的地基失效;地震次生灾害主要是水灾、火灾、污染、瘟疫和海啸等灾害。

3. 常用地震术语

地震术语主要包括震源、震源深度、震中、震中区、宏观震中、极震区、震中距、等震线、余震、弱震等,下面介绍一些常用的地震术语。

震源:地震发生时岩层断裂或错动产生振动的部位。

震源深度:震源至地面的垂直距离。

震中:震源在地表的垂直投影点。

震中区:地震发生时震动和破坏最大的地区。

震中距:受地震影响地区至震中的距离。

等震线:在同一地震中,具有相同地震烈度地点的连线。

4. 震级与烈度

震级是衡量一次地震所释放能量大小的指标。当震级小于2级时,为微震;当震级为2~4级时,为有感地震;当震级大于5级时,就称为破坏性地震;当震级在7级到8级之间时,为强烈地震;当震级大于8级时,为特大地震。

地震烈度表示地震时某一地点震动的强烈程度。一次地震只有一个震级,但不同地点的地震烈度可能是不相同的。我国使用的是12度烈度表,见表1-3,将地震烈度分为1~12度。

表1-3 中国地震烈度表

地震烈度	人的感觉	房屋震害			其他震害现象	水平向地面运动	
		类型	震害程度	平均震害指数		峰值加速度 m/s²	峰值速度 m/s
Ⅰ	无感	—	—	—	—	—	—
Ⅱ	室内个别静止中人有感觉	—	—	—	—	—	—
Ⅲ	室内少数静止中人有感觉	—	门、窗轻微作响	—	悬挂物微动	—	—
Ⅳ	室内多数人、室外少数人有感觉,少数人梦中惊醒	—	门、窗作响	—	悬挂物明显摆动,器皿作响	—	—

(续表)

地震烈度	人的感觉	房屋震害			其他震害现象	水平向地面运动	
		类型	震害程度	平均震害指数		峰值加速度 m/s²	峰值速度 m/s
V	室内绝大多数、室外多数人有感觉,多数人梦中惊醒	—	门窗、屋顶、屋架颤动作响,灰土掉落,个别房屋抹灰出现细微细裂缝,个别有檐瓦掉落,个别屋顶烟囱掉砖	—	悬挂物大幅度晃动,不稳定器物摇动或翻倒	0.31 (0.22~ 0.44)	0.03 (0.02~ 0.04)
VI	多数人站立不稳,少数人惊逃户外	A	少数中等破坏,多数轻微破坏和/或基本完好	0.00~ 0.11	家具和物品移动;河岸和松软土出现裂缝,饱和砂层出现喷砂冒水;个别独立砖烟囱轻度裂缝	0.63 (0.45~ 0.89)	0.06 (0.05~ 0.09)
		B	个别中等破坏,少数轻微破坏,多数基本完好				
		C	个别轻微破坏,大多数基本完好	0.00~ 0.08			
VII	大多数人惊逃户外,骑自行车的人有感觉,行驶中的汽车驾乘人员有感觉	A	少数毁坏和/或严重破坏,多数中等和/或轻微破坏	0.09~ 0.31	物体从架子上掉落;河岸出现塌方,饱和砂层常见喷水冒砂,松软土地上地裂缝较多;大多数独立砖烟囱中等破坏	1.25 (0.90~ 1.77)	0.13 (0.10~ 0.18)
		B	少数中等破坏,多数轻微破坏和/或基本完好				
		C	少数中等和/或轻微破坏,多数基本完好	0.07~ 0.22			
VIII	多数人摇晃颠簸,行走困难	A	少数毁坏,多数严重和/或中等破坏	0.29~ 0.51	干硬土上出现裂缝,饱和砂层绝大多数喷砂冒水;大多数独立砖烟囱严重破坏	2.50 (1.78~ 3.53)	0.25 (0.19~ 0.35)
		B	个别毁坏,少数严重破坏,多数中等和/或轻微破坏				
		C	少数严重和/或中等破坏,多数轻微破坏	0.20~ 0.40			
IX	行动的人摔倒	A	多数严重破坏或/和毁坏	0.49~ 0.71	干硬土上多处出现裂缝,可见基岩裂缝、错动,滑坡、塌方常见;独立砖烟囱多数倒塌	5.00 (3.54~ 7.07)	0.50 (0.36~ 0.71)
		B	少数毁坏,多数严重和/或中等破坏				
		C	少数毁坏和/或严重破坏,多数中等和/或轻微破坏	0.38~ 0.60			
X	骑自行车的人会摔倒,处不稳状态的人会摔离原地,有抛起感	A	绝大多数毁坏	0.69~ 0.91	山崩和地震断裂出现;基岩上拱桥破坏;大多数独立砖烟囱从根部破坏或倒毁	10.00 (7.08~ 14.14)	1.00 (0.72~ 1.41)
		B	大多数毁坏				
		C	多数毁坏和/或严重破坏	0.58~ 0.80			
XI	—	A	绝大多数毁坏	0.89~ 1.00	地震断裂延续很大,大量山崩滑坡	—	—
		B					
		C		0.78~ 1.00			
XII	—	A	几乎全部毁坏	1.00	地面剧烈变化,山河改观	—	—
		B					
		C					

注:表中的数量词:"个别"为10%以下;"少数"为10%~45%;"多数"为40%~70%;"大多数"为60%~90%;"绝大多数"为80%以上。表中给出的"峰值加速度"和"峰值速度"是参考值,括弧内给出的是变动范围。

1.3.2　建筑抗震设防

1. 设防依据

（1）基本烈度

基本烈度是指该地区今后 50 年时间内,在一般场地条件下可能遭遇到超越概率为 10% 的地震烈度。

（2）设防烈度

作为一个地区建筑抗震设防依据的烈度称为抗震设防烈度。

2. 抗震设防目标

抗震设防目标,是对于建筑结构应具有的抗震安全性的要求。我国现阶段房屋建筑采用三水准的抗震设防目标。

（1）第一水准:小震不坏。当遭受低于本地区抗震设防烈度的多遇地震影响时,建筑物一般不受损坏或不需修理仍可继续使用。

（2）第二水准:中震可修。当遭受相当于本地区抗震设防烈度的地震影响时,建筑物可能有一定损坏,经一般修理或不需修理仍可继续使用。

（3）第三水准:大震不倒。当遭受高于本地区抗震设防烈度预估的罕遇地震影响时,建筑物可能产生重大破坏,但不致倒塌或发生危及生命的严重破坏。

3. 抗震设防分类及标准

建筑工程应根据地震破坏可能产生的后果（人员伤亡、经济损失、社会影响等）的严重性、建筑的规模大小、抗震救灾影响及恢复的难易程度和建筑各区段的重要性等因素综合分析,分为四个抗震设防类别来进行抗震设防设计。

（1）甲类。特殊设防类:指使用上有特殊设施,涉及国家公共安全的重大建筑工程和地震时可能发生严重次生灾害等特别重大灾害后果,需要进行特殊设防的建筑。甲类抗震建筑,应提高设防烈度一度设计（包括地震作用和抗震措施）。

（2）乙类。重点设防类:指地震时使用功能不能中断或需尽快恢复的生命线相关建筑,以及地震时可能导致大量人员伤亡等重大灾害后果,需要提高设防标准的建筑。乙类抗震建筑,地震作用应按本地区抗震设防烈度计算。抗震措施,当设防烈度为 6~8 度时,应提高一度采用,当设防烈度为 9 度时应适当提高。对较小的乙类建筑,可采用抗震性能好,经济合理的结构体系,并按本地区的抗震设防烈度采取抗震措施。乙类建筑的地基基础可不提高抗震措施。

（3）丙类。标准设防类:指大量的除甲、乙、丁类以外按标准要求进行设防的建筑。丙类抗震建筑,地震作用和抗震措施均按本地区设防烈度采用。

（4）丁类。适度设防类:指使用上人员稀少且震损不致产生次生灾害,允许在一定条件下适度降低要求的建筑。丁类抗震建筑,一般情况下,地震作用可不降低;7~9 度时抗震措施按本地区设防烈度降低一度采用,6 度时不降低。

1.3.3　建筑场地分类

场地是指建筑物所在区域,其范围大体相当于厂区、居民小区和自然村或不小于 1.0 km² 的平面面积。场地土是指场地范围内深度在 20 m 左右的地基土。

建筑的场地类别,应根据场地土的等效剪切波速和场地覆盖层厚度按表1-4划分为四类,其中Ⅰ类分为Ⅰ₀、Ⅰ₁两个亚类。当有可靠的剪切波速和覆盖层厚度且其值处于表1-4所列场地类别的分界线附近时,应允许按插值方法确定地震作用计算所用的特征周期。

表1-4 各类建筑场地的覆盖层厚度(m)

岩石的剪切波速 v_s 或 土的等效剪切波速 v_{se}(m/s)	场 地 类 别				
	Ⅰ₀	Ⅰ₁	Ⅱ	Ⅲ	Ⅳ
$v_s > 800$	0				
$800 \geqslant v_s > 500$		0			
$500 \geqslant v_{se} > 250$		<5	≥5		
$250 \geqslant v_{se} > 150$		<3	3~50	>50	
$v_{se} \leqslant 150$		<3	3~15	15~50	>80

注:表中 v_s 系岩石的剪切波速, v_{se} 系土的等效剪切波速。

1.3.4 抗震等级

抗震等级是确定结构构件抗震计算时内力调整幅度和抗震构造措施的标准,钢筋混凝土房屋根据设防类别、设防烈度、结构类型和房屋高度共分为四个等级,其中一级的抗震要求最高,四级的抗震要求最低。表1-5给出了现浇钢筋混凝土框架结构、框架-剪力墙结构与剪力墙结构的抗震等级。

表1-5 现浇钢筋混凝土房屋的抗震等级

结构类型		设防烈度									
		6		7			8			9	
框架结构	高度(m)	≤24	>24	≤24	>24	≤24	>24	≤24			
	框架	四	三	三	二	二	一	一			
	大跨度框架	三		二		一		一			
框架-抗震墙结构	高度(m)	≤60	>60	≤60	25~60	>60	≤24	25~60	>60	≤24	25~50
	框架	四	三	四	三	二	三	二	一	二	一
	抗震墙	三		三	二		二	一		一	
抗震墙结构	高度(m)	≤80	>80	≤24	25~80	>80	≤24	25~80	>80	≤24	25~60
	抗震墙	四	三	四	三	二	三	二	一	二	一

当建筑有地下室时,通常将地下室顶板作为上部结构的嵌固部位,此时地下室一层的抗震等级与上部结构的抗震等级相同,地下一层以下抗震构造措施的抗震等级可逐层降低一级,但不应低于四级。地下室中无上部结构的部分,抗震构造措施的抗震等级可根据实际情况采用三级或四级。

1.3.5 抗震概念设计的基本要求

抗震概念设计就是根据地震灾害和工程经验等所形成的基本设计原则和设计思想,进行建筑和结构总体布置,并确定细部构造,以达到合理抗震设计的目的。

抗震概念设计需要考虑的因素主要有场地选择、地基与基础设计、建筑和结构的规则性、结构体系、非结构构件和材料与施工。

(1)场地选择

地震区的建筑宜选择有利地段,避开不利地段,不在危险地段进行工程建设。当确实需要在不利地段或危险地段建筑工程时应遵循建筑抗震设计的有关要求进行详细的场地评价,并采取必要的抗震措施。

(2)地基与基础设计

建筑的地基与基础设计,应考虑地震的偶然性及短期突然加载的影响。在进行抗震设计时,考虑地震的影响,地基承载力的取值要适当提高,一般是 $33\% \sim 50\%$。

(3)建筑和结构的规则性

建筑设计应根据抗震概念设计的要求明确建筑形体的规则性。应尽量采用规则建筑方案,即建筑平、立、剖面应规则、简单、对称;结构侧向刚度、材料强度和质量的分布应均匀、连续、无突变。不规则的建筑在水平地震作用下会产生扭转振动,进而破坏,因此不规则的建筑应按规定采取加强措施。

(4)结构体系

建筑的结构体系应具备必要的承载能力,良好的变形能力和消耗地震能量的能力。抗震设计的一个重要原则是结构应有必要的赘余构件和内力重分配的功能,避免因部分结构或构件破坏而导致整个结构丧失抗震能力或丧失对重力荷载的承载能力。

(5)非结构构件

非结构构件会影响主体结构的动力特性,如阻尼、周期等。地震中会先期破坏一部分非结构构件,如玻璃幕墙、吊顶、室内设备等。抗震设计中应注意非结构构件与主体结构之间要有可靠的连接或锚固。对可能会对主体结构振动造成影响的非结构构件,应注意分析或估计其对主体结构可能带来的影响,并采取相应的抗震措施。

(6)材料与施工

从抗震角度考虑,建筑结构的材料应材质均匀、轻巧,强度较好。构件间的连接应有良好的整体性、连续性及延性,且能发挥材料的全强度。

思考题

1-1. 什么是永久荷载、可变荷载、偶然荷载?请举例说明。

1-2. 什么是荷载标准值?什么是可变荷载准永久值、频遇值、组合值?

1-3. 什么是结构的可靠性?

1-4. 什么是极限状态?结构的极限状态有哪两类?

1-5. 承载能力极限状态当采用荷载效应基本组合时的设计表达式是什么?解释式中各符号含义。

1-6. 在正常使用极限状态设计时,根据不同的设计要求应采用哪些荷载效应组合?并写出其表达式及表达式中各符号的含义。

1-7. 建筑抗震设防分哪几类?抗震设防的目标是什么?

1-8. 什么是抗震概念设计？其基本要求有哪些？

习　题

1-1. 建筑结构应满足的功能要求是_____、_____、_____。

1-2. 根据功能要求,结构的极限状态可分为_____极限状态和_____极限状态。

1-3. 结构重要性系数根据结构安全等级取值,一级为_____,二级为_____,三级为_____。

1-4. 在承载能力极限状态设计中,荷载取_____值,材料强度取_____值。结构构件的重要性系数 γ_0 与_____有关。

1-5. 若钢筋混凝土容重为 $25\ kN/m^3$,恒载的分项系数为 1.2,则某 120 mm 厚钢筋砼板,其自重标准值为_____ kN/m^2,设计值为_____ kN/m^2;某钢筋砼梁,截面 $b \times h = 200\ mm \times 500\ mm$,其自重标准值为_____ kN/m,设计值为_____ kN/m。

1-6. 建筑结构应满足的功能要求是(　　)。

A. 经济、适用、美观　　　　　　　B. 安全性、适用性、耐久性

C. 安全、舒适、经济　　　　　　　D. 可靠性、稳定性、耐久性

1-7. 建筑结构可靠度设计统一标准规定,普通房屋和构筑物的设计使用年限应为(　　)。

A. 25 年　　　　　B. 50 年　　　　　C. 75 年　　　　　D. 100 年

1-8. 下列状态中,(　　)应视为超过承载能力极限状态;(　　)应视为超过正常使用极限状态。

A. 挑檐产生倾覆　　　　　　　　　B. 钢筋混凝土梁跨中挠度超过规定限值

C. 钢筋混凝土柱失稳　　　　　　　D. 吊车梁产生疲劳破坏

E. 钢筋混凝土梁裂缝过宽

1-9. 某钢筋混凝土屋架下弦杆工作中由于产生过大振动而影响正常使用,则可认定此构件不满足(　　)功能。

A. 安全性　　　　B. 适用性　　　　C. 耐久性　　　　D. 上述三项均不满足

1-10. 某建筑结构安全等级为二级,则其结构重要性系数 γ_0 应取为(　　)。

A. 0.9　　　　　B. 1.0　　　　　C. 1.05　　　　　D. 1.1

1-11. 承载能力极限状态验算一般采用荷载效应的(　　)。

A. 基本组合　　　B. 标准组合　　　C. 准永久组合　　　D. 频遇组合

1-12. 某钢筋混凝土简支梁,计算跨度 $l_0 = 5$ m,梁上作用恒载标准值 $g_k = 15\ kN/m$(包括梁自重),活载标准值 $q_k = 10\ kN/m$,活载准永久值系数 $\psi_q = 0.4$,求:(1) 按荷载效应基本组合,求跨中最大弯矩设计值 M;(2) 按荷载效应标准组合,求跨中弯矩 M_k;(3) 按荷载效应准永久组合,求跨中弯矩 M_q。

1-13. 震源在地表的投影位置称为_____,震源到地面的垂直距离称为_____。

1-14. 建筑的场地类别,可根据_____和_____划分为四类。

1-15.《建筑抗震设计规范》(GB 50011—2010)将 50 年内超越概率为_____的烈度值称为基本地震烈度,超越概率为_____的烈度值称为多遇地震烈度。

1-16. 丙类建筑房屋应根据抗震设防烈度、_____和_____采用不同的抗震等级。

1-17. 某一高层建筑总高为 50 m,丙类建筑,设防烈度为 8 度,结构类型为框架-剪力墙结构,则其框架的抗震等级为_____,剪力墙的抗震等级为_____。

1-18. 实际地震烈度与下列何种因素有关?( )

A. 建筑物类型　　B. 离震中的距离　　C. 行政区划　　D. 城市大小

1-19. 某地区设防烈度为 7 度,乙类建筑抗震设计应按下列( )要求进行设计。

A. 地震作用和抗震措施均按 8 度考虑

B. 地震作用和抗震措施均按 7 度考虑

C. 地震作用按 8 度确定,抗震措施按 7 度采用

D. 地震作用按 7 度确定,抗震措施按 8 度采用

1-20. 钢筋混凝土丙类建筑房屋的抗震等级应根据哪些因素查表确定?( )

A. 抗震设防烈度、结构类型和房屋层数

B. 抗震设防烈度、结构类型和房屋高度

C. 抗震设防烈度、场地类型和房屋层数

D. 抗震设防烈度、场地类型和房屋高度

1-21. 地震烈度主要根据下列哪些指标来评定?( )

A. 地震震源释放出的能量的大小

B. 地震时地面运动速度和加速度的大小

C. 地震时大多数房屋的震害程度、人的感觉以及其他现象

D. 地震时震级大小、震源深度、震中距、该地区的土质条件和地形地貌

1-22. 某一场地土的覆盖层厚度为 80 m,场地土的等效剪切波速为 200 m/s,则该场地的场地类别为( )。

A. Ⅰ类　　　　B. Ⅱ类　　　　C. Ⅲ类　　　　D. Ⅳ类

项目二
混凝土结构的基本构件

钢筋混凝土结构是应用最多、应用范围最广的建筑结构。钢筋混凝土结构的基本材料是钢筋和混凝土,故这两种材料的力学性能将对整个结构体系的承载能力和正常使用起着决定性的作用。要了解混凝土结构的特点,必然要了解它的基本构件。本部分主要介绍混凝土结构中两大基本材料钢筋和混凝土的力学性能和指标及其共同工作的原理,并介绍了钢筋混凝土结构中受弯构件、受压构件和受扭构件设计,为今后的建筑设计垫下良好的基础。

■ **学习目标** 了解钢筋的分类;掌握钢筋的拉伸性能与强度指标;掌握混凝土的强度指标及其作用;了解混凝土的变形及其影响因素;掌握钢筋混凝土受弯构件正截面、斜截面设计;掌握钢筋混凝土受压构件设计;掌握钢筋混凝土受扭构件设计。

■ **核心概念** 钢筋的屈服强度与抗拉强度;混凝土的立方体抗压强度、轴心抗压强度与轴心抗拉强度;混凝土的徐变;受弯构件;受压构件;受扭构件。

2.1 混凝土结构的基本概念

2.1.1 混凝土结构的受力特点

混凝土是一种人造石料,其抗压强度高,抗拉强度低。以混凝土为主制成的结构称为混凝土结构。采用素混凝土制成的构件(指无筋或不配置受力钢筋的混凝土构件),例如素混凝土梁,当它承受竖向荷载作用时,如图 2-1(a)所示,在梁的正截面上受到弯矩作用,截面的中性轴以上部分受压,以下部分受拉。当荷载达到某一数值 F_c 时,梁截面的受拉边缘混凝土出现竖向弯曲裂缝,这时,裂缝处截面的受拉区混凝土退出工作,该截面处受压高度减小,即使荷载不增加,竖向弯曲裂缝也会急速向上发展,导致梁骤然断裂,如图 2-1(b)所示。这种破坏没有明显征兆,也就是说,当荷载达到 F_c 的瞬间,梁立即发生破坏,故称为脆性破坏。F_c 为素混凝土梁受拉区出现裂缝时的荷载,称为素混凝土梁的开裂荷载,也是素混凝土梁的破坏荷载。由此可见,素混凝土梁的承载能力是由混凝土的抗拉强度控制的,而受压区混凝土的抗压强度远未被充分利用。

在制造混凝土梁时,倘若在梁的受拉区配置适量的纵向受力钢筋,就构成钢筋混凝土梁。试验表明,和素混凝土梁有相同截面尺寸的钢筋混凝土梁承受竖向荷载作用时,荷载略大于 F_c 时的受拉区混凝土仍会出现裂缝。在出现裂缝的截面处,受拉区混凝土虽然退出工作,但配置在受拉区的钢筋仍可承担几乎全部的拉力。这时,钢筋混凝土梁不会像素混凝土梁那样立即断裂,还能继续承受荷载作用,如图 2-2 所示,直至受拉钢筋的应力达到屈服强度时,继而截面受压区的混凝土也被压碎,梁才宣告破坏。因此,混凝土的抗压强度和钢筋的抗拉强度都能得到充分的利用,钢筋混凝土梁的承载能力可较素混凝土梁提高很多。

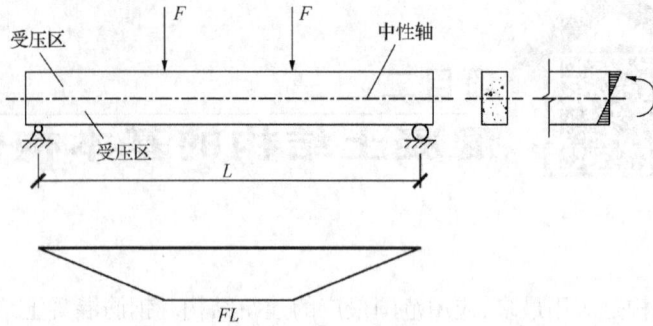

(a)

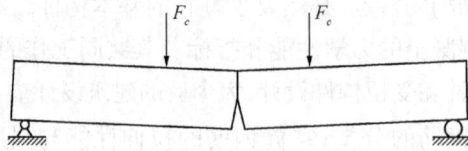

(b)

图 2-1 素混凝土梁的受力性能

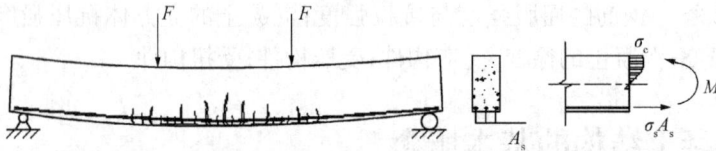

图 2-2 钢筋混凝土梁受力性能

混凝土的抗压强度高,常用于受压构件。试验表明,若在构件中配置钢筋来构成钢筋混凝土受压构件,和素混凝土受压构件截面尺寸及长细比相同的钢筋混凝土受压构件,不仅承载能力大为提高,而且受力性能得到改善,如图 2-3 所示。在这种情况下,钢筋的作用主要是协助混凝土共同承受压力。

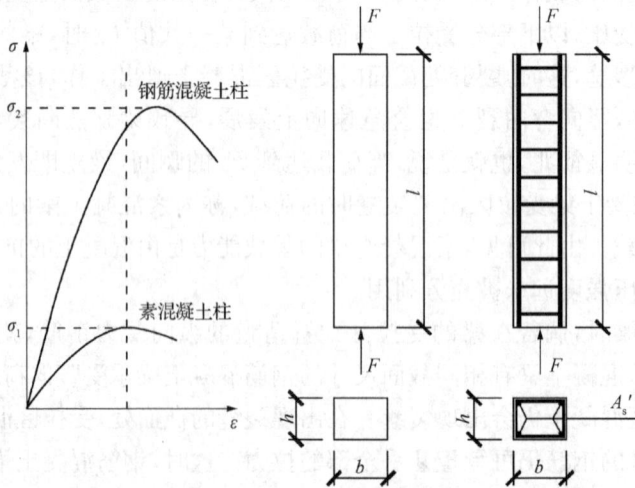

图 2-3 素混凝土和钢筋混凝土柱的受力性能比较

综上所述,根据构件受力状况配置钢筋构成钢筋混凝土构件,可以充分利用钢筋和混凝土各自的材料特点,把它们有机地结合在一起共同工作,从而提高构件的承载能力、改善构件的受力性能。钢筋的作用主要是代替混凝土受拉或协助混凝土受压。

2.1.2　混凝土结构的优缺点

钢筋混凝土除了能合理地利用钢筋和混凝土两种材料的特性外,还有下述一些优点:

(1) 稳定性好:钢筋混凝土结构整体稳定性好,局部失稳可能性不大,对于一般工程结构,经济指标优于钢结构。

(2) 刚度大:钢筋混凝土结构的刚度较大,在使用荷载作用下的变形较小,故可用于对变形要求较高的建筑物中。

(3) 耐久性与耐火性好:钢筋混凝土结构的耐久性和耐火性较好,维护费用低,在混凝土保护层作用下,钢筋不易锈蚀;混凝土是不良热导体,30 mm 厚混凝土保护层可耐火 2 h,使钢筋不致因升温过快而丧失强度。

(4) 整体性、防振性、防辐射性好:现浇混凝土结构的整体性好,且通过合适的配筋,可获得较好的延性,适用于抗震、抗爆结构;同时防振性和防辐射性能较好,适用于防护结构。

(5) 可模性好:钢筋混凝土结构既可以整体现浇也可以预制装配,并且可以根据需要浇制成各种构件形状和截面尺寸,适用于各种形状复杂的结构,如空间薄壳、箱形结构等。

(6) 易于就地取材:钢筋混凝土结构所用的原材料中,砂、石所占的比重较大,而砂、石易于就地取材,故可以降低建筑成本。

尽管钢筋混凝土结构有以上诸多优点,但其也存在以下缺点:

(1) 自重较大:与钢结构相比,其构件尺寸较大,单位长度的自重较大,所以不适用于大跨度结构。

(2) 抗裂性差:由于混凝土属于脆性材料,抗裂性较差,故在正常使用时钢筋混凝土构件往往是带裂缝工作的。

(3) 构件尺寸较大:在重载结构和高层建筑底部结构中,构件尺寸太大,减小了使用空间。

(4) 施工工艺烦琐:混凝土结构施工复杂,工序多(支模、绑钢筋、浇筑、养护),工期长,施工受季节、天气的影响较大。

(5) 修复加固困难:混凝土结构一旦破坏,其修复、加固、补强比较困难。

钢筋混凝土结构虽有缺点,但毕竟有其独特的优点,所以,它的应用极为广泛,无论是桥梁工程、隧道工程、房屋建筑、铁路工程,还是水工结构工程、海洋结构工程等都已广泛采用。随着钢筋混凝土结构的不断发展,上述缺点已经或正在逐步被加以改善。

2.1.3　结构体系中的受力构件及其受力类型

在钢筋混凝土结构中受力构件就是承受荷载的构件。如各类基础;框架结构中的梁、板、柱;剪力墙结构中的板、剪力墙;框剪结构中的梁、板、柱、剪力墙;砌体结构中的承重墙、板。总体而言,钢筋混凝土结构受力构件主要有梁、板、柱、墙和基础,结构形式不同,受力构件不同。

根据受力类型的不同,上述受力构件可以分成以下几种类型:

（1）受压（受拉）构件：在一对方向相反、作用线重合的外力作用下，构件长度改变（伸长或缩短）。若外力的作用线与构件轴心重合，则为轴心受压（受拉）；若外力的作用线与构件轴心不重合，则为偏心受压（受拉）。

（2）受弯构件：在一对方向相反、位于构件纵轴平面内的力偶作用下，构件在纵向平面内发生的弯曲变形。

（3）受剪构件：在一对相距很近、大小相同、指向相反的横向外力作用下，构件在横截面发生的相对错动变形。

（4）受扭构件：在一对方向相反、位于垂直构件轴线的两平面内的力偶作用下，构件的任意两横截面发生相对转动。

在房屋建筑中，永久荷载和楼面活荷载直接作用在楼板上，楼板荷载传递到梁，梁将荷载传递到柱或墙，并最终传递到基础上，各个构件受力特点和传递方式如下：

（1）楼板属于受弯构件，主要内力是弯矩和剪力。内力传递方式是将活荷载和恒荷载通过梁或直接传递到竖向支承结构（柱、墙）。

（2）梁属于受弯构件，承受板传来的荷载，主要内力有弯矩和剪力，有时也可能是扭矩。内力传递方式是将楼板上或屋面上的荷载传递到柱或墙上。

（3）柱属于受压构件，主要内力有轴向压力、弯矩和剪力，可能是轴心受压构件，也可能是偏心受压构件。内力传递方式是承受梁、板体系传来的荷载，并将荷载传递到基础上。

（4）墙属于受压构件，承重的混凝土墙常用作基础墙、楼梯间墙或剪力墙，其内力传递方式与柱相似。

（5）基础属于受压构件，主要内力是压力和弯矩。内力传递方式是承受柱、墙传来的各种荷载并传给地基持力层，由地基持力层扩散传给地壳。

2.2　材料的力学性能与指标

2.2.1　钢筋

钢筋在混凝土结构中起着非常重要的作用，在抵抗荷载作用下，它可以用来承担各种作用效应在结构中产生的拉应力和剪应力，也可与混凝土共同承担受压区的压应力；在构造上，钢筋经过加工后所形成的钢筋骨架，提高了结构的延性和整体性。所以混凝土结构的有关计算和构造问题，都和钢筋的性能密切相关。

1. 钢筋的化学成分及种类

钢筋是由生铁经过高温冶炼后轧制而成的。钢材的化学成分主要是铁元素，除铁元素外，还含有少量的碳、硅、锰、硫、磷等元素。碳元素的含量对钢材的性能有显著的影响，碳元素的含量越高，钢筋的强度越高，但其韧性和焊接性能也会随之降低。通常碳含量的范围是0.02%～0.60%，碳素钢按照含碳量的不同，可分为低碳钢（碳含量＜0.25%）、中碳钢（0.25%≤碳含量≤0.60%）和高碳钢（碳含量＞0.60%）。磷、硫在钢材中是有害元素，磷使钢材冷脆，硫使钢材热脆，故根据磷、硫元素在钢材中的含量又可将钢材分为普通碳素钢（硫含量≤0.055%～0.065%，磷含量≤0.045%～0.085%），优质碳素钢（硫含量≤0.03%～0.045%，磷含量≤0.035%～0.04%），高级优质钢（硫含量≤0.02%～0.03%，磷含量≤

0.027%~0.035%)。建筑结构中的钢筋所用钢材通常是低碳钢与普通碳素钢。

钢筋按轧制后的外形可分为光面钢筋、带肋钢筋、钢丝和钢绞线等,如图 2-4 所示。

(1) 光圆钢筋:Ⅰ级钢筋轧制为光圆形截面,供应形式为盘圆;

(2) 带肋钢筋:有螺旋形、人字形和月牙形三种,一般Ⅱ、Ⅲ级钢筋轧制成人字形,Ⅳ级钢筋轧制成螺旋形及月牙形;

(3) 钢丝:分低碳钢丝和碳素钢丝两种;

(4) 钢绞线。

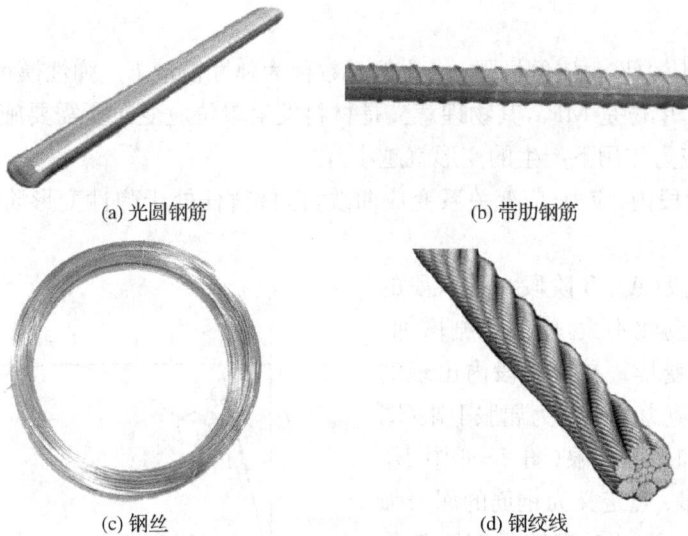

(a) 光圆钢筋   (b) 带肋钢筋

(c) 钢丝   (d) 钢绞线

图 2-4 按钢筋按轧制后的外形分类

按照钢筋在结构中的主要作用可以将钢筋分为受力筋、箍筋、架立筋和腰筋等,如图 2-5 所示,其作用分别如下:

(1) 受力钢筋:承担由荷载产生的拉、压应力。

(2) 箍筋:承受一部分斜拉应力,并固定受力筋的位置,多用于梁和柱内。

(3) 架立筋:用以固定梁内箍筋的位置,构成梁内的钢筋骨架,同时承担梁中一部分的温度应力。

(4) 腰筋:当梁高大于 450 mm 时,梁中需要配置一部分构造腰筋来抵抗竖向裂缝。或者当梁中扭矩较大时,需配置抗扭腰筋来抵抗扭矩。

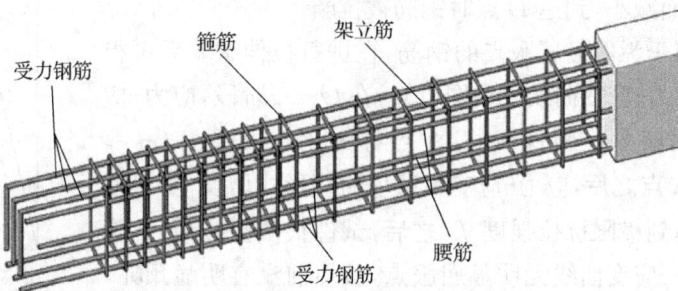

图 2-5 按钢筋在结构中的作用分类

2. 钢筋的拉伸性能

钢筋的拉伸性能大致可分为两种,即有明显屈服点的钢筋和无明显屈服点的钢筋。

低碳钢属于有明显屈服点的钢筋,在进行拉伸试验后可得到如图 2-6 所示的应力-应变曲线。由图可知,该曲线大致包含以下四个阶段:

(1) 弹性阶段(O—A 阶段):在该阶段,试样所发生的变形属于弹性变形,卸除拉力后变形能够完全恢复。

在 O—A′阶段内,应力-应变关系大致成一条直线,满足胡克定律,即满足下式:

$$\sigma_P = E\varepsilon$$

A′点对应的应力称为比例极限 σ_P,比例系数称为弹性模量 E。弹性模量 E 是衡量材料刚度的重要指标,单位是 MPa,其物理意义是材料发生单位应变时所需要施加的应力大小。其值越大,相同应力作用下产生的变形就越小。

在 A′—A 阶段内,应力-应变关系变成曲线,但材料任处于弹性变形阶段,A 点称为弹性极限 σ_e。

(2) 屈服阶段(A—B 阶段):该阶段的主要特点是应力变化不大,应变急剧增加,并开始出现塑性变形。在该阶段内出现的最大应力和最小应力分别称为屈服上限(图 2-6 中 $B_{上}$ 点)和屈服下限(图 2-6 中 $B_{下}$点)。工程中将 $B_{下}$ 点定义为钢筋的屈服强度 f_y,该值是结构设计时钢筋强度取值的依据。

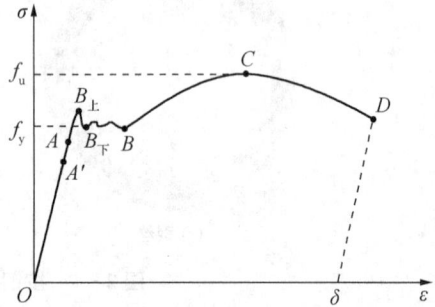

图 2-6 有明显屈服点钢筋的应力-应变曲线

(3) 强化阶段(B—C 阶段):过了 B 点后,应力又随着应变的增加而增加,直至最大点 C。对应于 C 点的应力称为极限抗拉强度 f_u,该值反映了钢筋在拉断之前所能承受的最大拉应力。屈服强度 f_y 与极限抗拉强度 f_u 之比 f_y/f_u,称为屈强比,反映了钢筋强度的利用率和强度储备的多少。屈强比越小,表明钢筋的强度储备越大,结构越偏于安全,但钢筋强度的利用率越低。若屈强比过低,则可能造成钢材的浪费,所以在结构设计中,必须综合考虑安全度与经济性之间的矛盾,建筑结构中合理的屈强比一般为 0.60~0.75。

(4) 颈缩阶段(C—D 阶段):该阶段试件截面急剧缩小,应力随着应变的增加而减小,到达 D 点时钢筋被拉断。

中、高碳钢属于无明显屈服点的钢筋,在进行拉伸试验后可得到如图 2-7 的应力-应变曲线。由图可知,在 O—A 阶段,应力-应变成正比关系,材料处于弹性阶段,A 点称为比例极限 σ_P($\sigma_P \approx 0.65 f_u$)。过了 A 点之后,应力-应变关系呈曲线形式增长,材料发生塑性变形,但达到极限抗拉强度 f_u 之后,试件很快被拉断,下降段很短,整个应力-应变曲线无明显屈服点,破坏前没有明显预兆,故破坏呈脆性。

无明显屈服点的钢筋一般极限抗拉强度很高,但变形很小,故

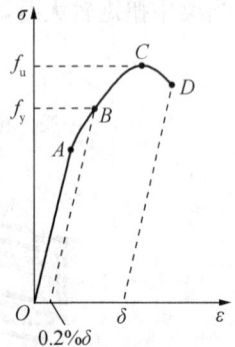

图 2-7 无明显屈服点钢筋的应力-应变曲线

通常取残余应变 δ 的 0.2% 时所对应的应力 $\sigma_{0.2}$ 作为名义屈服点,称为条件屈服强度。

3. 钢筋的强度指标

通过对若干个试件的拉伸试验,可以得到一组钢筋的屈服强度,工程上取该组数据中 95% 的保证率的强度值作为该类钢筋的屈服强度标准值 f_{yk},再将屈服强度标准值除以钢筋的材料分项系数(强度低于 $500\ \text{MPa}$ 级的钢筋取 1.10,高强度 $500\ \text{MPa}$ 级的钢筋取 1.15)之后,可得到钢筋的屈服强度设计值 f_y,该值将是混凝土结构设计中钢筋取值的主要依据。混凝土结构设计中,普通钢筋的强度取值见附录一。

2.2.2　混凝土

混凝土是用水泥、水、砂、石和少量外加剂混合搅拌后入模浇筑,并经养护硬化而成的人工石材。它是形成混凝土结构的另一重要材料,主要与钢筋协同工作,抵抗作用效应产生的压应力。由于混凝土本身就是一种人工复合材料,所以研究其受力性能和强度指标对学习混凝土结构有着重要的意义。

1. 混凝土的强度

(1)立方体抗压强度:立方体抗压强度标准值 $f_{cu,k}$ 是指以标准方法制作边长为 $150\ \text{mm}$ 的立方体试块,在标准条件下(温度 $20\pm2℃$,相对湿度不低于 95%),养护 28 天或设计规定龄期,按标准实验方法测得的具有 95% 以上保证率的抗压强度值。立方体抗压强度是确定混凝土强度等级的依据,《混凝土结构设计规范》(GB 50010—2010)规定混凝土强度等级分为 C15、C20、C25、C30、C35、C40、C45、C50、C55、C60、C65、C70、C75、C80,共 14 个等级,其中 C50～C80 属于高强混凝土。

(2)轴心抗压强度:通常钢筋混凝土构件的长度要比它的截面尺寸大得多,因此将立方体抗压强度直接作为结构设计的强度指标是不合理的,故又引入轴心抗压强度作为结构设计时,混凝土强度取值的依据。工程上,用 $150\ \text{mm}\times150\ \text{mm}\times300\ \text{mm}$ 的棱柱体作为标准试件,并且在与立方体抗压强度相同的条件下制作、加载破坏之后测得轴心抗压强度标准值 f_{ck}。经过统计分析,可以得到立方体抗压强度标准值 $f_{cu,k}$ 与轴心抗压强度标准值之间大致满足下列关系,计算结果见附录一。

$$f_{ck} = 0.88\alpha_{c1}\alpha_{c2}f_{cu,k}$$

式中,α_{c1}——轴心抗压强度与立方体抗压强度的比值,当混凝土强度等级≤C50 时取 $\alpha_{c1}=0.76$,C80 时取 $\alpha_{c1}=0.82$,其间按线性内插法确定;

α_{c2}——混凝土的脆性折减系数,当混凝土强度等级≤C40 时取 $\alpha_{c2}=1.0$,C80 时取 $\alpha_{c2}=0.87$,其间按线性内插法确定。

将混凝土的轴心抗压强度标准值除以混凝土的材料分项系数(通常取 1.40)后,可得到轴心抗压强度设计值 f_c,该值将作为混凝土结构设计时,混凝土抗压强度的取值依据。

(3)轴心抗拉强度:混凝土的轴心抗拉强度很低,是立方体抗压强度的 $1/18～1/8$,且不与抗压强度成比例增长。由于混凝土受拉时呈脆性断裂,故在钢筋混凝土结构设计中,不考虑混凝土承受拉力,而是在混凝土中配以钢筋,由钢筋来承受结构中的拉应力。但混凝土抗拉强度对于混凝土抗裂性具有重要作用,它是结构设计中确定混凝土抗裂度的主要指标,有时也用它来间接衡量混凝土与钢筋之间的黏结强度,并预测由干湿变化和温度变化而产生的裂缝的情况。

《混凝土结构设计规范》(GB 50010—2010)规定混凝土的轴心抗拉强度标准值 f_{tk} 按下式计算,计算结果见附录一。

$$f_{tk} = 0.88 \times 0.395 f_{cu,k}^{0.55} (1 - 1.645\delta)^{0.45} \alpha_{c2}$$

式中,δ——混凝土立方体抗压强度变异系数。

将轴心抗拉强度标准值除以混凝土的材料分项系数(通常取 1.40)后,可得到轴心抗拉强度设计值 f_t,计算结果见附录一。

2. 混凝土在短期荷载作用下的变形

混凝土在短期荷载作用下的应力-应变曲线如图 2-8 所示,曲线大致分为 O—C 上升段和 C—D 下降段。

上升段 O—C:在曲线的开始部分 O—A 段(混凝土的应力 $\sigma \leqslant 0.3 f_c$),应力-应变关系接近于直线,混凝土表现出理想的弹性性质,其变形主要是骨料和水泥结晶体受压后的弹性变形,已存在于混凝土中的微裂缝没有发展。A 点对应的应力和应变分别为 σ_c 和 ε_c,工程上将 A 点的应力与应变的比值定义为混凝土的弹性模量 E_c,即

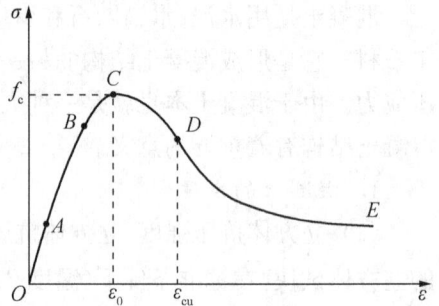

图 2-8 混凝土的应力-应变曲线

$$E_c = \frac{\sigma_c}{\varepsilon_c}$$

根据对实验结果的统计分析,混凝土的弹性模量与混凝土立方体抗压强度之间存在以下关系:

$$E_c = \frac{10^5}{2.2 + \dfrac{34.7}{f_{cu,k}}} \ (\text{N/mm}^2)$$

随着应力的升高,混凝土表现出越来越明显的非弹性性质,应变的增长速率超过应变的增长速率,如曲线 A—B 段($\sigma = 0.3 f_c \sim 0.8 f_c$)。微裂缝随荷载的增加而发展,混凝土的塑性变形也逐渐增加,如曲线 B—C 段($\sigma = 0.8 f_c \sim 1.0 f_c$)。当应力接近于轴心抗压强度 f_c 时,在高应力作用下,混凝土内部贯通的微裂缝转变为明显的纵向裂缝,试件开始破坏,此时混凝土的应力达到了其轴心抗压强度 f_c。

下降段 C—E:当加荷接近轴心抗压强度 f_c 时,若试验机的刚度足够大,使试验机所释放的能量不至于立即将试件破坏,则在应力达到峰值点后缓慢卸荷时,应力逐渐减小,试件还能承受一定的荷载。此后,应变持续增长,应力-应变曲线在 D 点出现反弯点,试件在宏观上已充分压碎,此时混凝土达到极限压应变 ε_{cu}。反弯点之后,曲线上表现出的低受荷能力是由试件破碎后各块体间残存的咬合力或摩擦力提供的。

3. 混凝土在长期荷载作用下的变形——徐变

混凝土试件一次加载后,将会产生瞬时应变,之后在保持外力不变的条件下,其应变随

着时间的增长而增长。这种在荷载长期作用下，即应力不变的情形下，随时间而增长的应变称为混凝土的徐变。

如图 2-9 所示，加荷瞬间产生的应变为 ε_{ce}，徐变的最大值为 ε_{cr}。徐变开始发展较快，然后逐渐减慢，经过较长时间后趋于稳定。通常在前 6 个月可完成最终徐变量的 $70\%\sim80\%$，在第一年内可完成 90% 左右，其余部分在后续几年中完成。若在经历了长时间的荷载作用下的 B 点时卸荷，其瞬时恢复应变为 ε'_{ce}；另一部分应变 ε'_{ae} 需经过一段时间（约 20 天）恢复，称为弹性后效；最后还将留下一部分不能恢复的残余应变 ε'_{cp}。

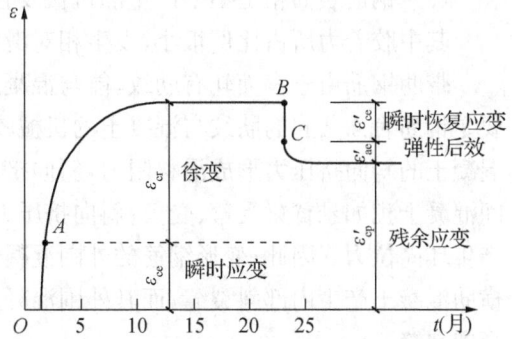

图 2-9　混凝土徐变与时间的关系

产生徐变的原因主要有以下两点：

(1) 当应力较小时，混凝土中的水泥胶凝体在荷载长期作用下产生黏性流动；

(2) 当应力较大时，混凝土内部的微裂缝在荷载长期作用下持续延伸和扩展。

影响徐变的因素主要有以下几点：

(1) 长期作用的压应力的大小是影响混凝土徐变的主要因素之一。当初始应力大于 $0.8f_c$ 时，混凝土内部的微裂缝进入非稳定发展阶段，徐变的发展最终将导致混凝土的破坏，故可将 $0.8f_c$ 作为混凝土的长期抗压强度；

(2) 混凝土的组成材料是影响徐变的内在因素。水泥用量越多、水灰比越大，徐变就越大；骨料的弹性模量越大以及骨料所占的体积比越大，徐变就越小；

(3) 混凝土养护条件越好（包括采用蒸气养护），徐变越小；

(4) 混凝土受荷时间越长，徐变越大；

(5) 构件的体积与表面积之比越大，徐变越小。

2.2.3　钢筋与混凝土协同工作机理

钢筋和混凝土这两种力学性能不同的材料之所以能有效地结合在一起而共同工作，主要是由于：

(1) 混凝土和钢筋之间有着良好的黏结力，使两者能可靠地结合成一个整体，在荷载作用下能够很好地共同变形，完成其结构功能。

(2) 钢筋和混凝土的温度线膨胀系数也较为接近，钢筋为 $(1.2\times10^{-5})/\text{℃}$，混凝土为 $(1.0\times10^{-5}\sim1.5\times10^{-5})/\text{℃}$，因此，当温度变化时，不致产生较大的温度应力而破坏两者之间的黏结。

(3) 包围在钢筋外围的混凝土，起着保护钢筋免遭锈蚀的作用，保证了钢筋与混凝土的共同作用。

在钢筋混凝土结构中，钢筋和混凝土这两种材料之所以能共同工作的基本前提是具有足够的黏结强度，能承受由于相对滑移沿钢筋与混凝土接触面上产生的剪应力，通常把这种剪应力称为黏结应力。光圆钢筋与带肋钢筋具有不同的黏结机理。

光圆钢筋与混凝土的黏结作用主要由以下三部分组成：

（1）混凝土中水泥胶体与钢筋表面的化学胶着力；

（2）钢筋与混凝土接触面上的摩擦力；

（3）钢筋表面粗糙不平产生的机械咬合作用。

其中胶着力所占比例很小，发生相对滑移后，黏结力主要由摩擦力和咬合力提供。

带肋钢筋由于表面轧有肋纹，能与混凝土紧密结合，其胶着力和摩擦力仍然存在，但主要是钢筋表面凸起的肋纹与混凝土的机械咬合作用，如图 2-10 所示。带肋钢筋的肋纹对混凝土的斜向挤压力形成滑移阻力，斜向挤压力沿钢筋轴向的分力使带肋钢筋表面肋纹之间混凝土犹如悬臂梁受弯、受剪；斜向挤压力的径向分力使外围混凝土犹如受内压的管壁，产生环向拉力。因此，变形钢筋的外围混凝土处于复杂的三向应力状态，剪应力及拉应力使横肋混凝土产生内部斜裂缝，而其外围混凝土中的环向拉应力则使钢筋附近的混凝土产生径向裂缝。

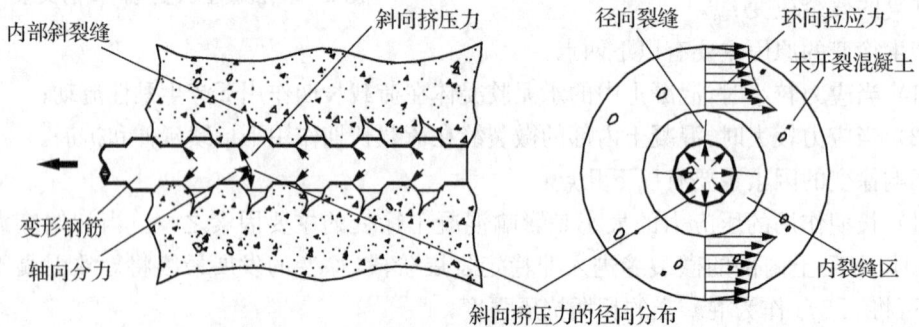

图 2-10 变形钢筋横肋处的挤压力和内部裂缝

试验证明，如果变形钢筋外围混凝土较薄（如保护层厚度不足或钢筋净间距过小），又未配置环向箍筋来约束混凝土变形，则径向裂缝很容易发展到试件表面形成沿纵向钢筋的裂缝，使钢筋附近的混凝土保护层逐渐劈裂而破坏，这种破坏具有一定的延性特征，被称为劈裂型黏结破坏。

若变形钢筋外围混凝土较厚，或有环向箍筋约束混凝土变形，则纵向劈裂裂缝的发展受到抑制，破坏是剪切型黏结破坏，钢筋连同肋纹间的破碎混凝土逐渐由混凝土中被拔出，破坏面为带肋钢筋肋的外径形成的一个圆柱面，如图 2-11 所示。试验表明，带肋钢筋与混凝土的黏结强度比光圆钢筋高得多。

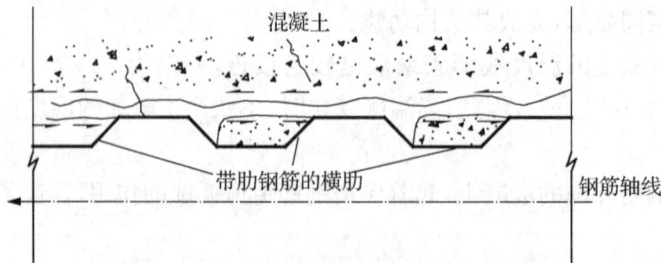

图 2-11 带肋钢筋的剪切型黏结破坏

影响钢筋与混凝土之间黏结强度的因素很多，其中主要有混凝土强度、浇筑位置、保护层厚度及钢筋净间距等。

（1）光圆钢筋及变形钢筋的黏结强度均随混凝土强度等级的提高而提高,但并不与立方体强度 f_{cu} 成正比。试验表明,当其他条件基本相同时,黏结强度与混凝土抗拉强度 f_t 近乎成正比。

（2）黏结强度与浇筑混凝土时钢筋所处的位置有明显关系。混凝土浇筑后有下沉及泌水现象。处于水平位置的钢筋,直接位于其下面的混凝土由于水分、气泡的逸出及混凝土的下沉,并不与钢筋紧密接触,形成了间隙层,削弱了钢筋与混凝土间的黏结作用,使水平位置钢筋比竖直位置钢筋的黏结强度显著降低。

（3）钢筋混凝土构件截面上有多根钢筋并列一排时,钢筋之间的净距对黏结强度有重要影响。净距不足,钢筋外围混凝土将会发生在钢筋位置水平面上贯穿整个梁宽的劈裂裂缝。梁截面上一排钢筋的根数越多、净距越小,黏结强度降低就愈多。

（4）混凝土保护层厚度对黏结强度有着重要影响。特别是采用带肋钢筋时,若混凝土保护层太薄时,则容易发生沿纵向钢筋方向的劈裂裂缝,并使黏结强度显著降低。

（5）带肋钢筋与混凝土的黏结强度比用光圆钢筋时大。试验表明,带肋钢筋与混凝土之间的黏结力比用光圆钢筋时高出 2～3 倍。因而,带肋钢筋所需的锚固长度比光圆钢筋短。试验还表明,牙纹钢筋与混凝土之间的黏结强度比用螺纹钢筋时的黏结强度低 10%～15%。

2.3 受弯构件正截面设计

2.3.1 梁中纵筋的构造要求

梁中的钢筋通常有纵向钢筋、弯起钢筋、架立钢筋、纵向构造钢筋(腰筋)、箍筋等,如图 2-12 所示。

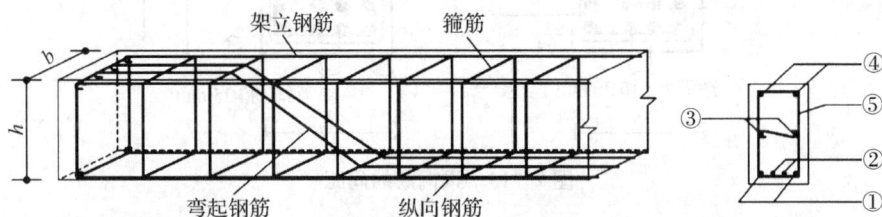

图 2-12 梁钢筋的布置
① 纵向钢筋;② 弯起钢筋;③ 腰筋;④ 架立钢筋;⑤ 箍筋

1. 钢筋的直径

纵向受力钢筋主要是指受弯构件在受拉区承受拉力的钢筋,或在受压区承受压力的钢筋。梁内纵向受力钢筋宜采用 HRB400 级钢筋,常用直径为 10～28 mm。设计中若采用两种不同直径的钢筋,钢筋直径至少相差 2 mm,以便在施工中能用肉眼识别,同时直径大小不应相差过大,以免造成钢筋受力不均匀。

2. 钢筋的保护层

为保证钢筋混凝土的耐久性、防水性以及钢筋和混凝土的黏结性能,混凝土的保护层厚度 c,即纵向受力钢筋外表面到截面边缘的垂直距离,大于钢筋直径并不小于表 2-1 中相应的数值。

表 2-1　混凝土保护层最小厚度 c(mm)

环境类别	板、墙、壳	梁、柱、杆
一	15	20
二 a	20	25
二 b	25	35
三 a	30	40
三 b	40	50

注:1. 混凝土强度等级不大于 C25 时,表中保护层厚度数值应增加 5 mm;
　　2. 钢筋混凝土基础宜设置混凝土垫层,基础中钢筋的混凝土保护层厚度应从垫层顶面算起,且不应小于 40 mm。

3. 钢筋的间距

为了保证混凝土能很好地与钢筋黏结在一起,使钢筋应力能可靠地传递到混凝土,以及避免钢筋过密妨碍混凝土的捣实,对于构件的内部,我们应控制钢筋的间距。梁上部钢筋水平方向的净间距不应小于 30 mm 和 $1.5d$(d 为钢筋最大直径),梁下部钢筋水平方向的净间距不应小于 25 mm 和 d,如图 2-13 所示。

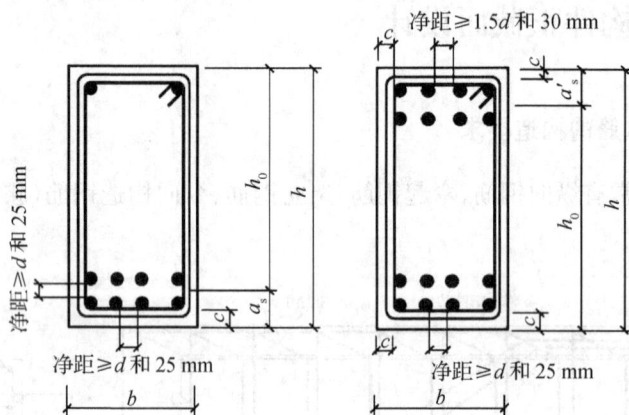

图 2-13　梁钢筋的间距

4. 钢筋的布置

梁底部纵向受力钢筋不少于 2 根,如果钢筋数量较多,可考虑多排配置,各层钢筋之间净间距不应小于 25 mm 和 d,如图 2-13 所示。若配置多于两层,从第三层起,钢筋的中距应比下面两层的中距增大一倍。

梁内其他钢筋如箍筋、抗震等构造要求详见项目三。

5. 配筋方式

钢筋的配筋方式有分离式配筋和弯起式配筋。

分离式配筋是指在正弯矩区域配置受拉钢筋,并伸入支座锚固;在负弯矩区域配置负弯矩钢筋,其范围应能覆盖负弯矩区域并满足锚固要求。弯起式配筋是指将跨中下部纵向受力钢筋在适当位置弯起,伸至支座上部的钢筋。其弯起部分可承受斜截面剪力及支座处负弯矩产生的拉力,弯起角可取 45°或 60°。

2.3.2　受弯构件正截面破坏形式

我们将与构件的计算轴线相垂直的截面称之为正截面。受弯构件沿正截面的破坏形态与纵向受拉钢筋配筋率、混凝土强度等级、截面形式等有关,影响最大的是纵向受拉钢筋配筋率 ρ。

纵向受拉钢筋配筋率:

$$\rho = \frac{A_s}{bh_0} \; (\%) \tag{2-1}$$

式中,A_s——纵向受拉钢筋总截面面积;

bh_0——正截面的有效面积,如图 2-14 所示。

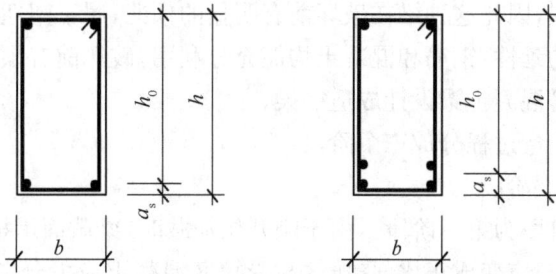

图 2-14　梁截面内纵向钢筋布置及截面有效高度 h_0

图 2-14 中 a_s 表示的是所有受拉钢筋合力点到底部的距离,c 表示的是混凝土保护层厚度,即纵向受力钢筋外表面到截面边缘的垂直距离。根据《混凝土结构设计规范》(GB 50010—2010),混凝土保护层最小厚度如表 2-1 所示。

根据纵向受拉钢筋配筋率 ρ 的不同,受弯构件沿正截面可能发生的破坏形态有三种:少筋破坏、适筋破坏和超筋破坏,如图 2-15 所示。这三种破坏形态对应的梁分别为少筋梁、适筋梁和超筋梁。

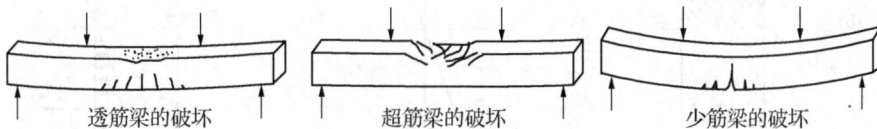

透筋梁的破坏　　　　超筋梁的破坏　　　　少筋梁的破坏

图 2-15　梁的三种破坏形态

1. 少筋破坏

当纵向受拉钢筋配筋率 $\rho = A_s/(bh_0) < \rho_{min} h/h_0$ 时(ρ_{min} 为最小配筋率),发生少筋破坏。其破坏特点是呈现脆性破坏,无明显预兆,破坏过程短,构件受拉区一旦开裂即丧失承载能力。

少筋梁破坏时,裂缝往往只有一条,不仅开展宽度很大,而且沿梁高延伸较高。即使受压区混凝土并未压碎,而此时受拉区裂缝宽度大于 1.5 mm 甚至更大,这已标志着梁的“破坏”。对于呈脆性破坏的少筋梁,其材料不能充分利用,在设计中应加以防止。

根据《混凝土结构设计规范》(GB 50010—2010)规定,ρ_{min} 的取值应符合以下规定:

（1）受弯构件、偏心受拉、轴心受拉构件其一侧纵向受拉钢筋的最小配筋率取 0.2% 和 $0.45\dfrac{f_t}{f_y}$ 中的较大值；

（2）卧置于地基上的混凝土板，板的受拉钢筋的最小配筋百分率可适当降低，但不应小于 0.15%。

2. 适筋破坏

当 $\rho_{\min}\cdot h/h_0\leqslant\rho\leqslant\rho_b$（$\rho_b$ 为界限配筋率）时，发生适筋破坏。其破坏过程是受拉区混凝土先出现裂缝，然后纵向受拉钢筋达到屈服强度，最后受压区混凝土被压碎，构件即告破坏，呈塑性破坏。

适筋梁的破坏特点是纵向钢筋的屈服先于受压区混凝土被压碎，梁因纵向钢筋受拉屈服而逐渐破坏，破坏过程比较缓慢，钢筋经历着较大的塑性变形，从而引起构件较明显的挠度增加和裂缝开展过程，因此这种梁在破坏前有明显的预兆，属于塑性破坏。

适筋梁具有较好的延性，钢筋和混凝土均能充分利用，破坏前有预兆，既安全又经济，所以实际工程中应把钢筋混凝土梁设计成适筋梁。

适筋梁的正截面受弯过程分成三个阶段：

（1）第 I 阶段：未裂阶段

混凝土开裂前的阶段为第一阶段。由于刚开始加载时，梁截面承担的弯矩较小，材料近似处于弹性阶段，应力与应变成正比，受压区与受拉区混凝土应力分布图形为三角形，如图 2-16（a）所示。

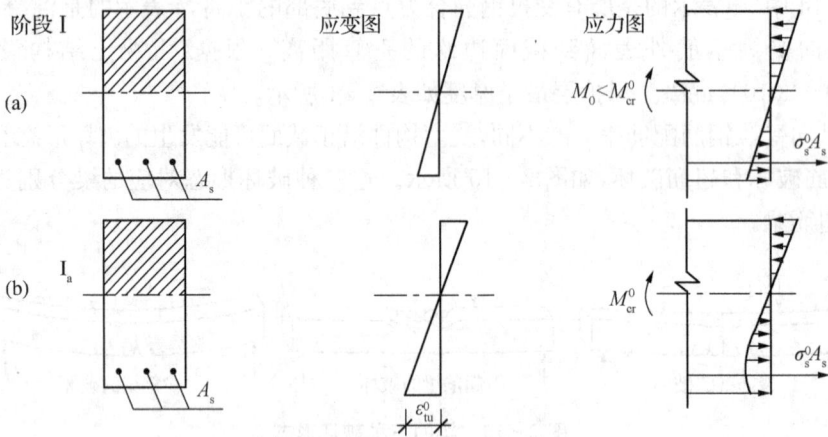

图 2-16 适筋梁受弯的第一阶段

当弯矩增加到 M_{cr}^0 时，受压区仍基本处于弹性工作阶段，受压区应力图接近三角形。而受拉区边缘纤维的应变值即将达到混凝土受弯时的极限拉应变实验值 ε_{tu}^0，构件截面处于将要开裂而未开裂阶段，此时受拉区应力图形呈曲线分布。这一阶段称之为第 I 阶段末，即 I_a 阶段，如图 2-16（b）所示。

此阶段特点是：

① 混凝土没有开裂；

② 受压区混凝土的应力图形是直线，受拉区混凝土的应力图形在第 I 阶段前期是直

线,后期是曲线;

③ 弯矩与挠度基本上是直线关系。

作用:I_a 阶段可作为受弯构件抗裂强度的计算依据。

(2) 第Ⅱ阶段:带裂缝工作阶段

弯矩达到 M_{cr}^0 时,在纯弯段抗拉能力最薄弱的某一截面处,当受拉区边缘纤维的应变值达到混凝土受弯时的极限拉应变实验值 ε_{tu}^0 时,将首先出现第一条裂缝,此时梁即由第Ⅰ阶段转入为第Ⅱ阶段。

裂缝出现时,受拉区的拉力主要由钢筋承担,使得钢筋的应力突然增加,梁的挠度和截面曲率都突然增大,中性轴位置随之上移。

随着弯矩的增加,截面曲率加大,裂缝开展越来越宽。由于受压区混凝土应变不断增大,应变增长速度超过应力增长速度,塑性特征越来越明显,受压区应力图形呈曲线变化,如图 2-17 所示。当弯矩继续增大,受拉钢筋应力即将到达屈服强度 M_y 时,第Ⅱ阶段即将结束。

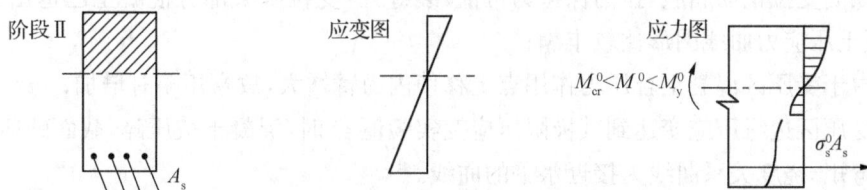

图 2-17　适筋梁受弯的第二阶段

第Ⅱ阶段是截面混凝土裂缝发生、开展的阶段,在此阶段中梁是带裂缝工作的。此阶段的特点是:

① 在裂缝截面处,受拉区大部分混凝土退出工作,拉力主要由纵向受拉钢筋承担,但钢筋没有屈服;

② 受压区混凝土已有塑性变形,但不充分,压应力图形为只有上升段的曲线;

③ 弯矩与挠度是曲线关系,截面曲率与挠度的增长加快了。

作用:阶段Ⅱ相当于梁使用时的应力状态,可作为使用阶段验算变形和裂缝开展宽度的依据。

(3) 第Ⅲ阶段:破坏阶段

纵向受拉钢筋屈服后,正截面就进入第Ⅲ阶段工作。

钢筋达屈服后应力保持屈服点强度不变。随着弯矩的增大,截面曲率和梁的挠度也不断增大,混凝土裂缝迅速向上扩展,使得中性轴继续上移,受压区高度进一步减小,混凝土压应力和压应变迅速增大,混凝土受压的塑性特征表现得更为充分,如图 2-18(a)所示。

弯矩继续增大,直至截面受弯承载力极限实验值 M_u^0 时,边缘纤维压应变到达(或接近)混凝土受弯时的极限压应变实验值 ε_{cu}^0,标志着截面已开始破坏。随后,在实验室条件下,一般实验梁仍可继续变形,但承受的弯矩有所降低。最后,受压区混凝土被压碎,梁丧失承载力而破坏,此时截面弯矩约为 $0.85M_u^0$,如图 2-18(b)所示。此时我们称之为第Ⅲ阶段末,即Ⅲ$_a$ 阶段。

第Ⅲ阶段是截面的破坏阶段,始于纵向受拉钢筋屈服,终于受压区混凝土压碎。此阶段的特点是:

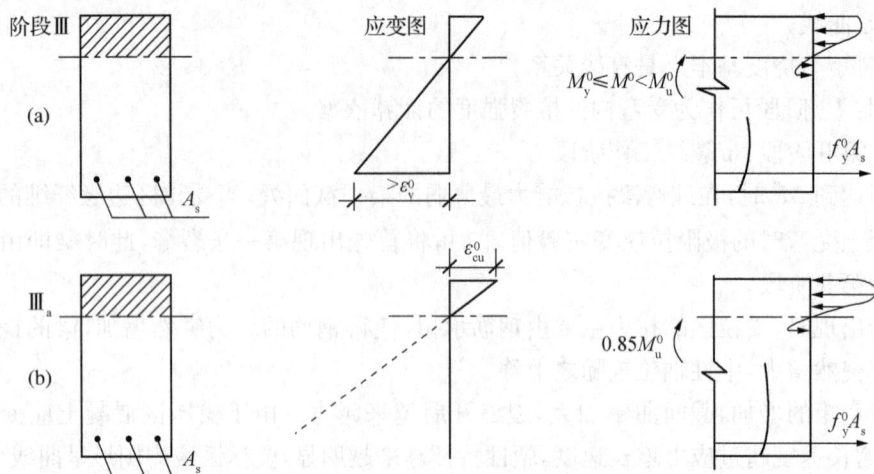

图 2-18　适筋梁受弯的第三阶段

① 纵向受拉钢筋屈服,拉力保持为常值;裂缝处,受拉区大部分混凝土已退出工作,受压区混凝土压应力曲线图形比较丰满;

② 由于受压区混凝土合压力作用点上移使内力臂增大,故弯矩略有增加;

③ 受压区边缘压应变达到其极限压应变实验值 ε_{cu}^0 时,混凝土被压碎,截面破坏;

④ 弯矩-挠度关系曲线为接近水平的曲线。

作用:III_a 阶段可作为正截面受弯承载力计算的依据。

3. 超筋破坏

当 $\rho > \rho_b$ 时,发生超筋破坏。其破坏特点是,受压区混凝土边缘先被压碎,纵向受力钢筋不屈服。在混凝土受压边缘达到极限压应变、混凝土被压碎时,钢筋应力尚小于屈服强度,但此时梁已经破坏。试验表明:钢筋在梁破坏前仍处于弹性工作阶段,受拉区混凝土裂缝开展不宽,延伸不高,梁的挠度亦不大,属于脆性破坏。

由于超筋梁的破坏属于脆性破坏,破坏前预兆不如适筋梁明显,并且受拉钢筋的强度低于屈服强度,材料未被充分利用而不经济,设计中应当加以避免。

2.3.3　正截面承载力计算的一般规定

一、基本假定

根据《混凝土结构设计规范》(GB 50010—2010)规定,正截面承载力应按下列基本假定进行计算:

(1) 截面应变保持平面;

(2) 不考虑混凝土的抗拉强度;

(3) 混凝土受压的应力与压应变关系曲线应按下列规定取用,如图 2-19 所示。

当 $\varepsilon_c \leqslant \varepsilon_0$ 时

$$\sigma_c = f_c \left[1 - \left(1 - \frac{\varepsilon_c}{\varepsilon_0} \right)^n \right] \tag{2-2}$$

当 $\varepsilon_0 < \varepsilon_c \leqslant \varepsilon_{cu}$ 时

$$\sigma_c = f_c \tag{2-3}$$

$$n = 2 - \frac{1}{60}(f_{cu,k} - 50) \tag{2-4}$$

$$\varepsilon_0 = 0.002 + 0.5(f_{cu,k} - 50) \times 10^{-5} \tag{2-5}$$

$$\varepsilon_{cu} = 0.003\,3 - (f_{cu,k} - 50) \times 10^{-5} \tag{2-6}$$

式中，σ_c——混凝土压应变为 ε_c 时的混凝土压应力；

　　　f_c——混凝土轴心抗压强度设计值，按附录一附表 1-2 采用；

　　　ε_0——混凝土压应力刚达到 f_c 时的混凝土压应变，当计算的 ε_0 值小于 0.002 时，取为 0.002；

　　　ε_{cu}——正截面的混凝土极限压应变，当处于非均匀受压且按式（2-6）计算的值大于 0.003 3，取为 0.003 3；当处于轴心受压时取为 ε_0；

　　　$f_{cu,k}$——混凝土立方体抗压强度标准值；

　　　n——系数，当计算的 n 值大于 2.0 时，取为 2.0。

如图 2-19 所示，设 C_{cu} 为混凝土压应力-应变曲线所围成的面积，y_{cu} 为此面积的形心到坐标原点 O 的距离，因此：

$$C_{cu} = \int_0^{\varepsilon_{cu}} \sigma_c(\varepsilon_c) \, d\varepsilon_c \tag{2-7}$$

$$y_{cu} = \frac{\int_0^{\varepsilon_{cu}} \sigma_c(\varepsilon_c) \varepsilon_c \, d\varepsilon_c}{C_{cu}} \tag{2-8}$$

令　　　　$k_1 f_c = C_{cu}/\varepsilon_{cu}, \quad k_2 = y_{cu}/\varepsilon_{cu}$

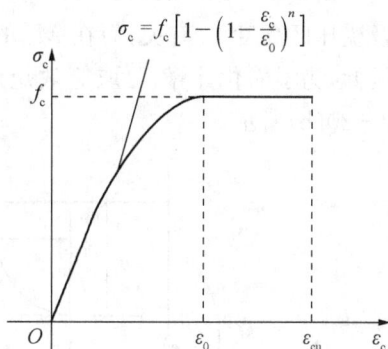

图 2-19　混凝土受压应力-应变曲线

我们称 k_1，k_2 为混凝土受压应力-应变曲线系数，它们只和混凝土压应力-应变曲线的形状有关。

对于混凝土各强度等级，n，ε_0，ε_{cu} 的计算结果见表 2-2。

表 2-2　计算结果

$f_{cu,k}$	≤C50	C60	C70	C80
n	2	1.83	1.67	1.50
ε_0	0.002	0.002 05	0.002 1	0.002 15
ε_{cu}	0.003 3	0.003 2	0.003 1	0.003 0

（4）纵向受拉钢筋的极限拉应变取为 0.01。

纵向钢筋的应力取等于钢筋应变与其弹性模量的乘积，但其值应符合下列要求。

$$-f_y' \leqslant \sigma_{si} \leqslant f_y \tag{2-9}$$

式中，σ_{si}——第 i 层纵向普通钢筋的应力，正值代表拉应力，负值代表压应力；

f_y——普通钢筋抗拉强度设计值,按附录一附表 1-1 采用;

f'_y——普通钢筋抗压强度设计值,按附录一附表 1-1 采用。

二、受压区混凝土等效矩形应力图

在计算分析时由于受压区混凝土的应力为曲线分布,计算比较复杂。若将曲线应力分布等效成矩形应力分布,则能使计算简化。图 2-20(a)为一单筋矩形截面适筋梁的应力图形,我们称之为理论应力图形。因此,我们可以得到:

受压区混凝土压应力的合力

$$C = \int_0^{x_c} \sigma_c(\varepsilon_c) b \, dy = k_1 f_c b x_c \qquad (2-10)$$

$$y_c = \frac{\int_0^{x_c} \sigma_c(\varepsilon_c) b \, dy}{C} = k_2 x_c \qquad (2-11)$$

式中,x_c 为中性轴高度,即受压区的理论高度。

由式(2-10)和式(2-11)可知,合力 C 和作用位置 y_c 仅与混凝土应力-应变曲线形状及受压区高度 x_c 有关,而在 M_u 的计算中也仅需知道 C 的大小和作用位置 y_c 就足够了。因此,为了简化计算,可取等效矩形应力图形来替换受压区混凝土的理论应力图形,如图 2-20(b)所示。

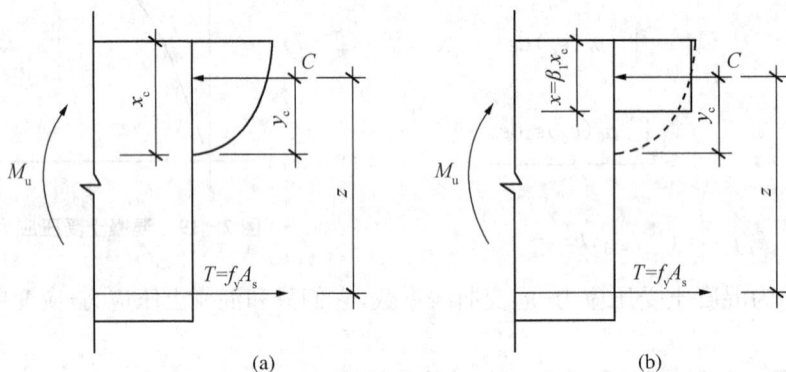

图 2-20 等效矩形应力图

两个图形等效的原则是:

(1) 两个应力图形的压应力合力 C 大小相等;

(2) 两个应力图形受压区合力 C 的作用点不变。

如图 2-20 所示,设等效后混凝土的压应力为 $\alpha_1 f_c$,等效矩形应力图形的高度为 x,根据等效变换的原则有:

$$C = \alpha_1 f_c b x = k_1 f_c b x_c \qquad (2-12)$$

$$x = 2(x_c - y_c) = 2(1 - k_2) x_c \qquad (2-13)$$

令 $\beta_1 = \dfrac{x}{x_c} = 2(1 - k_2)$,则 $\alpha_1 = \dfrac{k_1}{\beta_1} = \dfrac{k_1}{2(1 - k_2)}$。

由此可见,系数 β_1 与 α_1 也仅与混凝土应力-应变曲线形状有关,我们称之为等效矩形应力图系数。根据《混凝土结构设计规范》(GB 50010—2010),当混凝土强度等级不超过 C50 时, β_1 取为 0.80, α_1 取为 1.0;当混凝土强度等级为 C80 时, β_1 取为 0.74, α_1 取为 0.94;其间按线性内插法确定。 α_1 , β_1 取值见表 2-3。

表 2-3 受压区混凝土等效矩形应力图系数

	≤C50	C55	C60	C65	C70	C75	C80
α_1	1.0	0.99	0.98	0.97	0.96	0.95	0.94
β_1	0.8	0.79	0.78	0.77	0.76	0.75	0.74

3. 相对界限受压区高度

设界限破坏时,中性轴高度为 x_{cb} ,则有:

$$\frac{x_{cb}}{h_0} = \frac{\varepsilon_{cu}}{\varepsilon_{cu} + \varepsilon_y} \tag{2-14}$$

将 $x_b = \beta_1 x_{cb}$ 代入式(2-14),得

$$\frac{x_b}{\beta_1 h_0} = \frac{\varepsilon_{cu}}{\varepsilon_{cu} + \varepsilon_y} \tag{2-15}$$

设 $\xi_b = \dfrac{x_b}{h_0}$,则

$$\xi_b = \frac{\beta_1}{1 + \dfrac{f_y}{E_s \varepsilon_{cu}}} \tag{2-16}$$

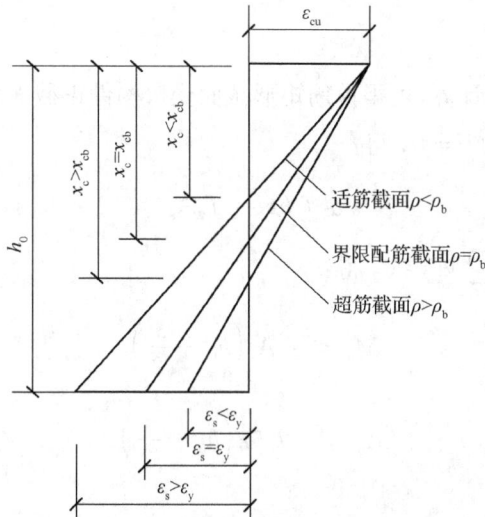

图 2-21 平衡破坏时的正截面平均应力图

此公式针对的是有屈服点的普通钢筋。我们称 ξ_b 为相对界限受压区高度, x_b 为界限受压区高度,与此对应的纵向受拉钢筋配筋率为界限配筋率 ρ_b 。相对界限受压区高度 ξ_b 仅与材料

性能有关,而与截面尺寸无关。

由图 2-21 可以看出,除了比较配筋面积,我们还可以通过对受压区高度,即中性轴高度 x_c 与界限受压区高度 x_b 的比较,来判断梁的正截面破坏类型:

(1) 当 $x_c < x_b$ 时,为适筋梁;

(2) 当 $x_c = x_b$ 时,为界限配筋梁;

(3) 当 $x_c > x_b$ 时,为超筋梁。

2.3.4　单筋矩形截面梁的正截面配筋计算

一、计算简图

如图 2-22 所示,为简化计算,单筋矩形截面受弯构件正截面承载力计算简图为等效矩形应力图形。由图可知,混凝土的压应力为 $\alpha_1 f_c$,受压区高度为 x,内力臂 $z = h_0 - x/2$。

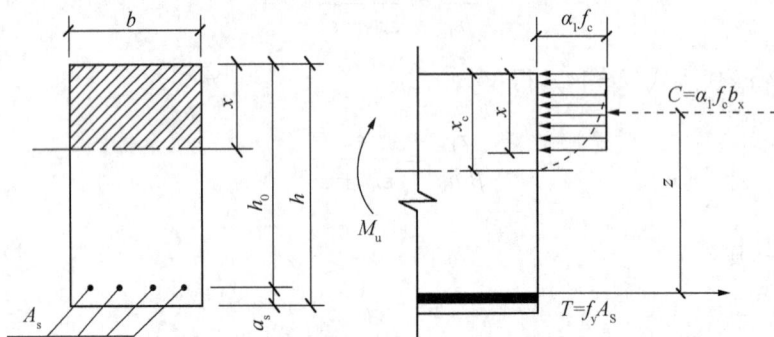

图 2-22　单筋矩形截面受弯构件正截面承载力计算简图

二、基本公式

1. 公式法

按图 2-22 所示进行计算,可得单筋矩形截面受弯构件正截面承载力计算的基本公式。

由力的平衡条件 $\sum N = 0$,得:

$$\alpha_1 f_c b x = f_y A_s \tag{2-17}$$

由力矩的平衡条件 $\sum M = 0$,得:

$$M_u = f_y A_s \left(h_0 - \frac{x}{2} \right) \tag{2-18}$$

或

$$M_u = \alpha_1 f_c b x \left(h_0 - \frac{x}{2} \right) \tag{2-19}$$

2. 系数法

(1) 计算系数

$$\alpha_s = \frac{M}{\alpha_1 f_c b h_0^2} = \xi(1 - 0.5\xi) \tag{2-20}$$

$$\xi = \frac{x}{h_0} = 1 - \sqrt{1 - 2\alpha_s} \tag{2-21}$$

$$\gamma_s = \frac{z}{h_0} = \frac{1 + \sqrt{1 - 2\alpha_s}}{2} = 1 - 0.5\xi \tag{2-22}$$

式中，α_s——截面抵抗矩系数；

　　ξ——相对受压区高度；

　　γ_s——内力臂系数（$\gamma_s h_0$ 称之为内力臂）。

（2）基本公式

$$A_s = \frac{M}{f_y z} = \frac{M}{f_y \gamma_s h_0} \tag{2-23}$$

$$M_u = \alpha_s \alpha_1 f_c b h_0^2 = \xi(1 - 0.5\xi)\alpha_1 f_c b h_0^2 \tag{2-24}$$

三、基本公式的适用条件

在受弯构件正截面破坏形式中，我们介绍了三种破坏形态，其中在工程中最经济安全的是适筋破坏。因此，我们在进行承载力计算时，应当避免超筋脆性破坏和少筋脆性破坏。

（1）防止超筋破坏

$$\rho = \frac{A_s}{b h_0} \leqslant \rho_b = \alpha_1 \xi_b \frac{f_c}{f_y} \tag{2-25}$$

或

$$x \leqslant x_b = \xi_b h_0 \tag{2-26}$$

或

$$\xi \leqslant \xi_b \tag{2-27}$$

（2）防止少筋破坏

$$\rho \geqslant \rho_{\min} \frac{h}{h_0} \tag{2-28}$$

或

$$A_s \geqslant A_{s,\min} = \rho_{\min} b h \tag{2-29}$$

根据《混凝土结构设计规范》（GB 50010—2010），$\rho_{\min}$ 取 0.2% 与 $0.45 f_t / f_y$ 中的较大值。由适用条件（1），可知单筋矩形截面所能承受的最大弯矩（极限弯矩）为：

$$M_{u,\max} = \alpha_{s,\max} \alpha_1 f_c b h_0^2 \tag{2-30}$$

其中：

$$\alpha_{s,\max} = \xi_b(1 - 0.5\xi_b) \tag{2-31}$$

我们称 $\alpha_{s,\max}$ 为截面的最大抵抗矩系数，取值见表 2-4。

单筋矩形截面纵向受拉钢筋的最大截面面积

$$A_{s,\max} = \frac{\xi_b \alpha_1 f_c b h_0}{f_y} \tag{2-32}$$

表 2-4　不同等级混凝土、不同等级钢筋所对应的 ξ_b 和 $\alpha_{s,max}$ 值

混凝土强度等级	≤C50			C60			C70			C80		
钢筋级别	HPB	HRB	HRB	HPB	HRB	HRB	HPB	HRB	HRB	HPB	HRB	HRB
	235	335	400	235	335	400	235	335	400	235	335	400
ξ_b	0.614	0.550	0.518	0.594	0.531	0.499	0.575	0.512	0.481	0.555	0.493	0.463
$\alpha_{s,max}$	0.426	0.399	0.384	0.418	0.390	0.375	0.410	0.381	0.365	0.401	0.372	0.365

四、计算方法及步骤

单筋矩形截面受弯承载力计算可分为两类问题:截面设计和截面复核。此处计算步骤主要介绍系数法。

1. 截面设计

对于截面设计类问题,通常都是按已知荷载作用下的弯矩值 M 来设计截面。一般会有以下两种情形:

（1）情形一

已知:	弯矩设计值 M 材料强度等级 f_c、f_y 构件截面尺寸 b、h
求:	纵向受拉钢筋截面面积 A_s

此种情形下,使用公式法和参数法都可以计算,没有唯一解。设计人员应根据受力性能、材料供应、施工条件、使用要求等因素综合分析,确定较为经济合理的设计

➢ 解题步骤（系数法）:

（a）确定基本数据:

令正截面弯矩设计值 M 等于受弯承载力设计值 M_u,即 $M=M_u$;

梁截面有效高度 $h_0=h-a_s$,根据环境类别和混凝土强度,并由表 2-1 查得混凝土最小保护层厚度 c,由此假定一个 a_s 的值。室内正常环境下的 a_s 假定值可近似按表 2-5 取用。

表 2-5　室内正常环境下梁、板 a_s 近似值(mm)

构件种类	纵向受力	混凝土强度等级	
	钢筋层数	≤C20	≥C25
梁	一层	40	35
	二层	65	60
板	一层	25	20

f_y、f_c 按附录一取用。

α_1 由混凝土强度等级确定,取值见表 2-3。

（b）计算相关系数：

$$\alpha_s = \frac{M}{\alpha_1 f_c b h_0^2}$$

此时，比较 α_s 与 $\alpha_{s,\max}$（$\alpha_{s,\max}$ 取值见表 2-4），若 $\alpha_s > \alpha_{s,\max}$ 则说明此梁属于超筋梁，可通过增大截面、增强混凝土强度或改为双筋矩形截面来解决；若 $\alpha_s \leqslant \alpha_{s,\max}$ 说明没有超筋破坏的危险，我们可以继续向下计算。

$$\xi = 1 - \sqrt{1 - 2\alpha_s}$$

$$\gamma_s = \frac{1 + \sqrt{1 - 2\alpha_s}}{2} = 1 - 0.5\xi$$

（c）计算纵向受拉钢筋面积：

$$A_s = \frac{M}{f_y \gamma_s h_0}$$

（d）验算适用条件：

因为超筋破坏适用条件的验算已经在系数计算时完成，这里主要是验算少筋破坏。

$$A_s \geqslant A_{s,\min} = \rho_{\min} b h$$

$\rho_{\min}$ 取 0.2% 与 $0.45 f_t / f_y$ 中的较大值。若不满足此要求，说明截面尺寸过大，则按 $A_s = A_{s,\min}$ 进行计算。

（e）选定配置钢筋：

根据计算得到的 A_s，我们可以通过查询附录二中的钢筋面积表来选择钢筋的直径、数量和层数等。最后，我们还要验算一下最初假定的 a_s 是否合适，如若相差很大，则需要重新假定一个 a_s 重头计算。

（2）情形二

已知：	弯矩设计值 M 材料强度等级 f_c、f_y
求：	纵向受拉钢筋截面面积 A_s 构件截面尺寸 b、h

此种情形与情形一相比，已知条件中少了截面尺寸。因此，我们首先需要对构件截面尺寸进行假定，然后确定一个合适尺寸。确定截面尺寸后即可按情形一进行计算

➤ 解题步骤（系数法）：

（a）确定基本数据：

M、f_y、f_c；a_s；α_1 取用同情形一。

（b）假定梁宽和配筋率：

矩形截面梁的高宽比 h/b 一般取 2.0~4.0；T 形截面梁 h/b 一般取 2.5~4.0（此处 b 为梁肋宽）。为了统一模板尺寸便于施工，建议梁的宽度采用 $b=120$、150、180、200、250、300、350 mm 等尺寸；梁的高度采用 $h=250$、300、350、…、750、800、900、1 000 mm 等尺寸。

假定纵向钢筋配筋率 ρ，一般取在经济配筋率内即可，如 $\rho=1\%$（根据经验，板的经济配筋率为 $0.3\%\sim0.8\%$，单筋矩形梁的经济配筋率为 $0.6\%\sim1.6\%$）。

(c) 计算相关系数：

根据式(2-25)可得

$$\xi=\frac{f_y}{\alpha_1 f_c}\rho$$

$$\alpha_s=\xi(1-0.5\xi)$$

(d) 计算截面有效高度 h_0 和梁高 h：

令 $M=M_u$，根据式(2-24)，可得

$$h_0=\sqrt{\frac{M_u}{\alpha_s\alpha_1 f_c b}}$$

通过 $h=h_0+a_s$ 可算得梁高，将计算值取整，并且检查 h/b 是否合适，确定梁截面尺寸。

(e) 重新计算相关系数：此处同情形一。

(f) 计算纵向受拉钢筋面积：此处同情形一。

(g) 验算适用条件：此处同情形一。

(h) 选定配置钢筋：此处同情形一。

2. 截面复核

已知：	弯矩设计值 M 材料强度等级 f_c、f_y 纵向受拉钢筋截面面积 A_s 构件截面尺寸 b、h
求：	截面受弯承载力设计值 M_u 或判断截面是否安全，即 $M\leqslant M_u$

判断是截面设计还是截面复核的方法主要是看 A_s 是否已知。若 A_s 已知则按截面复核计算，否则按截面设计计算

➢ 解题步骤(系数法)：

(a) 确定基本数据：

M、f_y、f_c；α_1；$h_0=h-a_s$（取用同截面设计）。

(b) 计算配筋率和相对受压区高度：

$$\rho=\frac{A_s}{bh_0}$$

$$\xi=\frac{f_y}{\alpha_1 f_c}\rho$$

(c) 验算适用条件：

防止超筋破坏： $\xi\leqslant\xi_b$

防止少筋破坏：
$$\rho \geqslant \rho_{\min} \frac{h}{h_0}$$

或
$$A_s \geqslant A_{s,\min} = \rho_{\min} bh$$

若 $\xi > \xi_b$，说明梁为超筋梁，取 $\xi = \xi_b$ 进行计算；若 $A_s < A_{s,\min}$，说明梁为少筋梁，需减小截面或增大配筋；若满足条件，则继续计算。

（d）计算 M_u 并校核
$$M_u = \xi(1 - 0.5\xi)\alpha_1 f_c bh_0^2$$

或
$$M_u = f_y A_s h_0(1 - 0.5\xi)$$

校核是否满足 $M_u \geqslant M$，若满足，则说明截面受弯承载力满足要求，否则不安全。若 $M_u \geqslant M$，但 M_u 超出过多，则说明截面设计不经济。

例 2-1　已知某钢筋混凝土矩形梁，其截面尺寸 $b \times h = 250 \text{ mm} \times 600 \text{ mm}$，处于一类环境，承受弯矩设计值 $M = 200 \text{ kN} \cdot \text{m}$，采用强度等级为 C30 的混凝土，采用 HRB335 级钢筋。

求：纵向受拉钢筋截面面积。

解：查表得：C30 混凝土 $f_c = 14.3 \text{ N/mm}^2$，$f_t = 1.43 \text{ N/mm}^2$，HRB335 级钢筋 $f_y = f'_y = 300 \text{ N/mm}^2$，$\xi_b = 0.550$，$\alpha_1 = 1.0$。一类环境下，梁的保护层厚度 $c = 20 \text{ mm}$，估计钢筋直径 d 为 20 mm，箍筋直径为 8 mm。梁内只有一排受拉钢筋时，$a_s = 20 + 20/2 + 8 = 38 \text{ mm}$，取整 $a_s = 40 \text{ mm}$；$h_0 = h - a_s = 600 - 40 = 560 \text{ mm}$。

计算相关系数：
$$\alpha_s = \frac{M}{\alpha_1 f_c bh_0^2} = \frac{200 \times 10^6}{1 \times 14.3 \times 250 \times 560^2} = 0.178$$

$$\xi = 1 - \sqrt{1 - 2\alpha_s} = 1 - \sqrt{1 - 2 \times 0.178} = 0.198 < \xi_b = 0.550$$

$$\gamma_s = \frac{1 + \sqrt{1 - 2\alpha_s}}{2} = 0.901$$

计算纵向受拉钢筋面积：
$$A_s = \frac{M}{f_y \gamma_s h_0} = \frac{200 \times 10^6}{300 \times 0.901 \times 560} = 1\,321 \text{ mm}^2$$

验算适用条件：
$$\rho = \frac{A_s}{bh_0} = \frac{1\,321}{250 \times 560} = 0.94\% > 0.45 \frac{f_t}{f_y} = 0.45 \times \frac{1.43}{300} = 0.21\%$$

查教材附录二，选用 3Φ25（$A_s = 1\,473 \text{ mm}^2$），单排布置，钢筋间距和保护层等均能满足构造要求。

例 2-2　已知某钢筋混凝土矩形梁，处于一类环境，承受弯矩设计值 $M = 250 \text{ kN} \cdot \text{m}$，混凝土强度等级 C65，$f_c = 29.7 \text{ N/mm}^2$；钢筋为 HRB400，$f_y = 360 \text{ N/mm}^2$，$\xi_b = 0.490$。

求：梁截面尺寸 $b \times h$ 及所需的受拉钢筋截面面积 A_s。

解：查表得 $\alpha_1 = 0.97$，$\beta_1 = 0.77$。假定 $\rho = 1\%$ 及 $b = 250 \text{ mm}$。环境类别为一类，混凝土强度等级为 C65 的梁的混凝土保护层最小厚度为 20 mm，假设 $a_s = 40 \text{ mm}$。

计算相关系数：

$$\xi = \rho \frac{f_y}{\alpha_1 f_c} = 0.01 \times \frac{360}{0.97 \times 29.7} = 0.125$$

$$\alpha_s = \xi(1 - 0.5\xi) = 0.117$$

令 $M = M_u = 250$ kN·m，计算截面有效高度 h_0 和梁高 h：

$$h_0 = \sqrt{\frac{M}{\alpha_s \alpha_1 f_c b}} = \sqrt{\frac{250 \times 10^6}{0.117 \times 0.97 \times 29.7 \times 250}} = 545 \text{ mm}$$

$h = h_0 + a_s = 545 + 40 = 585$ mm，取整 $h = 600$ mm，$h_0 = 600 - 40 = 560$ mm。

重新计算相关系数：

$$\alpha_s = \frac{M}{\alpha_1 f_c b h_0^2} = \frac{250 \times 10^6}{0.97 \times 29.7 \times 250 \times 560^2} = 0.111$$

$$\xi = 1 - \sqrt{1 - 2\alpha_s} = 1 - \sqrt{1 - 2 \times 0.111} = 0.118 < \xi_b = 0.490$$

$$\gamma_s = \frac{1 + \sqrt{1 - 2\alpha_s}}{2} = 0.941$$

计算纵向受拉钢筋面积：

$$A_s = \frac{M}{f_y \gamma_s h_0} = \frac{250 \times 10^6}{360 \times 0.941 \times 560} = 1\,318 \text{ mm}^2$$

验算适用条件：

$$\rho = \frac{A_s}{b h_0} = \frac{1\,318}{250 \times 560} = 0.94\% > 0.45 \frac{f_t}{f_y} = 0.45 \times \frac{2.09}{360} = 0.26\%$$

查教材附录二，选用 3 ⨍ 25（$A_s = 1\,473$ mm²），单排布置，钢筋间距和保护层等均能满足构造要求。

例 2 - 3 已知某钢筋混凝土矩形梁，$b \times h = 250$ mm × 500 mm，环境类别一类，混凝土强度等级为 C25，$f_t = 1.27$ N/mm²，$f_c = 11.9$ N/mm²。已配纵向受拉钢筋 4 根 20 mm 的 HRB400 级钢筋，$A_s = 1\,256$ mm²，$f_y = 360$ N/mm²，承受弯矩设计值 $M = 150$ kN·m。

求：梁截面是否安全。

解：环境类别一类，梁的混凝土保护层最小厚度为 20 mm，假设箍筋直径 8 mm，$a_s = 20 + 20/2 + 8 = 38$ mm，$h_0 = h - a_s = 500 - 38 = 462$ mm。

计算配筋率：

$$\rho = \frac{A_s}{b h_0} = \frac{1\,256}{250 \times 462} = 1.1\%$$

验算适用条件：

查表得 $\xi_b = 0.518$，$\xi = \frac{f_y}{\alpha_1 f_c} \rho = \frac{360}{1.0 \times 11.9} \times 1.1\% = 0.333 < \xi_b = 0.518$；

$0.45 \frac{f_t}{f_y} = 0.45 \times \frac{1.27}{360} = 0.16\%$，取 $\rho_{min} = 0.2\%$，$\rho \geqslant \rho_{min} \frac{h}{h_0} = 0.002 \times \frac{500}{462} = 0.22\%$。

弯矩承载力设计值：

$M_u = \xi(1 - 0.5\xi)\alpha_1 f_c b h_0^2 = 0.333 \times (1 - 0.5 \times 0.333) \times 1 \times 11.9 \times 250 \times 462^2 = 176.25$ kN·m

$M_u > M = 150$ kN·m，截面安全。

2.3.5　双筋矩形截面梁的正截面配筋计算

一、双筋截面有关概念和适用情况

矩形截面通常分为单筋矩形截面和双筋矩截面两种形式。只在截面的受拉区配有纵向受力钢筋的矩形截面,称为单筋矩形截面(图 2-23)。由于构造上的原因,受压区通常也需要配置纵向架立筋,并用箍筋将它们一起绑扎成钢筋骨架。虽然在受压区有纵向钢筋受压,但其对正截面受弯承载力的贡献很小,只能在构造上起架立钢筋的作用,因此计算中不予考虑。

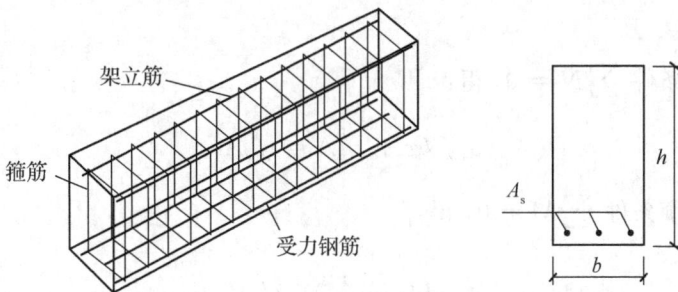

图 2-23　单筋矩形截面梁

但双筋矩形截面,不仅在截面的受拉区配有纵向受力钢筋,且在截面的受压区同时配有纵向受力钢筋。在受压区的纵向受力钢筋既有架立钢筋的作用,又对截面受弯承载力有影响,计算中不能忽略。

架立钢筋与受力钢筋的区别是:架立钢筋是根据构造要求设置,通常直径较细、根数较少;而受力钢筋则是根据受力要求按计算设置,通常直径较粗、根数较多。

实际上,采用纵向受压钢筋协助混凝土承受压力是不经济的,因此,从承载力计算角度出发,双筋截面只适用于下列情况:

① 按单筋矩形截面计算得到 $\xi > \xi_b$(或 $M > M_u$),而梁截面尺寸和混凝土强度等级受到限制时,在受压区配置钢筋可补充混凝土受压能力的不足。

② 在不同荷载组合情况下,其中在某一组合情况下截面承受正弯矩,另一种组合情况下可能承受负弯矩,即梁截面承受异号弯矩时。

③ 由于构造上的原因,在截面的受压区已预先布置了一定的受力钢筋(如连续梁的支座截面)。

但从抗震要求出发,配置一定比例的受压钢筋有利于结构的延性、抗裂性和变形,但是钢筋用量较大,所以采用双筋矩形截面并不经济。

二、基本公式和适用条件

1. 计算简图

如图 2-24 所示,在进行双筋矩形截面受弯承载力计算时,受压区混凝土的应力仍可按等效矩形应力图方法考虑。图 2-24 中, $f_y' A_s'$ 为钢筋压应力合力, a_s' 为受压区纵向钢筋合力点至截面受压边缘的距离。

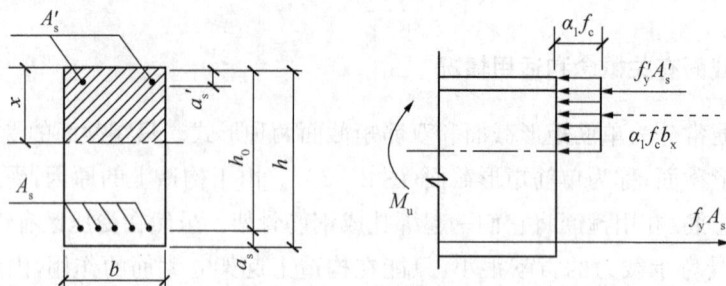

图 2-24　双筋矩形截面受弯构件正截面承载力计算简图

2. 基本公式

由力的平衡条件 $\sum N = 0$，得：

$$\alpha_1 f_c b x + f'_y A'_s = f_y A_s \qquad (2-33)$$

由力矩的平衡条件 $\sum M = 0$，得：

$$M_u = \alpha_1 f_c b x \left(h_0 - \frac{x}{2} \right) + f'_y A'_s (h_0 - a'_s) \qquad (2-34)$$

3. 基本公式的适用条件

（1）防止超筋脆性破坏：

$$x \leqslant x_b = \xi_b h_0 \quad \text{或} \quad \xi \leqslant \xi_b \qquad (2-35)$$

此条与单筋矩形截面相似，都是为了保证构件破坏时，纵向受拉钢筋先屈服。

（2）保证受压钢筋被充分利用：

$$x \geqslant 2a'_s \qquad (2-36)$$

若 $x < 2a'_s$，则受压钢筋位置低于矩形受压应力图形的重心，此时受压钢筋离中性轴太近，其应变 ε'_s 太小。截面破坏时受压钢筋的应力可能没有达到抗压强度设计值，与计算中采取的应力状态不符。

因此，当 $x < 2a'_s$ 时，近似地取 $x = 2a'_s$，并对受压钢筋的合力作用点取矩，得

$$M \leqslant M_u = f_y A_s (h_0 - a'_s) \qquad (2-37)$$

有时按式(2-37)计算得到的 A_s 比按单筋矩形截面梁计算得到的 A_s 还大，这时为节约钢材，应不考虑受压钢筋，按单筋矩形截面梁确定钢筋截面面积。

双筋截面一般不会出现少筋破坏情况，故可不必验算最小配筋率。

三、计算方法及步骤

双筋矩形截面受弯承载力计算同样分为两类问题：截面设计和截面复核。

1. 截面设计
(1) 情形一

已知：	弯矩设计值 M 材料强度等级 f_c、f_y、f'_y 构件截面尺寸 b、h
求：	纵向受拉钢筋截面面积 A_s 纵向受压钢筋截面面积 A'_s

两个基本公式，但有 3 个未知数，为求解引入补充条件：$A_s+A'_s$ 之和最小。在此情况下钢筋用量最小，最为经济，故取 $A_s+A'_s$ 之和最小时为最优解

令 $M=M_u$，根据式（2-33）可得

$$A'_s = \frac{M-\alpha_1 f_c bx\left(h_0-\frac{x}{2}\right)}{f'_y(h_0-a'_s)} = \frac{M-\alpha_1 f_c bh_0^2\xi(1-0.5\xi)}{f'_y(h_0-a'_s)} \tag{2-38}$$

根据式（2-33），由 $f_y=f'_y$ 可得

$$A_s = A'_s + \frac{\alpha_1 f_c bx}{f_y} = A'_s + \frac{\alpha_1 f_c bh_0}{f_y}\xi \tag{2-39}$$

$$A_s+A'_s = \frac{\alpha_1 f_c bx}{f_y} + 2\frac{M-\alpha_1 f_c bx\left(h_0-\frac{x}{2}\right)}{f_y(h_0-a'_s)} \tag{2-40}$$

为了使 A_s 和 A'_s 之和最小，令式（2-40）对 x 求导为 0，即 $\frac{d(A_s+A'_s)}{dx}=0$，得

$$\frac{x}{h} = \xi = 0.5\left(1+\frac{a'_s}{h_0}\right) \approx 0.55 \tag{2-41}$$

为了充分利用混凝土受压区，当 $\xi>\xi_b$ 时，取 $\xi=\xi_b$。由表 2-4 可知，一般情况下 $\xi_b\leqslant 0.55$，对于 HRB335、HRB400 级钢筋，只有混凝土等级≤C50 时，$\xi_b>0.55$，此时，若取 $\xi=\xi_b$ 则钢筋用量会略有增加，所以，当 $\xi_b>0.55$ 时，取 $\xi=0.55$。

➤ 解题步骤：
（a）确定基本数据：
$M=M_u$，f_y，f'_y，f_c；α_1；a'_s；$h_0=h-a_s$。
（b）验算是否需要双筋矩形截面

$$\alpha_s = \frac{M}{\alpha_1 f_c bh_0^2}$$

$$\xi = 1-\sqrt{1-2\alpha_s}$$

若 $\xi>\xi_b$，则说明如果设计成单筋矩形截面，将会出现超筋情况，在不改变截面尺寸和混凝土强度等级的情况下，我们可设计成双筋矩形截面。

此时若 $\xi_b\leqslant 0.55$，则取 $\xi=\xi_b$；若 $\xi_b>0.55$，则取 $\xi=0.55$。

(c) 计算受压钢筋截面面积

$$A'_s = \frac{M - \alpha_1 f_c b h_0^2 \xi(1 - 0.5\xi)}{f'_y(h_0 - a'_s)}$$

(d) 计算受拉钢筋截面面积

$$A_s = A'_s + \frac{\alpha_1 f_c b h_0}{f_y}\xi$$

(e) 选定配置钢筋

查表选配钢筋,同时注意验算最初假定的 a_s 与 a'_s 是否合适。

(2) 情形二

已知:	弯矩设计值 M 材料强度等级 f_c、f_y、f'_y 构件截面尺寸 b、h 纵向受压钢筋截面面积 A'_s
求:	纵向受拉钢筋截面面积 A_s

此情形下,两个基本公式,有 2 个未知数,可联立求解方程

联立式(2-38)与式(2-39)求解,可得

$$x = h_0 - \sqrt{h_0^2 - 2\left[\frac{M - f'_y A'_s(h_0 - a'_s)}{\alpha_1 f_c b}\right]} \tag{2-42}$$

$$A_s = \frac{f'_y A'_s + \alpha_1 f_c b x}{f_y} \tag{2-43}$$

或者为了计算方便,我们还可以采用以下分解截面的方法来计算。

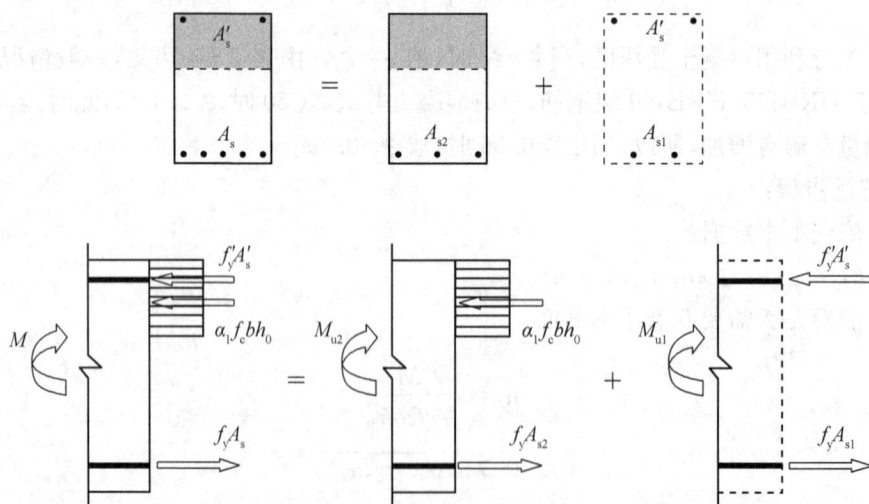

图 2-25 双筋矩形截面分解图

如图 2-25 所示,双筋矩形截面可以看作是两个截面的叠加:一个是由一部分受拉钢筋

A_{s2}组成的单筋矩形截面,提供承载力M_{u2};另一个是由另一部分受拉钢筋A_{s1}与已知受压钢筋A'_s组成的双筋矩形截面,提供承载力M_{u1}。则有:

$$M_u = M_{u1} + M_{u2} \qquad (2-44)$$

令$f'_y = f_y$,由力的平衡条件:

$$A_{s1} = \frac{f'_y}{f_y}A'_s = A'_s \qquad (2-45)$$

由力矩的平衡条件: $\qquad M_{u1} = f'_y A'_s (h_0 - a'_s) \qquad (2-46)$

令$M = M_u$,则有: $\qquad M_{u2} = M - M_{u1} \qquad (2-47)$

根据单筋矩形截面解法,可得: $\qquad A_{s2} = \dfrac{M_{u2}}{f_y \gamma_s h_0} \qquad (2-48)$

最后可得: $\qquad A_s = A_{s1} + A_{s2} = A'_s + \dfrac{M_{u2}}{f_y \gamma_s h_0} \qquad (2-49)$

➤ 解题步骤:

(a) 确定基本数据:

$$M = M_u, f_y, f'_y, f_c; \alpha_1; a'_s; h_0 = h - a_s$$

(b) 计算A_{s1}与M_{u1}:

$$A_{s1} = \frac{f'_y}{f_y}A'_s = A'_s \qquad\qquad M_{u1} = f'_y A'_s (h_0 - a'_s)$$

(c) 按单筋矩形截面求相关系数:

$$\alpha_s = \frac{M_{u2}}{\alpha_1 f_c b h_0^2}$$

$$\xi = 1 - \sqrt{1 - 2\alpha_s}$$

$$\gamma_s = \frac{1 + \sqrt{1 - 2\alpha_s}}{2} = 1 - 0.5\xi$$

(d) 验算适用条件:

$$\xi \leqslant \xi_b \text{ 且 } x \geqslant 2a'_s$$

若$\xi > \xi_b$,说明原有A'_s不足,可按情形一以A'_s未知计算。

若$x < 2a'_s$,说明受压钢筋的应力可能没有达到f'_y,我们近似的令$x = 2a'_s$。则根据式(2-37),有$A_s = \dfrac{M}{f_y(h_0 - a'_s)}$。

若都满足,则继续计算。

(e) 按单筋矩形截面求A_{s2}:

$$A_{s2} = \frac{M_{u2}}{f_y \gamma_s h_0}$$

（f）计算纵向受力钢筋 A_s 并选配钢筋：

$$A_s = A'_s + \frac{M_{u2}}{f_y \gamma_s h_0}$$

2. 截面复核

已知：	弯矩设计值 M 材料强度等级 f_c、f_y、f'_y 构件截面尺寸 b、h 纵向受拉钢筋截面面积 A_s 纵向受压钢筋截面面积 A'_s
求：	截面受弯承载力设计值 M_u 或判断截面是否安全，即 $M \leqslant M_u$

➤ 解题步骤：

（a）确定基本数据：

$M, f_y, f'_y, f_c; \alpha_1; a'_s; h_0 = h - a_s$。

（b）计算受压区高度 x：

根据式（2-33）可得： $\qquad x = \dfrac{f_y A_s - f'_y A'_s}{\alpha_1 f_c b}$ $\qquad\qquad$ （2-50）

（c）验算适用条件，并计算 M_u：

$$x \leqslant x_b = \xi_b h_0 \ \text{且} \ x \geqslant 2a'_s$$

若都满足，则 $M_u = \alpha_1 f_c b x \left(h_0 - \dfrac{x}{2}\right) + f'_y A'_s (h_0 - a'_s)$；若 $x > x_b$，则令 $x = x_b = \xi_b h_0$，代入上式求 M_u；若 $x < 2a'_s$，则 $M_u = f_y A_s (h_0 - a'_s)$。

例 2-4 已知某钢筋混凝土矩形梁，截面尺寸 $b \times h = 200 \ \text{mm} \times 500 \ \text{mm}$。环境类别一类，截面弯矩设计值 $M = 330 \ \text{kN} \cdot \text{m}$。梁采用强度等级为 C40 的混凝土，$f_t = 1.71 \ \text{N/mm}^2$，$f_c = 19.1 \ \text{N/mm}^2$，HRB400 级钢筋，$f_y = f'_y = 360 \ \text{N/mm}^2$。

求：所需受压和受拉钢筋截面面积。

解：查表得 $\alpha_1 = 1.0, \beta_1 = 0.8$。假定受拉钢筋放两层，假设 $a_s = 60 \ \text{mm}, a'_s = 40 \ \text{mm}$，则有

$$h_0 = h - a_s = 500 - 60 = 440 \ \text{mm}$$

$$\alpha_s = \frac{M}{\alpha_1 f_c b h_0^2} = \frac{330 \times 10^6}{1 \times 19.1 \times 200 \times 440^2} = 0.446$$

$$\xi = 1 - \sqrt{1 - 2\alpha_s} = 0.671 > \xi_b = 0.518$$

说明：如果设计成单筋矩形截面，将会出现超筋情况，在不改变截面尺寸和混凝土强度等级的情况下，我们应设计成双筋矩形截面。

因 $\xi_b \leqslant 0.55$，取 $\xi = \xi_b$，计算受压钢筋截面面积：

$$A'_s = \frac{M - \alpha_1 f_c b h_0^2 \xi (1 - 0.5\xi)}{f'_y (h_0 - a'_s)}$$

$$= \frac{330 \times 10^6 - 1.0 \times 19.1 \times 200 \times 440^2 \times 0.518 \times (1 - 0.5 \times 0.518)}{300 \times (440 - 40)}$$

$$= 384 \text{ mm}^2$$

受拉钢筋截面面积：

$$A_s = \xi_b \frac{\alpha_1 f_c b h_0}{f_y} + A_s' = 0.518 \times \frac{1.0 \times 19.1 \times 200 \times 440}{360} + 384 = 2\ 802 \text{ mm}^2$$

受压钢筋选用 2 Φ 14 mm 的钢筋，$A_s' = 308 \text{ mm}^2$，受拉钢筋选用 6 Φ 25 mm 的钢筋，$A_s = 2\ 945 \text{ mm}^2$。

例 2 - 5 已知条件同例 2 - 4，但在受压区已配置 3 Φ 18 mm 钢筋，$A_s' = 763 \text{ mm}^2$。

求：受拉钢筋 A_s。

解：

$$A_{s1} = \frac{f_y'}{f_y} A_s' = A_s' = 763 \text{ mm}^2$$

$$M_{u1} = f_y' A_s' (h_0 - a_s') = 360 \times 763 \times (440 - 40) = 109.9 \times 10^6 \text{ N} \cdot \text{mm}$$

则 $M_{u2} = M - M_{u1} = 330 \times 10^6 - 109.9 \times 10^6 = 220.1 \times 10^6 \text{ N} \cdot \text{mm}$。

按单筋矩形截面求相关系数：

$$\alpha_s = \frac{M_{u2}}{\alpha_1 f_c b h_0^2} = \frac{220.1 \times 10^6}{1.0 \times 19.1 \times 200 \times 440^2} = 0.298$$

$$\xi = 1 - \sqrt{1 - 2\alpha_s} = 0.364 < \xi_b = 0.518, \text{满足适用条件}。$$

$$\gamma_s = 0.5(1 + \sqrt{1 - 2\alpha_s}) = 0.818$$

$x = \xi h_0 = 0.364 \times 440 = 160 \text{ mm} > 2a_s' = 120 \text{ mm}$，满足适用条件。

按单筋矩形截面求 A_{s2}：

$$A_{s2} = \frac{M_{u2}}{f_y \gamma_s h_0} = \frac{220.1 \times 10^6}{360 \times 0.818 \times 440} = 1\ 699 \text{ mm}^2$$

纵向受力钢筋 $A_s = A_{s1} + A_{s2} = 763 + 1\ 699 = 2\ 462 \text{ mm}^2$。

选用 6 Φ 25 mm 的钢筋，$A_s = 2\ 945.9 \text{ mm}^2$。

例 2 - 6 已知某钢筋混凝土矩形梁，截面尺寸 $b \times h = 200 \text{ mm} \times 400 \text{ mm}$，环境类别二类 b。梁采用强度等级为 C30 的混凝土，$f_t = 1.43 \text{ N/mm}^2$，$f_c = 14.3 \text{ N/mm}^2$，HRB400 级钢筋，$f_y = f_y' = 360 \text{ N/mm}^2$。梁已配有受拉钢筋 3 Φ 25（$A_s = 1\ 473 \text{ mm}^2$），受压钢筋 2 Φ 16（$A_s' = 402 \text{ mm}^2$），承受弯矩设计值 $M = 100 \text{ kN} \cdot \text{m}$。

求：梁截面是否安全。

解：查表得：$\alpha_1 = 1.0$，$\xi_b = 0.518$，混凝土保护层最小厚度为 35 mm，假设箍筋直径为 8 mm，则有

$$a_s = 35 + 25/2 + 8 = 55.5 \text{ mm},$$

$$a'_s = 35 + 16/2 + 8 = 51 \text{ mm}$$

因此,$h_0 = h - a_s = 400 - 55.5 = 344.5 \text{ mm}$。

受压区高度:

$$x = \frac{f_y A_s - f'_y A'_s}{\alpha_1 f_c b} = \frac{360 \times 1\,473 - 360 \times 402}{1.0 \times 14.3 \times 200} = 134.81 \text{ mm}$$

$\xi_b h_0 = 0.518 \times 344.5 = 178.45 \text{ mm} > x = 134.81 \text{ mm}$,满足适用条件。

$x > 2a'_s = 2 \times 51 = 102 \text{ mm}$,满足适用条件。

$$M_u = \alpha_1 f_c bx \left(h_0 - \frac{x}{2}\right) + f'_y A'_s (h_0 - a'_s)$$

$$= 1.0 \times 14.3 \times 200 \times 134.81 \times (344.5 - 134.81/2) + 360 \times 402 \times (344.5 - 51)$$

$$= 149.31 \times 10^6 \text{ N} \cdot \text{mm}$$

$M_u > M = 100 \text{ kN} \cdot \text{m}$,截面安全。

2.3.6　T形截面梁的正截面配筋计算

一、概述

矩形截面受弯构件在破坏时,受拉区混凝土早已开裂,不再承担拉应力,且受弯构件的承载力计算时,不考虑受拉区混凝土的作用,故可将受拉区混凝土的一部分去掉,将受拉钢筋集中布置在梁肋中,如图 2-26 所示,形成 T 形截面。此时截面的承载力计算值与原矩形截面完全相同,这样做不仅可以节约混凝土,而且可减轻自重。

T 形截面受弯构件广泛应用于肋形楼盖的主、次梁,预制槽形板、预制空心板,T 形截面或工字形截面吊车梁、屋面梁及桥梁等。如图 2-27 所示,在现浇肋梁楼盖连续梁跨中与支座截面中,对于支座附近的截面 2—2,由于翼缘受拉,计算可按肋宽为 b 的矩形截面计算。对于跨中截面 1—1,翼缘受压,所以采用 T 形截面计算。

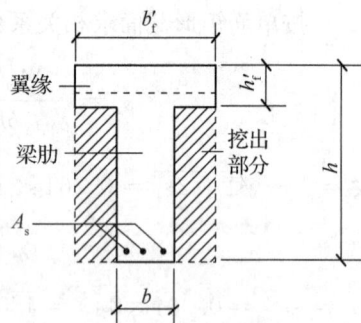

图 2-26　T形截面

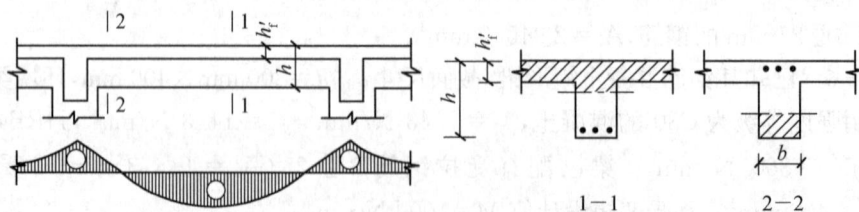

图 2-27　连续梁跨中与支座截面

理论上受压翼缘越大,对截面受弯越有利。但实验证明,翼缘处的压应力与腹板处受压区压应力相比,存在滞后现象,受压翼缘混凝土的压应力分布是不均匀的,离腹板越远,压应力越小,如图 2-28(a)所示。为简化计算,我们采用翼缘计算宽度 b'_f。即假定在 b'_f 范围内压应力为均匀分布,b'_f 范围以外部分的翼缘则不予考虑,如图 2-28(b)所示。《混凝土结构设计规范》(GB 50010—2010)规定:T 形、I 形及倒 L 形截面受弯构件位于受压区的翼缘计算宽度 b'_f 应按表 2-6 所列情况中的最小值取用。

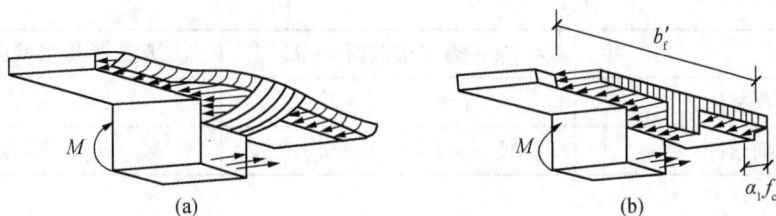

图 2-28 连续梁跨中与支座截面

表 2-6 T 形、I 形及倒 L 形截面受弯构件翼缘计算宽度 b'_f

情况		T 形、I 形截面		倒 L 形截面
		肋形梁、肋形板	独立梁	肋形梁、肋形板
1	按计算跨度 l_0 考虑	$l_0/3$	$l_0/3$	$l_0/6$
2	按梁(纵肋)净距 s_n 考虑	$b+s_n$	—	$b+s_n/2$
3	按翼缘高度 h'_f 考虑 $h'_f/h_0 \geqslant 0.1$	—	$b+12h'_f$	—
	$0.05 \leqslant h'_f/h_0 < 0.1$	$b+12h'_f$	$b+6h'_f$	$b+5h'_f$
	$h'_f/h_0 < 0.05$	$b+12h'_f$	b	$b+5h'_f$

二、T 形截面的分类和判别

按中性轴位置的不同,T 形截面可分为以下两种类型。
(1) 第一类 T 形截面:中性轴在翼缘内,即 $x \leqslant h'_f$(受压区为矩形)。
(2) 第一类 T 形截面:中性轴在梁肋内,即 $x > h'_f$(受压区为 T 形)。

为了判别 T 形截面梁的类型,我们首先分析界限情况,即 $x = h'_f$ 时的 T 形截面梁,如图 2-29所示。

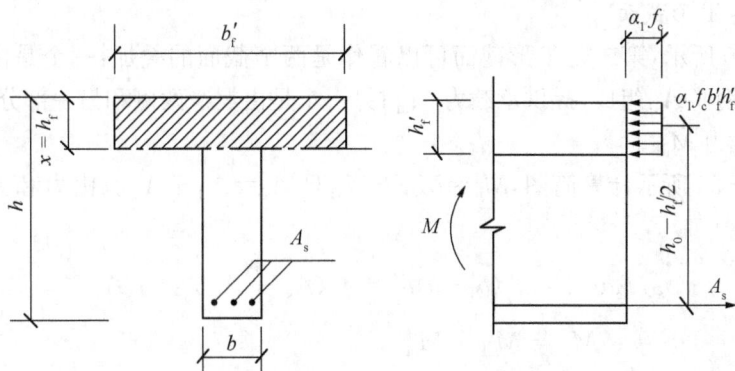

图 2-29 $x = h'_f$ 时 T 形截面梁

根据力和力矩的平衡条件,可得:

$$\alpha_1 f_c b'_f h'_f = f_y A_s \tag{2-51}$$

$$M_u = \alpha_1 f_c b'_f h'_f (h_0 - h'_f/2) \tag{2-52}$$

因此,T 形截面可以根据以下方法判别:

	第一类 T 形截面 $x \leqslant h'_f$	第二类 T 形截面 $x > h'_f$
截面复核	$f_y A_s \leqslant \alpha_1 f_c b'_f h'_f$	$f_y A_s > \alpha_1 f_c b'_f h'_f$
截面设计	$M_u \leqslant \alpha_1 f_c b'_f h'_f (h_0 - h'_f/2)$	$M_u > \alpha_1 f_c b'_f h'_f (h_0 - h'_f/2)$

三、基本公式和适用条件

1. 第一类 T 形截面

第一类 T 形截面梁的受弯承载力计算与梁宽为 b'_f、梁高为 h 的矩形梁完全相同。计算公式为:

$$\alpha_1 f_c b'_f x = f_y A_s \tag{2-53}$$

$$M_u = \alpha_1 f_c b'_f x \left(h_0 - \frac{x}{2} \right) \tag{2-54}$$

适用条件:

(1) 防止超筋破坏:$x \leqslant \xi_b h_0$ 或 $\xi \leqslant \xi_b$。

因为 $\xi = x/h_0 \leqslant h'_f/h_0$,而一般情况下,第一类 T 形截面 h'_f/h_0 比较小,所以,对于第一类 T 形截面,该适用条件一般都能满足,可不必验算。

(2) 防止少筋破坏:$\rho \geqslant \rho_{min} \dfrac{h}{h_0}$,其中:$\rho = \dfrac{A_s}{b h_0}$。

虽然第一类 T 形截面正截面受弯承载力是按 $b'_f \times h$ 矩形截面计算的,但是其配筋率则是根据梁肋计算的,即 $b \times h$ 矩形截面。在理论上,ρ_{min} 是根据素混凝土梁的受弯承载力与同样截面钢筋混凝土受弯承载力(I_a 阶段时)相等的条件得出的,素混凝土梁的受弯承载力取决于受拉区的截面形状。为简化计算,近似选用 $b \times h$ 矩形截面。

2. 第二类 T 形截面

如图 2-30 所示,第二类 T 形截面可以看作是两个截面的叠加:一个是由肋部受压区和一部分受拉钢筋 A_{s1} 组成,提供承载力 M_{u1};另一个是由翼缘两侧和另一部分受拉钢筋 A_{s2} 组成,提供承载力 M_{u2}。

根据图 2-30 所示计算简图,$M_u = M_{u1} + M_{u2}$ 且 $A_s = A_{s1} + A_{s2}$。由力和力矩的平衡条件,可得:

$$\alpha_1 f_c b x + \alpha_1 f_c (b'_f - b) h'_f = f_y (A_{s1} + A_{s2}) = f_y A_s \tag{2-55}$$

$$\begin{aligned} M_u &= M_{u1} + M_{u2} \\ &= \alpha_1 f_c b x \left(h_0 - \frac{x}{2} \right) + \alpha_1 f_c (b'_f - b) h'_f \left(h_0 - \frac{h'_f}{2} \right) \end{aligned} \tag{2-56}$$

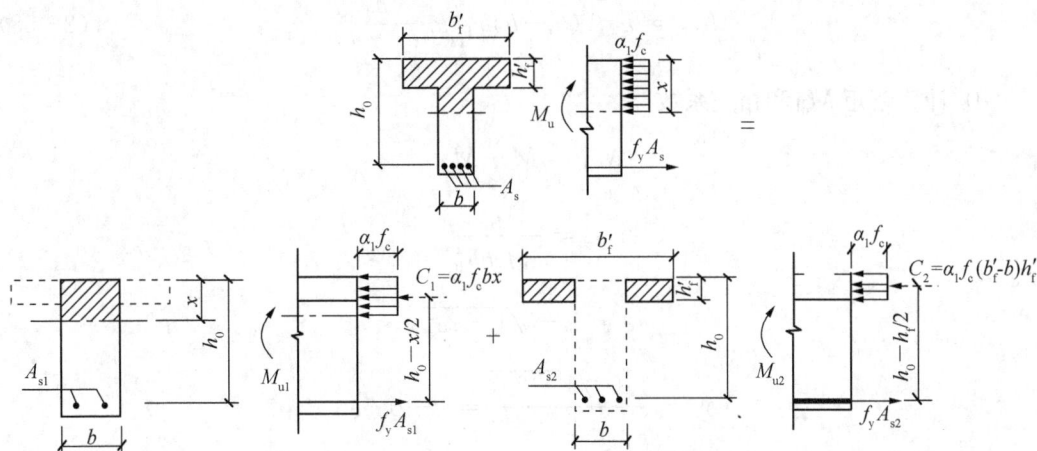

图 2-30　第二类 T 形截面梁计算简图

适用条件：

（1）防止超筋破坏：$x \leqslant \xi_b h_0$ 或 $\xi \leqslant \xi_b$ 或 $\rho = \dfrac{A_{s1}}{bh_0} \leqslant \rho_b = \alpha_1 \xi_b \dfrac{f_c}{f_y}$。

（2）防止少筋破坏：$\rho \geqslant \rho_{\min} \dfrac{h}{h_0}$。

对于第二类 T 形截面，该适用条件一般都能满足，可不必验算。

四、计算方法及步骤

T 形截面受弯承载力计算同样分为两类问题：截面设计和截面复核。

1. 截面设计

已知：	弯矩设计值 M 材料强度等级 f_c、f_y、f_y' 构件截面尺寸 b、h、b_f'、h_f'
求：	纵向受拉钢筋截面面积 A_s

➤ 解题步骤：

（a）确定基本数据：

$M = M_u$，f_y，f_y'，f_c；α_1；$h_0 = h - a_s$，b_f'，h_f'。

（b）判断截面类型：

若 $M \leqslant \alpha_1 f_c b_f' h_f' (h_0 - h_f'/2)$，则为第一类 T 形截面，计算方法与 $b_f' \times h$ 单筋矩形截面梁完全相同。验算少筋破坏时采用 $b \times h$ 矩形截面。

若 $M_u > \alpha_1 f_c b_f' h_f' (h_0 - h_f'/2)$，则为第二类 T 形截面，按下列步骤计算。

（c）计算 A_{s2} 和相应弯矩 M_{u2}：

$$A_{s2} = \frac{\alpha_1 f_c (b_f' - b) h_f'}{f_y} \tag{2-57}$$

$$M_{u2} = \alpha_1 f_c (b'_f - b) h'_f \left(h_0 - \frac{h'_f}{2} \right) \tag{2-58}$$

(d) 计算弯矩 M_{u1} 和相关系数：

$$M_{u1} = M - M_{u2}$$

$$\alpha_s = \frac{M_{u1}}{\alpha_1 f_c b h_0^2}$$

$$\xi = 1 - \sqrt{1 - 2\alpha_s}$$

$$\gamma_s = \frac{1 + \sqrt{1 - 2\alpha_s}}{2} = 1 - 0.5\xi$$

(e) 验算适用条件：$\xi \leqslant \xi_b$。

(f) 计算 A_{s1}：

$$A_{s1} = \frac{\alpha_1 f_c b x}{f_y}$$

(g) 计算总钢筋截面面积 A_s 并配置钢筋：$A_s = A_{s1} + A_{s2}$。

2. 截面复核

已知：	弯矩设计值 M 材料强度等级 f_c、f_y、f'_y 构件截面尺寸 b、h、b'_f、h'_f 纵向受拉钢筋截面面积 A_s
求：	截面受弯承载力设计值 M_u 或判断截面是否安全,即 $M \leqslant M_u$

(a) 确定基本数据：

M, f_y, f'_y, f_c；α_1；$h_0 = h - a_s$、b'_f、h'_f。

(b) 判断截面类型：

若 $f_y A_s \leqslant \alpha_1 f_c b'_f h'_f$，则为第一类 T 形截面,计算方法与 $b'_f \times h$ 单筋矩形截面梁相同。

若 $f_y A_s > \alpha_1 f_c b'_f h'_f$，则为第二类 T 形截面,按下列步骤计算。

(c) 计算 A_{s1}、A_{s2}：

$$A_{s2} = \frac{\alpha_1 f_c (b'_f - b) h'_f}{f_y}$$

$$A_{s1} = A_s - A_{s2}$$

(d) 计算受压区高度 x：

$$x = \frac{f_y A_{s1}}{\alpha_1 f_c b}$$

（e）计算弯矩 M_u：

$$M_{u1} = \alpha_1 f_c bx \left(h_0 - \frac{x}{2} \right)$$

$$M_{u2} = A_{s2} f_y \left(h_0 - \frac{h'_f}{2} \right)$$

$$M_u = M_{u1} + M_{u2}$$

例 2-7　已知某钢筋混凝土 T 形截面梁，截面尺寸 $b \times h = 300 \text{ mm} \times 700 \text{ mm}$，$b'_f = 600 \text{ mm}$，$h'_f = 120 \text{ mm}$。环境类别一类，梁采用强度等级为 C30 的混凝土，$f_t = 1.43 \text{ N/mm}^2$，$f_c = 14.3 \text{ N/mm}^2$，钢筋级别 HRB400，$f_y = f'_y = 360 \text{ N/mm}^2$，承受弯矩设计值 $M = 700 \text{ kN} \cdot \text{m}$。

求：受拉钢筋截面面积 A_s。

解：查表得 $\alpha_1 = 1.0$，$\xi_b = 0.518$，混凝土保护层最小厚度为 20 mm，假设箍筋直径为 8 mm，受拉钢筋放两层，则取 $a_s = 60 \text{ mm}$，因此，$h_0 = h - a_s = 700 - 60 = 640 \text{ mm}$。

判断截面类型：

$$\alpha_1 f_c b'_f h'_f \left(h_0 - \frac{h'_f}{2} \right) = 1.0 \times 14.3 \times 600 \times 120 \times \left(640 - \frac{120}{2} \right) = 597.17 \times 10^6 \text{ N} \cdot \text{mm}$$

$$M = 700 \text{ kN} \cdot \text{m} > 597.17 \times 10^6 \text{ N} \cdot \text{mm}$$

属于第二类 T 形截面。

受拉钢筋截面面积 A_s：

$$A_{s2} = \frac{\alpha_1 f_c (b'_f - b) h'_f}{f_y} = \frac{1.0 \times 14.3 \times (600 - 300) \times 120}{360} = 1430 \text{ mm}^2$$

$$M_{u2} = \alpha_1 f_c (b'_f - b) h'_f \left(h_0 - \frac{h'_f}{2} \right)$$

$$= 1.0 \times 14.3 \times (600 - 300) \times 120 \times \left(640 - \frac{120}{2} \right)$$

$$= 298.58 \text{ kN} \cdot \text{m}$$

$$M_{u1} = M - M_{u2} = 700 - 298.58 = 401.42 \text{ kN} \cdot \text{m}$$

$$\alpha_s = \frac{M_{u1}}{\alpha_1 f_c b h_0^2} = \frac{401.42 \times 10^6}{1.0 \times 14.3 \times 300 \times 640^2} = 0.228$$

$$\xi = 1 - \sqrt{1 - 2\alpha_s} = 1 - \sqrt{1 - 2 \times 0.228} = 0.262 < \xi_b = 0.518$$

$$A_s = \frac{\alpha_1 f_c b \xi h_0}{f_y} + A_{s2} = \frac{1.0 \times 14.3 \times 300 \times 0.262 \times 640}{360} + 1430 = 3428 \text{ mm}^2$$

受拉钢筋选用 7Φ25 mm 的钢筋，$A'_s = 3436 \text{ mm}^2$。

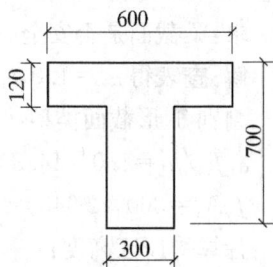

例 2-8 已知某钢筋混凝 T 形截面梁,截面尺寸 $b \times h = 250$ mm $\times 700$ mm, $b'_f = 600$ mm, $h'_f = 100$ mm。梁采用强度等级为 C30 的混凝土, $f_t = 1.43$ N/mm², $f_c = 14.3$ N/mm², HRB400 级钢筋, $f_y = f'_y = 360$ N/mm²。梁已配有受拉钢筋 3 ⚫25 + 3 ⚫ 25($A_s = 2\,945$ mm²), $a_s = 70$ mm,承受弯矩设计值 $M = 500$ kN · m。

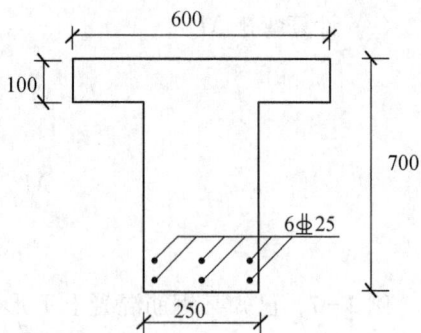

求:梁截面是否安全。

解:查表得 $\alpha_1 = 1.0$, $\xi_b = 0.518$, $h_0 = h - a_s = 700 - 70 = 630$ mm。

判别 T 形截面类型:

$\alpha_1 f_c b'_f h'_f = 1.0 \times 14.3 \times 600 \times 100 = 858$ kN

$f_y A_s = 360 \times 2\,945 = 1\,060.2$ kN > 858 kN,属于第二类 T 形截面。

计算受压区高度:

$$x = \frac{f_y A_s - \alpha_1 f_c (b'_f - b) h'_f}{\alpha_1 f_c b}$$

$$= \frac{360 \times 2\,945 - 1.0 \times 14.3 \times (600 - 250) \times 100}{1.0 \times 14.3 \times 250} = 156.56 \text{ mm}$$

$x < \xi_b h_0 = 0.518 \times 630 = 326.34$ mm,满足适用条件。

计算受弯承载力设计值 M_u:

$$M_u = a_1 f_c bx \left(h_0 - \frac{x}{2} \right) + a_1 f_c (b'_f - b) h'_f \left(h_0 - \frac{h'_f}{2} \right)$$

$$= 1.0 \times 14.3 \times 250 \times 156.56 \times \left(630 - \frac{156.56}{2} \right)$$

$$+ 1.0 \times 14.3 \times (600 - 250) \times 100 \times \left(630 - \frac{100}{2} \right)$$

$$= 599.09 \text{ kN} \cdot \text{m}$$

$M_u > M = 500$ kN · m,截面安全。

2.4　受弯构件斜截面设计

2.4.1　梁中应力状态

1. 应力状态的概念

应力状态指的是物体受力作用时,其内部应力的大小和方向不仅随截面的方位而变化,而且在同一截面上的各点处也不一定相同。

一点的应力状态:通过构件内某一点所有不同截面上应力的集合。在同一个面上,不同点的应力是各不相同的;即使是同一个点,在不同方位的截面上,应力也是不同的。

我们知道,构件在拉伸、扭转、弯曲等基本变形情况下,破坏方向并不都是沿着横截面。

因此,为了分析构件破坏原因,我们需要研究构件的应力状态,如找出某点的最大正应力和最大剪应力数值及所在截面的方位,以便进行失效分析。

为方便起见,表达一点处的应力状态时,常将"点"视为边长为无穷小的正六面体,称为单元体。我们认为单元体各面上的应力均匀分布,应力沿边长没有变化并且平行面上的应力相等,如图 2-31 所示。我们把垂直于截面的应力称之为正应力(或法向应力),用 σ 表示;把相切于截面的应力称之为剪应力或切应力,用 τ 表示。

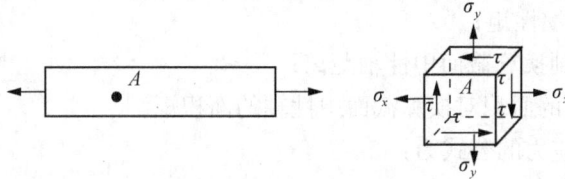

图 2-31　一点的应力状态

某一点处的应力状态可以分成两类:平面应力状态和空间应力状态。平面应力状态包括单向应力状态、纯剪应力状态和双向应力状态。空间应力状态包括三向应力状态。其中单向应力状态和纯剪应力状态属于简单应力状态,而双向和三向应力状态属于复杂应力状态。

2. 梁受弯应力状态

如图 2-32 所示的矩形截面的简支梁,受两个对称集中荷载作用。当忽略梁的自重时,其中 CD 段为梁的纯弯段,内力只有弯矩,截面上只产生正应力(受压、受拉);AC 和 DB 段为梁的弯剪段,内力有弯矩也有剪力,因此,截面上同时作用有弯矩产生的正应力和剪力产生的切应力,形成了斜向的主拉应力和主压应力(即切应力为零),如图 2-32(c)所示。

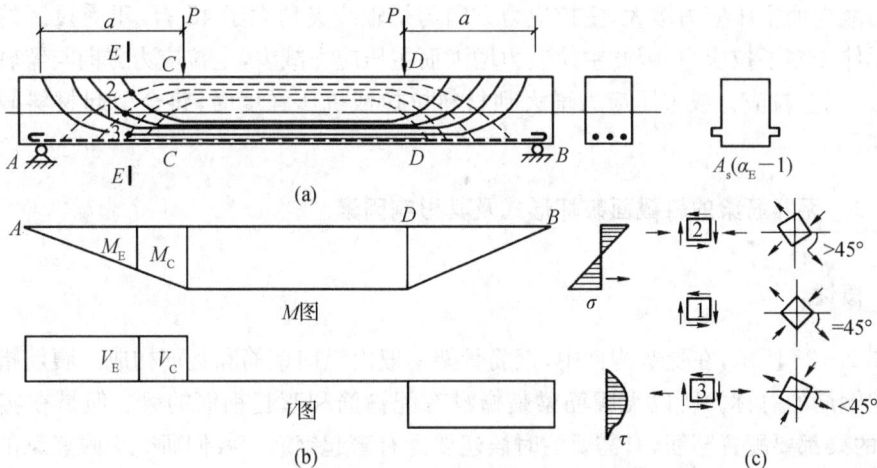

图 2-32　简支梁受力图
（a）主应力迹线；（b）内力图；（c）应力状态

当荷载很小时,梁未出现裂缝,钢筋混凝土梁可看做处于弹性工作状态。此时,钢筋混凝土梁工作性能与匀质弹性梁类似。通过纵向钢筋与混凝土的弹性模量比 $\alpha_E = E_s/E_c$,把钢筋换算成混凝土的面积 $A_0 = (\alpha_E - 1)A_s$。截面上任意一点的正应力 σ 与切应力 τ 可按材料力学公式计算。

$$\sigma = \frac{M}{I_0}y \qquad (2-59)$$

$$\tau = \frac{VS_0}{I_0 b} \qquad (2-60)$$

式中，I_0——换算截面惯性矩；

y——所计算点到换算截面中性轴距离；

S_0——换算截面的面积对换算截面中性轴的面积矩。

主拉应力和主压应力的公式为：

$$\sigma_{tp} = \frac{\sigma}{2} + \frac{\sigma^2}{4} + \tau^2 \qquad (2-61)$$

$$\sigma_{cp} = \frac{\sigma}{2} - \frac{\sigma^2}{4} + \tau^2 \qquad (2-62)$$

主拉应力方向与梁轴线的夹角：

$$\alpha = \frac{1}{2}\arctan\left(-\frac{2\tau}{\sigma}\right) \qquad (2-63)$$

该梁的主应力迹线如图 2-32(a)所示，其中实线代表主拉应力 σ_{tp}，虚线代表主压应力 σ_{cp}。从截面 E—E 的中性轴、受压和受拉区分别取出 1 个单元体，编号分别为 1、2、3。它们的应力状态各不相同：位于中性轴处的单元体 1，它的正应力 $\sigma = 0$，切应力 τ 最大，主拉应力 σ_{tp} 和主压应力 σ_{cp} 与梁轴线夹角为 45°；位于受压区的单元体 2，比单元体 1 多了压应力，因此主拉应力减少而主压应力增大，主拉应力方向与梁轴线夹角大于 45°；位于受拉区的单元体 3，比单元体 1 多了拉应力，因此主拉应力增大而主压应力减少，主拉应力方向与梁轴线夹角小于 45°。当主拉应力或主压应力增大到材料抗拉或抗压强度时，将会引起材料截面的开裂和破坏。

2.4.2　无腹筋梁的斜截面破坏形式及其影响因素

一、概述

如图 2-33 所示，在受弯构件中，钢筋骨架一般由纵向钢筋和腹筋构成。腹筋指的是箍筋和弯起钢筋的总称。所以无腹筋梁是指没有配箍筋和弯起钢筋的梁。但是在实际工程中，所有的梁都要配置箍筋，有需要的时候还要配有弯起钢筋。我们研究无腹筋梁的受剪性能，主要是因为无腹筋梁比较简单，影响斜截面破坏的因素比较少，先研究无腹筋梁有利于以后的腹筋梁的受力及破坏分析。

1. 斜裂缝类型

钢筋混凝土梁的斜裂缝主要出现在弯矩和剪力共同存在的弯剪区域内，其形成过程主要有两种类型。

一种是腹剪斜裂缝。它的形成过程为：首先在梁中性轴附近出现大致与中性轴成 $45°$ 倾角的斜裂缝，随着荷载的增加，裂缝沿主压应力迹线方向分别向支座和集中荷载作用点延伸。这种斜裂缝的特点是中间宽两头细，常见于 I 形截面梁等薄腹梁中。

另一种是弯剪斜裂缝。它的形成过程为：首先在梁底因弯矩的作用出现垂直的裂缝，随着荷载的增加，初始垂直裂缝逐渐向上发展，随后发生倾斜，随着主拉应力方向向集中荷载作用点延伸。这种斜裂缝的特点是下部宽上部细，是最常见的裂缝类型。

2. 斜裂缝出现后受力分析

无腹筋梁出现斜裂缝后，应力状态会发生很大的变化，此时我们已经不能将其视作匀质弹性的梁。图 2-33(a) 为集中荷载下出现斜裂缝 EF 后的无腹筋梁，图 2-33(b) 为其内力图。为研究裂缝出现后的应力状态，我们将梁沿裂缝截开，取如图 2-33(c) 所示的脱离体。该脱离体上作用有的荷载产生的剪力 V、裂缝上端混凝土截面的剪力 V_c 和压力 C_c、纵筋的拉力 T_s、纵向钢筋在斜裂缝处的销栓力 V_d 和集料的咬合力 V_a 等。纵向钢筋联系斜裂缝两侧混凝土的销栓作用传递的剪力是很小的，因为混凝土保护层厚度不大，难以阻止纵向钢筋在剪力作用下产生的剪切变形，而斜裂缝交界面上骨料的咬合作用及摩擦作用将随着斜裂缝的开展而逐渐减小。所以，为了方便受力分析，在极限状态下，我们可不考虑 V_d 和 V_a。

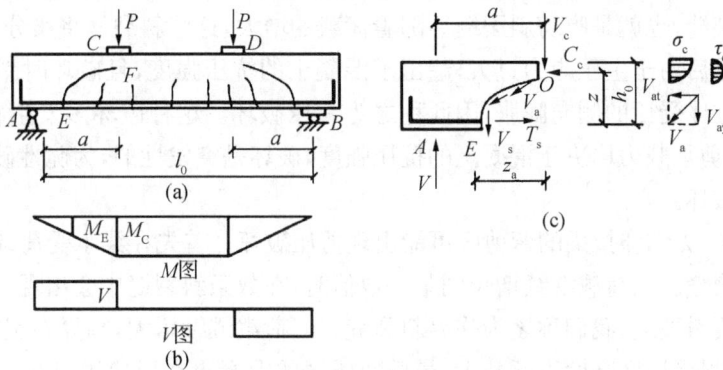

图 2-33　斜裂缝形成后的无腹筋梁

根据脱离体的平衡条件，我们可得：

$$\begin{aligned}
\sum X = 0 \qquad & C_c = T_s \\
\sum Y = 0 \qquad & V_c = V \\
\sum M = 0 \qquad & T_s z = Va
\end{aligned} \tag{2-64}$$

3. 斜裂缝出现后受力特点

斜裂缝出现后，梁出现应力重分布，主要表现为：

(1) 裂缝出现前，荷载引起的外剪力 V 由全截面承担，裂缝出现后，剪力 V 全部由裂缝上端混凝土截面来抵抗。同时，V 和 V_c 所引起的力偶由纵筋的拉力 T_s 和裂缝上端混凝土的压力 C_c 组成的力偶来平衡。因此，外剪力 V 不但引起了 V_c，还引起了 T_s 和 C_c，使得裂缝上端的混凝土截面既受剪力，又受压力，我们称之为剪压区。

(2) 由于剪压区的截面面积远小于全截面面积，因此斜裂缝出现后，剪压区的剪应力明显增大,同时剪压区的压应力也明显增大。

(3) 斜裂缝出现前,剪弯段某一截面处,如图 2-33 中 E 处,纵筋的拉应力 σ_s 由该处的正截面弯矩 M_E 所决定。在斜裂缝出现后,由于沿斜裂缝的混凝土脱离工作,该处的纵筋应力由斜裂缝末端处的弯矩即 M_C 所决定。而 M_C 一般将远大于 M_E,所以斜裂缝出现后,穿过斜裂缝的纵筋的拉应力将突然增大。

二、无腹筋梁的斜截面破坏形态

在讨论梁沿斜截面的各种破坏形态前,我们需要了解一个重要的参数,即剪跨比 λ。最外侧集中力到支座之间的距离 a 称为剪跨,剪跨 a 与截面有效高度 h_0 之间的比值,称之为计算截面的剪跨比。

$$\lambda = \frac{a}{h_0} \qquad (2-65)$$

无腹筋梁的斜截面破坏形式主要有以下三种:

(1) 斜压破坏。

当剪跨比 $\lambda < 1$ 时,可能出现斜压破坏。首先在支座和集中荷载作用点中间出现若干条大体平行的斜裂缝,也就是腹剪斜裂缝。随着荷载的增大,这些斜裂缝将梁分成了若干个斜向的"短柱"。最后由于主压应力过大,超出了混凝土的抗压强度,且破坏时斜裂缝多而密,梁腹发生类似柱体受压的侧向膨胀,因此称之为斜压破坏。这种破坏多发生在剪力大而弯矩小的区段,受剪承载力取决于混凝土的抗压强度,破坏是突发性的,为脆性破坏。

(2) 剪压破坏。

当剪跨比 $1 < \lambda < 3$ 时,梁的弯剪区可能出现剪压破坏。首先在梁承受荷载后,在弯剪段出现了弯剪斜裂缝。当荷载继续增长到某一数值时,在数条斜裂缝中会出现一条延伸较长、开展较宽的主要斜裂缝,我们称之为临界斜裂缝。当荷载继续增大,临界斜裂缝不断向荷载作用点发展,使得受压区高度不断减少,最后剪压区的混凝土在压应力、切应力及荷载产生的竖向局部压应力的共同作用下达到复合受力的极限强度而破坏。这种破坏受剪承载力取决于混凝土的剪压复合强度,其承载力低于斜压破坏但高于斜拉破坏。

(3) 斜拉破坏。

当剪跨比 $\lambda > 3$ 时,会发生斜拉破坏。在这种情况下,弯剪斜裂缝一旦出现便迅速发展向荷载作用点延伸,形成临界裂缝,并将混凝土梁斜向撕劈成两半而丧失承载力,同时沿纵筋产生水平撕裂裂缝。这种破坏比较突然,并且破坏面平整,无压碎现象,这种破坏受剪承载力最小。

三、影响因素

1. 剪跨比

对直接承受集中荷载作用的无腹筋梁,剪跨比 λ 是影响其斜截面受剪承载力的最主要因素。如图 2-34 所示,梁的剪切破坏面一般发生在集中荷载处,所以计算剪跨比为:

$$\lambda = \frac{a}{h_0} = \frac{Pa}{Ph_0} = \frac{M}{Vh_0} \qquad (2-66)$$

剪跨比 λ 实际上表示的是该截面所承受的弯矩 M 和剪力 V 的相对比值。我们把 $\lambda_0 = M/(Vh_0)$ 称为广义剪跨比。剪跨比 λ 实质上反映了截面上由弯矩 M 产生的正应力和由剪力 V 产生的剪应力的相对关系。由于正应力和剪应力决定着主应力的大小和方向,因而,其影响着梁的斜截面受剪承载力和破坏形态。

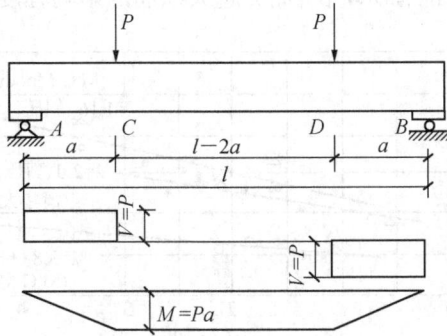

图 2 - 34　简支梁受力图

如图 2 - 35 所示,随着剪跨比的不断增大,受剪承载力逐渐降低。当剪跨比较小时,梁多发生斜压破坏;当剪跨比 $1 < \lambda < 3$ 时,大多发生剪压破坏;当 $\lambda > 3$ 时,剪跨比对受剪承载力将无显著影响。

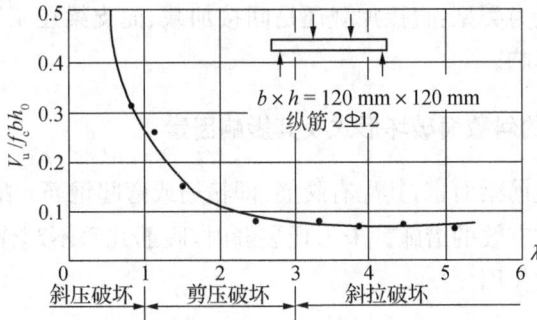

图 2 - 35　剪跨比对斜截面受剪承载力的影响

2. 混凝土强度

梁受剪破坏的原因是剪压区混凝土达到极限强度,故混凝土的强度对梁的受剪承载力的影响很大。

实验表明,当剪跨比一定时,梁的受剪承载力随混凝土强度 f_{cu} 的提高而增大。如图 2 - 36所示,剪跨比 λ 越大,混凝土强度对受弯承载力的影响越小。当 $\lambda = 1$ 时,属于斜压破坏,受弯承载力取决于混凝土抗压强度,直线斜率较大;当 $\lambda = 3$ 时,属于斜拉破坏,受弯承载力取决于混凝土抗拉强度,直线斜率较小;当 $1 < \lambda < 3$ 时,属于剪压破坏,受弯承载力取决于混凝土的剪压复合强度,直线斜率

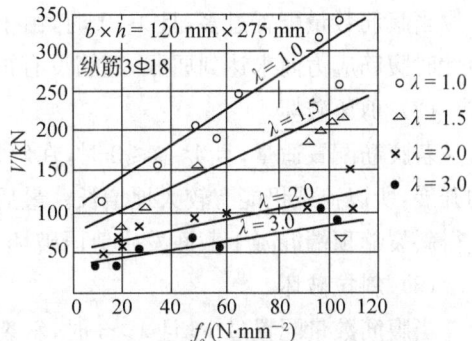

图 2 - 36　混凝土强度对斜截面受剪承载力的影响

居于上述两者之间。

3. 纵筋配筋率

其他条件相同时,增加纵筋配筋率可以增大剪压区混凝土的高度,同时还可以提高销栓作用,并抑制斜裂缝的发展,因此,纵筋配筋率对受剪承载力也有一定的影响。随着配筋率的增大,斜截面受剪承载力也有所增长,而 λ 越大纵筋的影响程度越小,如图 2 - 37 所示。

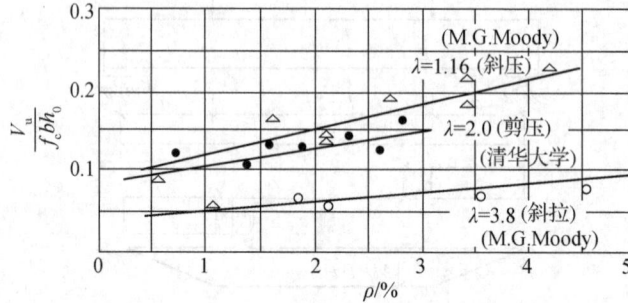

图 2 - 37　纵筋配筋率对斜截面受剪承载力的影响

4. 其他因素

(1) 截面尺寸与形状:尺寸大的构件,破坏时的平均剪应力比尺寸小的构件要低;对 T 形梁,适当增加翼缘宽度,可提高受剪承载力。

(2) 加载方式和受力类型:直接加载还是间接加载、简支梁还是连续梁,这些都对斜截面受剪承载力有一定影响。

2.4.3　有腹筋梁的斜截面破坏形式及其影响因素

有腹筋梁相较无腹筋梁而言,其配有腹筋,即箍筋或弯起钢筋。配置腹筋是提高斜截面受剪承载力的一个非常有效的措施。未出现裂缝时,腹筋几乎不起作用,但斜裂缝出现后,它能有效地发挥其抗剪作用。

一、有腹筋梁的斜截面破坏形态

有腹筋梁的斜截面破坏形态与无腹筋梁相似,也分为三种破坏形态:斜压破坏、剪压破坏和斜拉破坏。

(1) 斜压破坏

当腹筋数量配置过多,且 λ<1 时,由于主压应力过大,梁腹发生类似柱体受压的破坏,但此时腹筋应力尚未达到屈服,箍筋没有被充分利用。

(2) 剪压破坏

若腹筋配置适量,且 1≤λ≤3 时,在斜裂缝出现后,由于存在腹筋,有效地限制了斜裂缝的开展,所以荷载仍能有较大地增长。最后腹筋达到屈服强度,不再能抑制斜裂缝的开展,使得斜裂缝顶端混凝土截面发生剪压破坏。

(3) 斜拉破坏

当腹筋数量配置过少,且 λ>3 时,斜裂缝一旦出现,腹筋便迅速达到屈服强度,变形迅速增加,不能有效限制斜裂缝的开展,因此发生斜拉破坏。

二、影响因素

凡是对无腹筋梁斜截面受剪承载力有影响的因素,都对有腹筋梁的斜截面受剪承载力有影响。不过配置腹筋后,截面尺寸的尺寸效应影响会变小。除了无腹筋梁中提到的因素,对于有腹筋梁还有一个重要的影响因素,那就是配箍率。如图 2-38 所示,λ 一定的情况下,配箍率与箍筋强度的乘积越大,梁的斜截面受剪承载力越高,两者近似为线性关系。

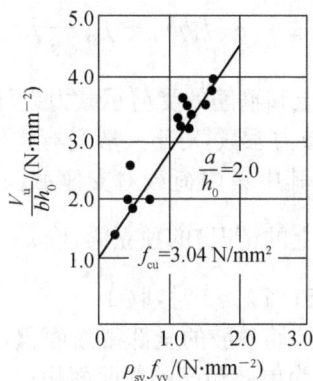

图 2-38　配箍率对斜截面受剪承载力的影响

配箍率指的是梁沿纵向单位长度水平截面含有的箍筋截面面积,反映的是箍筋数量,用式(2-67)表示:

$$\rho_{sv} = \frac{A_{sv}}{bs} = \frac{nA_{sv1}}{bs} \tag{2-67}$$

式中,A_{sv}——配置在同一截面内箍筋各肢的全部截面面积;

A_{sv}——单肢箍筋的截面面积;

n——同一截面内箍筋的肢数;

s——沿梁轴线方向箍筋的间距;

b——梁的宽度。

2.4.4　有腹筋梁的斜截面配筋计算

根据《混凝土结构设计规范》(GB 50010—2010),我们在进行斜截面受剪承载力设计时,是依据剪压破坏特征为基础建立计算公式,用配置一定的腹筋和保证必要的箍筋间距来防止斜拉破坏,采用截面限制条件的方法来防止斜压破坏。

一、基本假设

为了简化计算并便于应用,我国《混凝土结构设计规范》(GB 50010—2010)采用半理论半经验的方法建立受剪承载力计算公式。假定梁的斜截面受剪承载力设计值 V_u 由斜裂缝上端剪压区混凝土的抗剪承载力设计值 V_c、与斜裂缝相交的箍筋的抗剪承载力设计值 V_s 和与斜裂缝相交的弯起钢筋的抗剪承载力设计值 V_{sb} 所组成,由平衡条件 $\sum y = 0$,可得:

$$V_u = V_c + V_s + V_{sb} \tag{2-68}$$

无弯起钢筋时,式(2-68)可简化为:

$$V_\text{u} = V_\text{c} + V_\text{s} \tag{2-69}$$

二、计算公式

1. 仅配置箍筋的矩形、T 形和工字形截面受弯构件的斜截面受剪承载力

$$V \leqslant V_\text{cs} \tag{2-70}$$

$$V_\text{cs} = \alpha_\text{cv} f_\text{t} b h_0 + f_\text{yv} \frac{A_\text{sv}}{s} h_0 \tag{2-71}$$

式中，V_cs——构件斜截面上混凝土和箍筋的受剪承载力设计值；

α_cv——截面混凝土受剪承载力系数，对于一般受弯构件取 0.7；对集中荷载作用下（包括作用有多种荷载，其中集中荷载对支座截面或节点边缘所产生的剪力值占总剪力值的 75% 以上的情况）的独立梁，取 $\alpha_\text{cv} = \dfrac{1.75}{\lambda+1}$，$\lambda$ 为计算截面的剪跨比，当 $\lambda < 1.5$ 时，取 1.5；当 $\lambda > 3$ 时，取 3；

A_sv——配置在同一截面内箍筋各肢的全部截面面积，即 nA_sv1，此处，n 为在同一截面内箍筋的肢数，A_sv1 为单肢箍筋的截面面积；

s——沿构件长度方向的箍筋间距；

f_yv——箍筋抗拉强度设计值，按附录一附表 1-1 采用。

2. 当配置箍筋和弯起钢筋时矩形、T 形和工字形截面受弯构件的斜截面受剪承载力

$$V \leqslant V_\text{u} = V_\text{cs} + V_\text{sb} \tag{2-72}$$

$$V_\text{sb} = 0.8 f_\text{y} A_\text{sb} \sin \alpha_\text{s} \tag{2-73}$$

所以有：

$$V_\text{u} = \alpha_\text{cv} f_\text{t} b h_0 + f_\text{yv} \frac{A_\text{sv}}{s} h_0 + 0.8 f_\text{y} A_\text{sb} \sin \alpha_\text{s} \tag{2-74}$$

式中，f_y——弯起钢筋的抗拉强度设计值；

A_sb——同一平面内的弯起钢筋的截面面积；

α_s——斜截面上弯起钢筋切线与构件纵向轴线的夹角，宜取 45° 或 60°；

V——配置弯起钢筋处的剪力设计值：计算第一排（对支座而言）弯起钢筋时，取支座边缘处的剪力值；计算以后的每一排弯起钢筋时，取前一排（对支座而言）弯起钢筋弯起点处的剪力值。

3. 不配置箍筋和弯起钢筋的一般板类受弯构件，其斜截面的受剪承载力

$$V \leqslant V_\text{c} = 0.7 \beta_\text{h} f_\text{t} b h_0 \tag{2-75}$$

$$\beta_\text{h} = \left(\frac{800}{h_0}\right)^{1/4} \tag{2-76}$$

式中，β_h——截面高度影响系数。当 $h_0 < 800$ mm 时，取 800 mm；当 $h_0 > 2\,000$ mm 时，取 2 000 mm。

三、公式适用条件

1. 限制截面，防止斜压破坏

当梁的截面尺寸确定以后，提高配箍率可以有效地提高斜截面受剪承载力，但是这种提

高是有限的。为了防止配箍率过高而发生梁腹的斜压破坏，《混凝土结构设计规范》(GB50010—2010)规定梁的截面尺寸有如下限制条件：

当 $h_w/b \leqslant 4$ 时，

$$V \leqslant 0.25\beta_c f_c bh_0 \qquad\qquad (2-77)$$

当 $h_w/b \geqslant 6$ 时，

$$V \leqslant 0.2\beta_c f_c bh_0 \qquad\qquad (2-78)$$

当 $4 < h_w/b < 6$ 时，按线性内插法确定。

式中，V——构件斜截面上的最大剪力设计值；

β_c——混凝土强度影响系数：当混凝土强度等级$\leqslant$C50 时，取 $\beta_c = 1.0$；当混凝土强度等级为 C80 时，取 $\beta_c = 0.8$；其间按线性内插法确定，可查表 2-7；

b——矩形截面的宽度，T 形截面或 I 形截面的腹板宽度；

h_0——截面的有效高度；

h_w——截面的腹板高度：对矩形截面，取 h_0；对 T 形截面，取有效高度减去翼缘高度；对 I 形截面，取腹板净高。

表 2-7　混凝土强度影响系数 β_c 取值

混凝土强度等级	$\leqslant$C50	C55	C60	C65	C70	C75	C80
β_c	1.000	0.967	0.933	0.900	0.867	0.833	0.800

对 T 形或 I 形截面的简支受弯构件，当有实践经验时，公式(2-77)中的系数可改用 0.3。以上各式表示梁在相应情况下斜截面受剪承载力的上限值，相当于限制了梁最小截面尺寸和最大配箍率。当不满足上式条件时，应加大构件截面或提高混凝土强度等级，直到满足条件为止。

2. 限制箍筋的最小含量，防止斜拉破坏

当腹筋数量配置过少或者箍筋间距过大，斜裂缝一旦出现，腹筋便迅速达到屈服强度，不能有效限制斜裂缝的开展，就会发生斜拉破坏。因此，为避免斜拉破坏，我们需要控制箍筋的配箍率和箍筋最大间距。箍筋最大间距详见本章 2.4.5 节。

《混凝土结构设计规范》(GB 50010—2010)规定，对于一般受弯构件，当 $V > 0.7f_t bh_0$ 时，梁内箍筋的最小配箍率为：

$$\rho_{sv} \geqslant \rho_{sv,min} = 0.24 f_t / f_{yv} \qquad\qquad (2-79)$$

梁计算得到的实际配箍率 ρ_{sv} 应大于 $\rho_{sv,min}$，否则取 $\rho_{sv} = \rho_{sv,min}$ 按构造配筋。若 $V \leqslant 0.7f_t bh_0$，则梁内箍筋按构造配置，详见本章 2.4.5 节。

四、计算方法和步骤

1. 计算截面位置

在计算斜截面受剪承载力时，应选择剪力大和抗力弱的截面，根据《混凝土结构设计规范》(GB 50010—2010)规定，剪力设计值的计算截面应按下列规定采用。

(1) 支座边缘处的截面，图 2-39 中 1—1 截面。

（2）受拉区弯起钢筋弯起点处的截面，图 2-39(a)中 2—2 和 3—3 截面。

（3）箍筋截面面积或间距改变处的截面，图 2-39(b)中 4—4 截面。

（4）截面尺寸改变处的截面，图 2-39(c)中 5—5 截面。

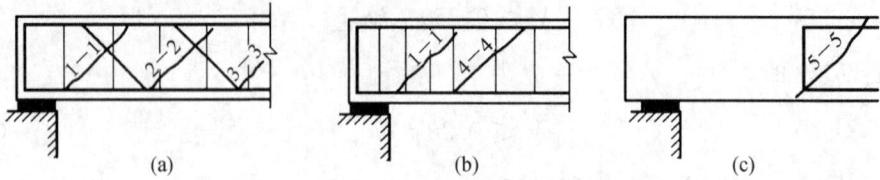

图 2-39　斜截面受剪承载力的计算截面
（a）弯起钢筋；（b）箍筋；（c）变截面

2. 计算步骤

受弯钢筋混凝土梁在计算承载力的时候，一般都会先进行正截面受弯承载力计算，在此基础上再进行受剪承载力计算，所以，在受剪承载力计算前，已初步确定截面尺寸和选定纵向钢筋。

（1）截面设计

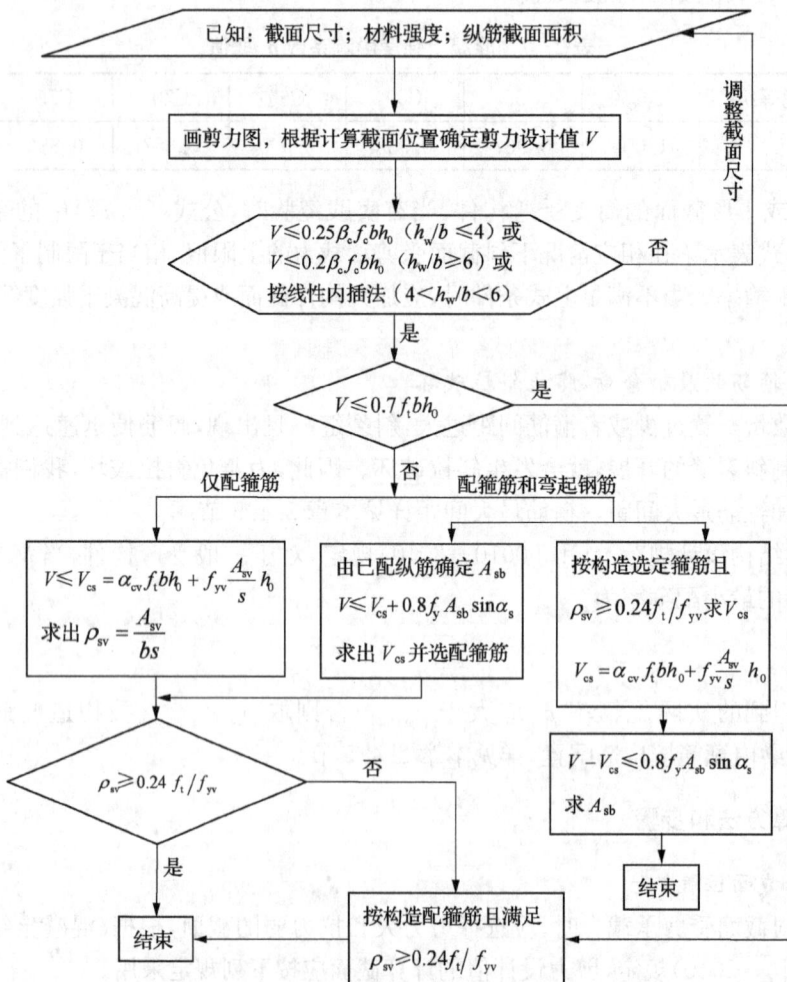

（2）截面复核

已知：	剪力设计值 V 材料强度等级 f_c、f_y、f_{yv} 构件截面尺寸 b、h 弯起钢筋 A_{sb} 腹筋数量 n、s、A_{sv1}
求：	斜截面受剪承载力 V_u

➤ 计算步骤：

（a）确定基本数据：

V；f_y、f_{yv}、f_c；n、s、A_{sv1}，A_{sb}；b、$h_0 = h - a_s$

（b）验算适用条件：

① 最小截面：当 $h_w/b \leqslant 4$ 时，$V \leqslant 0.25\beta_c f_c b h_0$；

当 $h_w/b \geqslant 6$ 时，$V \leqslant 0.2\beta_c f_c b h_0$；

当 $4 < h_w/b < 6$ 时，按线性内插法确定。

若不满足以上条件，则应修改截面面积或提高混凝土强度等级或者停止计算。

② 最小配箍率：当 $V > 0.7 f_t b h_0$ 时，$\rho_{sv} \geqslant \rho_{sv,min} = 0.24 f_t / f_{yv}$；

当 $V \leqslant 0.7 f_t b h_0$ 时，需按无腹筋梁来复核斜截面受剪承载力。

（c）计算斜截面受剪承载力：

$$V_{cs} = \alpha_{cv} f_t b h_0 + f_{yv} \frac{A_{sv}}{s} h_0$$

$$V_{sb} = 0.8 f_y A_{sb} \sin \alpha_s$$

$$V \leqslant V_u = V_{cs} + V_{sb}$$

例 2-9　已知某一钢筋混凝土矩形截面简支梁，截面尺寸 $b \times h = 200\ \text{mm} \times 500\ \text{mm}$，采用混凝土等级为 C30，$\beta_c = 1.0$，$f_t = 1.43\ \text{N/mm}^2$，$f_c = 14.3\ \text{N/mm}^2$，纵向钢筋为 HRB400 级钢筋，$f_y = f_y' = 360\ \text{N/mm}^2$，箍筋为 HPB235 级钢筋，$f_{yv} = 210\ \text{N/mm}^2$，$a_s = 60\ \text{mm}$，均布荷载在梁支座边缘产生的最大剪力设计值 $V = 150\ \text{kN}$。正截面强度计算已配置 5 Φ 22 的纵筋。

（1）只配箍筋；（2）既配箍筋又配弯起钢筋（梁净跨 5 m，弯起点离梁端净距 470 mm）。

求：配置腹筋。

解： 验算截面尺寸：

$h_w = h_0 = h - a_s = 500 - 60 = 440\ \text{mm}$；

$\dfrac{h_w}{b} = \dfrac{440}{200} = 2.2 < 4$；

$0.25\beta_c f_c b h_0 = 0.25 \times 1 \times 14.3 \times 200 \times 440 = 314.6\ \text{kN} > V$，截面符合要求。

验算是否需要计算配置腹筋：

$0.7 f_t b h_0 = 0.7 \times 1.43 \times 200 \times 440 = 88\,088\ \text{N} < V$，需要配置腹筋。

（1）只配箍筋

$$V = 0.7 f_t b h_0 + f_{yv} \frac{A_{sv}}{s} h_0 = 88\,088 + 210 \times \frac{A_{sv}}{s} \times 440 = 150\,000\ \text{N}$$

则有 $\dfrac{A_{sv}}{s} = \dfrac{nA_{sv1}}{s} = 0.670\ mm^2/mm$。

选用双肢箍 $\phi 8@100(A_{sv1}=50.3\ mm^2, n=2)$

$\dfrac{nA_{sv1}}{s} = \dfrac{2\times 50.3}{100} = 100.6\ mm > 0.670\ mm$，满足要求。

配箍率 $\rho_{sv} = \dfrac{nA_{sv1}}{bs} = \dfrac{2\times 50.3}{200\times 100} = 0.503\%$，

$\rho_{sv,min} = 0.24\times \dfrac{f_t}{f_{yv}} = 0.24\times \dfrac{1.43}{210} = 0.163\% < \rho_{sv}$，满足条件。

（2）既配箍筋又配弯起钢筋

利用已配纵筋 5Φ22，以 45°角弯起 1Φ22，则弯筋承担的剪力：

$$V_{sb} = 0.8A_{sb}f_y\sin\alpha_s$$

$$= 0.8\times 380.1\times 360\times \dfrac{\sqrt{2}}{2} = 77\ 406.1\ N$$

混凝土和箍筋承担的剪力：

$$V_{cs} = V - V_{sb} = 150\ 000 - 77\ 406.1 = 72\ 593.9\ N$$

选用双肢箍 $\phi 8@200(A_{sv1}=50.3\ mm^2, n=2)$

$$V_{cs} = 0.7f_t bh_0 + f_{yv}\dfrac{nA_{sv1}}{s}h_0$$

$$= 88\ 088 + 210\times \dfrac{2\times 50.3}{200}\times 440$$

$$= 134\ 565.2\ N > 72\ 593.9\ N$$

所选箍筋符合要求。

验算弯起点处的斜截面：

$$V = 150\ 000\times \dfrac{2-0.47}{2} = 114\ 750\ N < 134\ 565.2\ N$$

可不必再弯起钢筋或加大箍筋。

例 2-10 已知某一钢筋混凝土矩形截面简支梁，截面尺寸 $b\times h = 200\ mm\times 500\ mm$，环境类别为一类，采用混凝土等级为 C30，$\beta_c = 1.0$，$f_t = 1.43\ N/mm^2$，$f_c = 14.3\ N/mm^2$，纵向钢筋为 HRB400 级钢筋，$f_y = f'_y = 360\ N/mm^2$，箍筋为 HPB235 级钢筋，采用双肢箍 $\phi 8@150$，$f_{yv} = 210\ N/mm^2$，$a_s = 40\ mm$，均布荷载在梁支座边缘产生的最大剪力设计值 $V = 130\ kN$。

求：斜截面受剪承载力设计值 V_u。

解：验算截面尺寸：

$h_w = h_0 = h - a_s = 500 - 60 = 440\ mm$

$\dfrac{h_w}{b} = \dfrac{440}{200} = 2.2 < 4$

$0.25\beta_c f_c bh_0 = 0.25\times 1\times 14.3\times 200\times 440 = 314.6\ kN > V$，截面符合要求。

验算是否需要计算配置腹筋：

$0.7f_tbh_0=0.7\times1.43\times200\times440=88\,088\ \text{N}<V$，需要配置腹筋。

斜截面受剪承载力设计值：

$$V_u = \alpha_{cv}f_tbh_0 + f_{yv}\frac{A_{sv}}{s}h_0$$

$$= 0.7\times1.43\times200\times440+210\times\frac{2\times50.3}{150}\times440$$

$$= 150\,057.6\ \text{N}>V$$

2.4.5　保证斜截面受弯承载力的构造措施

一、斜截面受弯承载力

斜截面承载力包括斜截面受剪承载力和斜截面受弯承载力两个方面。梁的斜截面受弯承载力是指斜截面上的纵向受拉钢筋、弯起钢筋、箍筋等在斜截面破坏时，它们各自所提供的拉力对剪压区合力点 O 的内力矩之和，如图 2-40 所示。根据斜截面力矩平衡条件，可得：

$$M \leqslant f_yA_sz + \sum f_yA_{sb}z_{sb} + \sum f_{yv}A_{sv}z_{sv} \tag{2-80}$$

式中，M——沿斜截面作用的弯矩设计值；

A_{sb}——同一弯起平面内弯起钢筋的截面面积；

A_{sv}——同一弯起平面内箍筋各肢的全部截面面积；

z_{sb}——同一弯起平面内弯起钢筋合力至斜截面受压区合力点的距离；

z_{sv}——同一弯起平面内箍筋的合力至斜截面受压区合力点的距离。

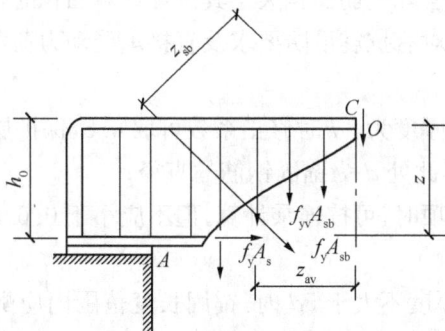

图 2-40　受弯构件斜截面受弯承载力计算简图

建筑工程中，一般受弯构件斜截面的抗剪需要通过计算加以控制，而斜截面抗弯则一般不用计算而是用下列构造措施来控制。

二、钢筋的锚固

1. **基本锚固长度**

《混凝土结构设计规范》(GB 50010—2010)中规定，当计算中充分利用钢筋的抗拉强度

时,钢筋的基本锚固长度为:

$$l_{ab} = \alpha \frac{f_y}{f_t} d \tag{2-81}$$

式中,l_{ab}——受拉钢筋的基本锚固长度;

f_y——普通钢筋抗拉强度设计值;

f_t——混凝土轴心抗拉强度设计值,混凝土强度等级>C60 时,取 C60;

d——锚固钢筋的直径;

α——锚固钢筋的外形系数,取值见表 2-8。

表 2-8　锚固钢筋的外形系数 α

钢筋类型	光面钢筋	带肋钢筋	螺旋肋柄丝	三股钢绞线	七股钢绞线
α	0.16	0.14	0.13	0.16	0.17

注:光面钢筋末端应做 180°弯钩,弯后平直段长度不应小于 $3d$,但作受压钢筋时可不做弯钩。

2. 受拉钢筋的锚固

(1) 受拉钢筋的锚固长度

受拉钢筋的锚固长度应根据锚固条件按下列公式计算,且不应小于 200 mm:

$$l_a = \zeta_a l_{ab} \tag{2-82}$$

式中,ζ_a——锚固长度修正系数。

(2) 锚固长度修正系数 ζ_a 按下列规定取值:

① 当带肋钢筋的公称直径大于 25 mm 时取 1.1;

② 环氧树脂涂层带肋钢筋取 1.25;

③ 施工过程中易受扰动的钢筋取 1.1;

④ 当纵向受力钢筋的实际配筋面积大于其设计计算面积时,修正系数取设计计算面积与实际配筋面积的比值,但对有抗震设防要求及直接承受动力荷载的结构构件,不应考虑此项修正;

⑤ 锚固钢筋的保护层厚度为 $3d$ 时修正系数可取 0.8,保护层厚度为 $5d$ 时修正系数可取 0.7,中间按内插法取值,此处 d 为锚固钢筋的直径;

⑥ 当上述公式多于一项时,可按连乘计算,但不应小于 0.6;对预应力筋,可取 1.0。

(3) 横向构造钢筋

当锚固钢筋的保护层厚度不大于 $5d$ 时,锚固长度范围内应配置横向构造钢筋,其直径不应小于 $d/4$;对梁、柱、斜撑等构件间距不应大于 $5d$,对板、墙等平面构件间距不应大于 $10d$,且均不应大于 100 mm,此处 d 为锚固钢筋的直径。

3. 受压钢筋的锚固

当计算中充分利用钢筋的抗压强度时,混凝土结构中的纵向受压钢筋,锚固长度应不小于相应受拉锚固长度的 70%。

受压钢筋锚固长度范围内的横向构造钢筋同受拉钢筋。

4. 钢筋在支座的锚固

理论上,简支梁支座处的弯矩为零,但实际上支座处梁底的钢筋仍存在应力,在剪力和弯矩共同作用下,会产生斜裂缝,此时纵向钢筋应力将增加,所以这时梁的抗弯能力还取决于纵向钢筋在支座处的锚固。并且锚固不足可能使钢筋产生过大的滑动,甚至会从混凝土中拔出造成锚固破坏。

根据《混凝土结构设计规范》(GB 50010—2010),钢筋混凝土简支梁和连续梁间支端的下部纵向受力钢筋,从支座边缘算起,伸入支座内的锚固长度 l_{as} 应符合以下规定,d 为钢筋最大直径:

(1) 当 $V \leqslant 0.7f_tbh_0$ 时,$l_{as} \geqslant 5d$;

(2) 当 $V > 0.7f_tbh_0$ 时,带肋钢筋 $l_{as} \geqslant 12d$,光圆钢筋 $l_{as} \geqslant 15d$。

如 l_{as} 不符合上述条件,可采取弯钩或机械锚固措施。

支承在砌体结构上的钢筋混凝土独立梁,在纵向受力钢筋的锚固长度范围内应配置不少于 2 个箍筋,其直径不宜小于 $d/4$,d 为纵向受力钢筋的最大直径;间距不宜大于 $10d$,当采取机械锚固措施时箍筋间距尚不宜大于 $5d$,d 为纵向受力钢筋的最小直径。

对混凝土强度等级为 C25 及以下的简支梁和连续梁的简支端,当距支座边 $1.5h$ 范围内作用有集中荷载,且 $V > 0.7f_tbh_0$ 时,对带肋钢筋宜采取附加锚固措施,或取锚固长度不小于 $15d$,d 为锚固钢筋的直径。

三、纵筋的截断

梁内纵向钢筋是按正截面受弯承载力的计算配置的,依据的是跨中或支座的最大弯矩设计值。因为梁的正弯矩图形的范围比较大,受拉区几乎覆盖整个跨度,所以梁底受拉纵筋不宜截断。对于在支座附近的负弯矩区段内梁顶纵向受拉钢筋,因为负弯矩区域的范围不大,所以,可以采用截断的方式来减少纵筋的数量,但不宜在受拉区截断。

根据《混凝土结构设计规范》(GB 50010—2010),纵筋必须截断时,应符合以下规定:

(1) 当 $V \leqslant 0.7f_tbh_0$ 时,应延伸至按正截面受弯承载力计算不需要该钢筋的截面以外不小于 $20d$(d 为截断钢筋的直径)处截断,且从该钢筋强度充分利用截面伸出的长度不应小于 $1.2l_a$;

(2) 当 $V > 0.7f_tbh_0$ 时,应延伸至按正截面受弯承载力计算不需要该钢筋的截面以外不小于 h_0 且不小于 $20d$ 处截断,且从该钢筋强度充分利用截面伸出的长度不应小于 $1.2l_a + h_0$;

(3) 若按上述规定确定的截断点仍位于负弯矩对应的受拉区内,则应延伸至按正截面受弯承载力计算不需要该钢筋的截面以外不小于 $1.3h_0$ 且不小于 $20d$ 处截断,且从该钢筋强度充分利用截面伸出的延伸长度不应小于 $1.2l_a + 1.7h_0$。

在钢筋混凝土悬臂梁中,应有不少于两根上部钢筋伸至悬臂梁外端,并向下弯折不小于 $12d$;其余钢筋不应在梁的上部截断,而应在弯起点位置向下弯折,并在梁的下边锚固。

四、纵筋的弯起

根据《混凝土结构设计规范》(GB 50010—2010),当采用弯起钢筋时,其弯起角宜取 45° 或 60°;梁底层钢筋中的角部钢筋不应弯起,顶层钢筋中的角部钢筋不应弯下。

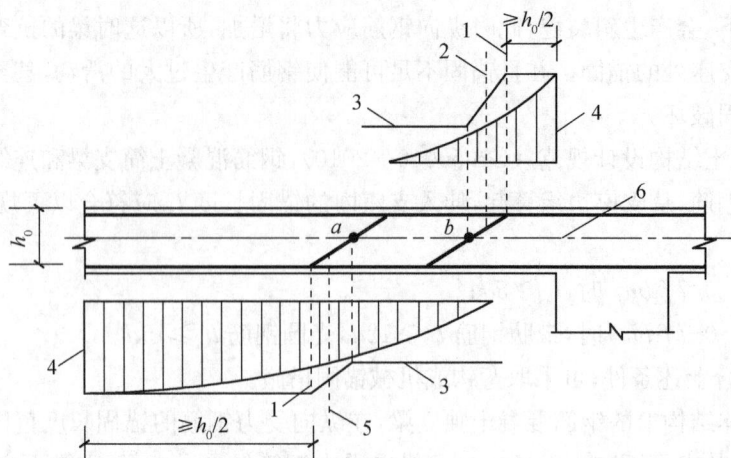

图 2-41　弯起钢筋弯起点与弯矩图的关系

1—受拉区的弯起点;2—按计算不需要钢筋"b"的截面;3—正截面受弯承载力图;
4—按计算充分利用钢筋"a"或"b"强度的截面;5—按计算不需要钢筋"a"的截面;6—梁中心线

1. 弯起点

在混凝土梁的受拉区中,弯起钢筋的弯起点可设在按正截面受弯承载力计算,不需要该钢筋的截面之前,但弯起钢筋与梁中心线的交点应位于不需要该钢筋的截面之外,如图 2-42所示;同时,弯起点与按计算充分利用该钢筋的截面之间的距离不应小于 $h_0/2$。

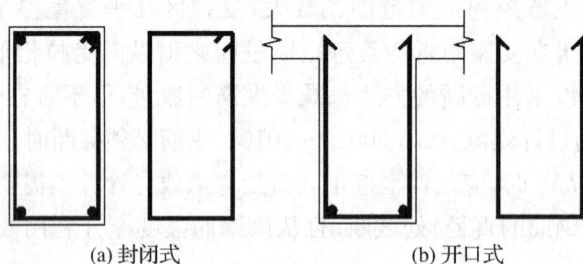

(a) 封闭式　　　　　　(b) 开口式

图 2-42　箍筋的形式

2. 弯终点

当按计算需要设置弯起钢筋时,从支座起前一排的弯起点至后一排的弯终点的距离不应大于表 2-9 中 $V>0.7f_tbh_0$ 时的箍筋最大间距。在弯终点外应留有平行于梁轴线方向的锚固长度,且在受拉区不应小于 $20d$,在受压区不应小于 $10d$,d 为弯起钢筋的直径。

五、箍筋的构造

梁中的箍筋对传递剪力、抑制斜裂缝的开展、联系受压区与受区、构成钢筋骨架等方面有重要作用,混凝土梁宜采用箍筋作为承受剪力的钢筋。

1. 箍筋的形式和肢数

箍筋的形式有封闭式和开口式两种,如图 2-42 所示。箍筋一般采用 135°弯钩的封闭式箍筋,且弯钩直线段长度不应小于 5d(d 为箍筋直径),当 T 形截面梁翼缘顶面另有横向受拉钢筋时,也可采用开口式箍筋。

梁内箍筋一般采用双肢箍($n=2$),当梁宽>400 mm且一层内的纵向受压钢筋多于3根时,或者当梁宽≤400 mm,但一层内的纵向受压钢筋多于4根时,应设置复合箍筋。当梁宽<100 mm时,可采用单肢箍筋。

2. 箍筋的直径和间距

根据《混凝土结构设计规范》(GB 50010—2010)规定,梁高>800 mm,箍筋直径不宜小于8 mm;梁高≤800 mm,箍筋直径不宜小于6 mm。当梁中配有计算需要的纵向受压钢筋时,箍筋直径尚不应小于$0.25d$(d为纵向受压钢筋最大直径)。

当梁中配有按计算需要的纵向受压钢筋时,箍筋的间距不应大于$15d$,且不应大于400 mm。当一层内的纵向受压钢筋多于5根且直径大于18 mm时,箍筋间距不应大于$10d$(d为纵向受压钢筋的最小直径)。除满足计算要求外,箍筋的间距还应满足表2-9所示的构造要求,以控制斜裂缝的宽度。

表 2-9 梁中箍筋的最大间距(mm)

梁高 h	$V>0.7f_tbh_0$	$V≤0.7f_tbh_0$
$150<h≤300$	150	200
$300<h≤500$	200	300
$500<h≤800$	250	350
$h>800$	300	400

3. 箍筋的布置

对于按承载力计算不需要箍筋的梁:

当梁截面高度大于300 mm时,应沿梁全长设置构造箍筋;

当梁截面高度为150~300 mm时,可仅在构件端部$l_0/4$(l_0为跨度)范围内设置构造箍筋;

当在构件中部$l_0/2$范围内有集中荷载时,应沿梁全长设置箍筋;

当梁截面高度小于150 mm时,可以不设置箍筋。

2.5 受压构件设计

2.5.1 柱中钢筋的构造要求

钢筋混凝土受压构件最常见的配筋形式是沿周边配置纵向受力钢筋及横向箍筋。

一、纵筋

钢筋混凝土受压构件中纵向受力钢筋的作用是与混凝土共同承担由外荷载引起的内力,提高构件的变形能力,防止构件突然脆性破坏,减小由混凝土的不匀质性引起的影响。同时,纵向钢筋还可以承受可能产生的偏心弯矩、混凝土收缩及温度变化引起的拉应力等。

为了能形成较刚劲的骨架,并防止受压钢筋的侧向弯曲,受压钢筋的直径宜较粗,《混凝土结构设计规范》(GB 50010—2010)规定,纵向受力钢筋的直径不宜小于12 mm。矩形截面的钢筋根数不应小于 4 根；圆柱中纵向钢筋不宜少于 8 根，不应少于 6 根，且宜沿周边均匀布置。柱中纵向受力钢筋的净间距不应小于 50 mm，最大间距不宜大于 300 mm。

纵向钢筋的配筋率需满足最小配筋率要求，如表 2 - 10 所示。同时配筋率也不能过大，当配筋率过大时，在短期内快速加载的情况下，混凝土的塑性变形来不及充分发展，有可能引起混凝土过早破坏，并且考虑施工方便和经济需求，全部纵向钢筋的配筋率不宜大于 5%。

表 2 - 10　纵向受力钢筋的最小配筋百分率 ρ_{min}（%）

受力类型			最小配筋百分率
受压构件	全部纵向钢筋	强度级别 500 N/mm^2	0.50
		强度级别 400 N/mm^2	0.55
		强度级别 300 N/mm^2、335 N/mm^2	0.60
	一侧纵向钢筋		0.20
受弯构件、偏心受拉、轴心受拉构件一侧的受拉钢筋			0.20 和 $45f_t/f_y$ 中的较大值

注：1. 受压构件全部纵向钢筋最小配筋百分率，当采用 C60 及以上强度等级的混凝土时，应按表中规定增大 0.10；
2. 板类受弯构件的受拉钢筋，当采用强度等级 400 N/mm^2、500 N/mm^2 的钢筋时，其最小配筋百分率应允许采用 0.15 和 $45f_t/f_y$ 中的较大值；
3. 偏心受拉构件中的受压钢筋，应按受压构件一侧纵向钢筋考虑；
4. 受压构件的全部纵向钢筋和一侧纵向钢筋的配筋率以及轴心受拉构件和小偏心受拉构件一侧受拉钢筋的配筋率应按构件的全截面面积计算；
5. 受弯构件、大偏心受拉构件一侧受拉钢筋的配筋率应按全截面面积扣除受压翼缘面积 $(b_f'-b)h_f'$ 后的截面面积计算；
6. 当钢筋沿构件截面周边布置时，"一侧纵向钢筋"系指沿受力方向两个对边中的一边布置的纵向钢筋。

在偏心受压柱中，垂直于弯矩作用平面的侧面上的纵向受力钢筋以及轴心受压柱中各边的纵向受力钢筋，其中距不宜大于 300 mm。当偏心受压柱的截面高度不小于 600 mm时，在柱的侧面上应设置直径不小于 10 mm 的纵向构造钢筋，并相应设置复合箍筋或拉筋。

二、箍筋

钢筋混凝土受压构件中箍筋的作用是为了防止纵向钢筋受压时压曲，同时固定纵向钢筋位置并与纵向钢筋组成整体骨架。同时密布箍筋还能起约束核心混凝土，改善混凝土变形性能的作用。

为了有效地阻止纵向钢筋的压屈破坏和提高构件斜截面抗剪能力，柱及其他受压构件中的周边箍筋应做成封闭式。

箍筋直径不应小于 $d/4$，且不应小于 6 mm，d 为纵向钢筋的最大直径。当柱中全部纵向受力钢筋的配筋率大于 3%时，箍筋直径不应小于 8 mm。箍筋末端应做成 135°弯钩，且弯钩末端平直段长度不应小于箍筋直径的 10 倍。

箍筋间距不应大于 400 mm 及构件截面的短边尺寸，且不应大于 $15d$（d 为纵向受力钢筋的最小直径）。当柱中全部纵向受力钢筋的配筋率大于 3%时，间距不应大于 $10d$，且不应大于 200 mm，d 为纵向受力钢筋的最小直径。在配有螺旋式或焊接环式间接钢筋的柱中，如在正截面受压承载力计算中考虑间接钢筋的作用时，箍筋间距不应大于80 mm 及 $d_{cor}/5$，同时为方便施工，箍筋间距不宜小于 40 mm，d_{cor} 为按间接钢筋内表面确定的核心截面直径。

对圆柱中的箍筋，末端应做成 135°弯钩，弯钩末端平直段长度不应小于 $5d$（d 为箍筋直径）。

当柱截面短边尺寸大于 400 mm 且各边纵向钢筋多于 3 根时，或当柱截面短边尺寸不大于 400 mm 但各边纵向钢筋多于 4 根时，应设置复合箍筋。复合箍筋的直径和间距均与此构件内设置的箍筋方法相同。如图 2-43(a)所示用于纵筋每边不多于 3 根，图 2-43(b)中用于纵筋每边不多于 4 根且 $b \leqslant 400$ mm，图 2-43(c)中用于附加箍筋。

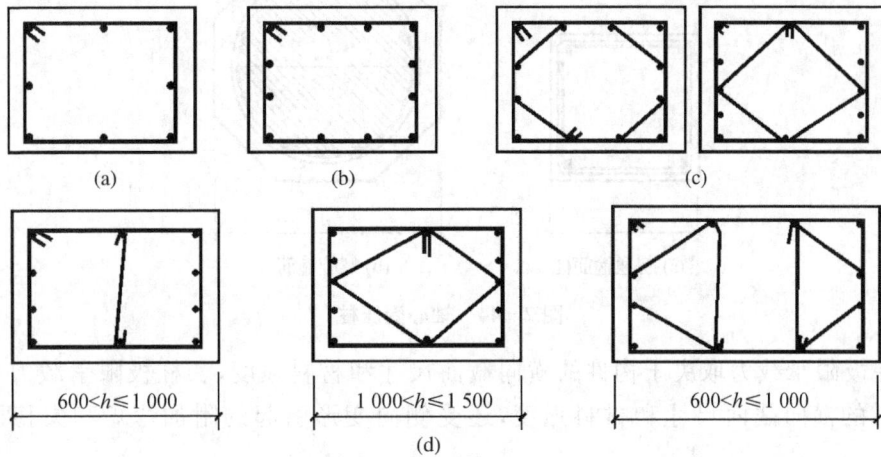

图 2-43 矩形柱的箍筋形式

2.5.2 轴心受压柱的受力性能与破坏特征

一、柱的分类

钢筋混凝土受压构件在荷载作用下，其截面上一般作用有轴力、弯矩和剪力。柱是受压构件的代表构件。当轴向力作用线与构件截面形心轴重合时，称为轴心受压构件。当弯矩和轴力共同作用于构件上，可看成具有偏心距的轴向压力的作用或当轴向力作用线与构件截面形心轴不重合时，称为偏心受压构件。

轴心受压柱根据配筋方式的不同，有两种基本形式最为常见：

① 配有纵向钢筋和普通箍筋的柱，称为普通箍筋柱，如图 2-44(a)所示；

② 配有纵向钢筋和螺旋式或焊接环式钢筋的柱，简称螺旋箍筋柱，如图 2-44(b)所示。

因为受压柱的破坏特征和柱的长度有关，我们根据长细比，将柱分为长柱和短柱两类。长细比可以用 l_0/b 或 l_0/d 或 l_0/i 表示，其中 l_0 为构件的计算长度，b 为构件的短边，d 为圆截面直径，i 为截面最小回转半径。当矩形截面 $l_0/b \leqslant 8$；圆形截面 $l_0/d \leqslant 7$；任意截面 $l_0/i \leqslant 28$ 时属于短柱，否则为长柱。

(a) 普通箍筋柱　　　　　(b) 螺旋箍筋柱

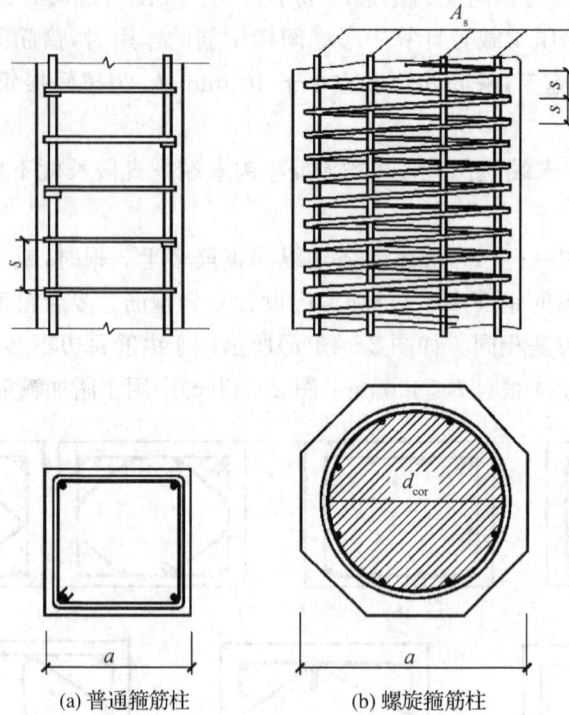

图 2 - 44　轴心受压柱

短柱极限承载力取决于构件的横向截面尺寸和材料强度,长柱极限承载力不仅取决于构件的横向截面尺寸和材料强度,还受侧向变形引起的附加弯矩和失稳因素的影响。

柱的计算长度 l_0 与柱的实际长度及其端部的支撑条件有关,见表 2 - 11。

表 2 - 11　受压柱的计算长度 l_0

两端均为铰支	两端固定	一端固定,一端铰支	一端固定,一端自由
$l_0 = L$	$l_0 = 0,5L$	$l_0 = 0,7l$	$l_0 = 2l$

在工程设计中,根据《混凝土结构设计规范》(GB 50010—2010)规定:刚性屋盖单层房屋排架柱、露天吊车柱和栈桥柱的计算长度 l_0 可按表 2 - 12 取值;一般多层房屋中梁柱为刚接的框架结构,各层柱的计算长度 l_0 可按表 2 - 13 取值。

表 2－12　刚性屋盖的单层房屋排架柱、露天吊车柱和栈桥柱的计算长度 l_0

柱的类型		排架方向	垂直排架方向	
			有柱间支撑	无柱间支撑
无吊车房屋柱	单跨	$1.5H$	$1.0H$	$1.2H$
	两跨及多跨	$1.25H$	$1.0H$	$1.2H$
有吊车房屋柱	上柱	$2.0H_u$	$1.25H_u$	$1.5H_u$
	下柱	$1.0H_l$	$0.8H_l$	$1.0H_l$
露天吊车和栈桥柱		$2.0H_l$	$1.0H_l$	—

注:1. 表中 H 为从基础顶面算起的柱子全高;H_l 为从基础顶面到装配式吊车梁底面或现浇式吊车梁顶面的柱子下部高度;H_u 为从装配式吊车梁底面或从现浇式吊车梁顶面算起的柱子上部高度。

2. 表中有吊车房屋排架柱的计算长度,当计算中不考虑吊车荷载时,可按无吊车房屋的计算长度采用,但上柱的计算长度仍按有吊车房屋采用。

3. 表中有吊车房屋排架柱的上柱在排架方向的计算长度,仅适用于 H_u/H_l 不小于 0.3 的情况;当 H_u/H_l 小于 0.3 时,计算长度宜采用 $2.5H_u$。

表 2－13　框架结构各层柱的计算长度

楼盖类型	柱的类别	计算长度 l_0
现浇楼盖	底层柱	$1.0H$
	其余各层柱	$1.25H$
装配式楼盖	底层柱	$1.25H$
	其余各层柱	$1.5H$

注:对于底层柱,表中 H 为从基础顶面到一层楼盖顶面的高度;对其余各层柱段,H 为上、下两层楼盖顶面之间的高度。

二、短柱的受力特点和破坏特征

钢筋混凝土柱在轴向压力作用下的加载过程中,由于钢筋和混凝土之间存在着黏结力,纵向钢筋与混凝土共同受压,因此整个截面的压应变沿构件长度上基本是均匀分布的。最常见的轴心受压柱是普通箍筋短柱,其破坏过程如下。

第一阶段:弹性阶段

此阶段荷载较小,构件处于弹性阶段,变形的增加与外力的增长成正比,截面纵筋和混凝土的压应力与荷载也基本上呈线性关系。

第二阶段:弹塑性阶段

随着荷载的增大,构件进入弹塑性阶段。此阶段的荷载较大,混凝土塑性变形开始发展,钢筋的压应力比混凝土的压应力增加得快,如图 2－45(a)所示,构件压缩变形的速度比荷载增加的速度要快,纵筋配筋量越少,这种现象越明显。

第三阶段:破坏阶段

随着荷载继续增大,构件的应变值不断增加,在柱最薄弱区段的混凝土内将出现微裂缝。当达到极限荷载时,柱四周的微裂缝不断发展成肉眼可见的纵向裂缝。随后裂缝将相互贯通,混凝土外层开始剥落,混凝土的侧向膨胀将向外推挤钢筋,箍筋间纵向钢筋向外凸出受压屈服,如图 2-45(b)所示,混凝土被压碎,整个柱子破坏。

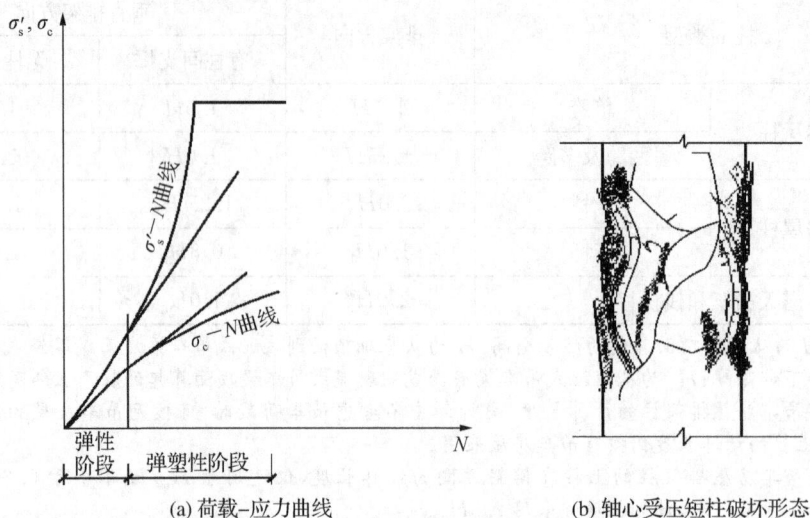

(a) 荷载-应力曲线　　　　　(b) 轴心受压短柱破坏形态

图 2-45　轴心受压短柱应力分布及破坏形态

　　试验表明,轴心受压素混凝土棱柱体构件达到最大压应力值时的压应变值一般为 0.001 5~0.002 0,而钢筋混凝土轴心受压短柱达到峰值应力时的压应变一般为 0.002 5~0.003 5,构件到达峰值应力时的应变值得到增加,其主要原因可以认为是柱中配置了纵向钢筋,其发挥了调整混凝土应力的作用,混凝土的塑性性能得到了很好的利用,改善了轴心受压构件破坏的脆性性质。《混凝土结构设计规范》(GB 50010—2010)中最大压应变偏于安全地取为 0.002。

　　若构件在加载后,荷载维持不变,由于混凝土徐变的作用,在混凝土与钢筋之间会进一步发生应力重分布现象,如图 2-46 所示。钢筋混凝土轴心受压短柱在长期荷载作用下,由于混凝土徐变的影响,钢筋的应力将逐步增大,而混凝土的应力逐渐降低,即徐变的发展对混凝土起着卸荷的作用,一开始这种变化较快,随后趋于稳定。其中混凝土的压应力变化幅度较小,而钢筋压应力变化幅度较大。此外,还可以看出,钢筋与混凝土的应力受徐变影响的幅度还与配筋率有关,配筋率越大,应力降低幅度越大。

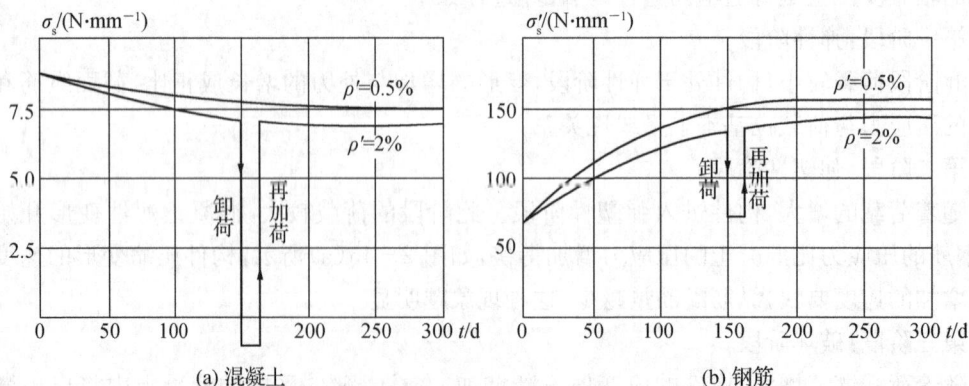

(a) 混凝土　　　　　　　　(b) 钢筋

图 2-46　长期荷载作用下截面上混凝土和钢筋的应力重分布

如果在持续荷载过程中突然卸载,钢筋将试图恢复它的全部压缩变形,而混凝土则只能恢复全部压缩变形中的弹性变形部分,其徐变变形大部分不能恢复。因此,这两部分变形是不相等的,而且混凝土的徐变越大,差距也就越大。这时,由于钢筋与混凝土之间的黏结性,将在钢筋中产生强制压力,而在混凝土中产生强制拉力。若配筋率较高,混凝土的徐变较大时,有可能使混凝土内的应力达到抗拉强度而立即断裂,产生脆性破坏。所以,对承受可变荷载较大的构件,配筋率不宜设计得过大。《混凝土结构设计规范》(GB 50010—2010)规定柱的全部纵向受压钢筋配筋率不宜大于5%。

三、长柱的受力特点和破坏特征

在实际情况中,由于混凝土质量不均匀、纵筋布置不对称、制作和安装不可避免的尺寸误差等原因,在工程中理想的轴心受压构件是不存在的。在短柱中,初始偏心对承载能力尚无明显影响,但在细长柱中,荷载的微小初始偏心却不可忽略。对于长柱,其破坏过程如下:

开始加载后,轴向压力存在的微小初始偏心产生了附加弯矩,使构件朝与初始偏心相反的方向产生侧向挠度,侧向挠度又增大了荷载的偏心距;随着荷载的增加,附加弯矩和侧向挠度将不断增大。这样互相影响的结果,是长柱在轴力和弯矩的共同作用下发生破坏。破坏时,受压的凹侧往往产生较长的纵向裂缝,构件高度中部的混凝土被压碎,箍筋间纵筋向外凸出压屈;而凸侧混凝土则被拉裂,混凝土出现以一定间距分布的水平裂缝,侧向挠度急剧增大,柱子破坏,如图2-47所示。

试验表明,长柱的破坏荷载低于其他条件相同的短柱破坏荷载。因此,当构件截面尺寸不变时,长细比越大,破坏截面的附加弯矩和相应的侧向挠度就越大,承载能力越小。对于长细比很大的细长柱,还可能发生失稳破坏现象。

《混凝土结构设计规范》(GB 50010—2010)中采用稳定系数 φ 来表示长柱承载力的降低,φ 的取值见表2-14。

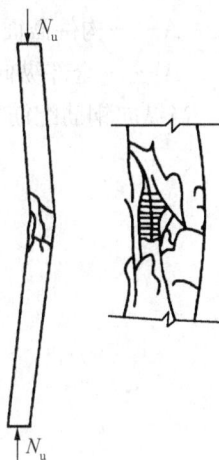

图2-47　长柱破坏特征

$$\varphi = \frac{N_u^{长柱}}{N_u^{短柱}} \tag{2-83}$$

表2-14　钢筋混凝土轴心受压构件的稳定系数

l_0/b	≤8	10	12	14	16	18	20	22	24	26	28
l_0/d	≤7	8.5	10.5	12	14	15.5	17	19	21	22.5	24
l_0/i	≤28	35	42	48	55	62	69	76	83	90	97
φ	1.00	0.98	0.95	0.92	0.87	0.81	0.75	0.70	0.65	0.60	0.56
l_0/b	30	32	34	36	38	40	42	44	46	48	50
l_0/d	26	28	29.5	31	33	34.5	36.5	38	40	41.5	43
l_0/i	104	111	118	125	132	139	146	153	160	167	174
φ	0.52	0.48	0.44	0.40	0.36	0.32	0.29	0.26	0.23	0.21	0.19

2.5.3 轴心受压柱的配筋计算

一、普通箍筋柱

1. 基本公式

配有纵向钢筋和箍筋的轴心受压短柱破坏时,轴心受压正截面的计算应力图形如图2-48所示。在考虑长柱承载力的降低和可靠度的调整因素后,轴心受压柱正截面承载力为:

$$N \leqslant N_u = 0.9\varphi(f_c A + f'_y A'_s) \tag{2-84}$$

式中,N——轴向压力设计值;

φ——钢筋混凝土构件的稳定系数,按表2-12取值;

f_c——混凝土轴心抗压强度设计值;

A——构件截面面积;

A'_s——全部纵向钢筋的截面面积。

当纵向钢筋配筋率大于3%时,公式(2-84)中的A应改用$(A-A'_s)$代替。

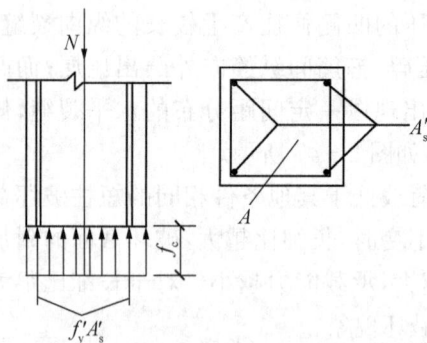

图 2-48 普通箍筋短柱的计算简图

2. 计算步骤

轴心受压柱正截面承载力计算可分为截面设计和截面复核。

(1) 截面设计

已知:	轴心压力设计值 N 材料强度等级 f_c、f'_y 构件截面尺寸 b、h 构件长度 L 和端部的支撑条件(或 l_0)
求:	纵向受压钢筋截面面积 A'_s
若截面尺寸未知,可先假定一个截面尺寸以确定 A,或者先假定一个合理配筋率和 φ 以确定 A	

➢ 计算步骤:

(a) 确定基本数据

(b) 确定稳定系数

根据构件长度 L 和端部的支撑条件确定 l_0。

计算 l_0/b，根据结果查表 2-12，得稳定系数 φ。

（c）求纵向受压钢筋截面面积 A'_s

$$A'_s = \frac{1}{f'_y}\left(\frac{N}{0.9\varphi} - f_c A\right)$$

（d）选配钢筋并计算配筋率

$$\rho' = \frac{A'_s}{A}（全部纵向钢筋）$$

$$\rho' = \frac{0.5A'_s}{A}（对称配筋时，一侧纵向钢筋）$$

（e）验算配筋率

全部纵筋 $\rho' < 3\%$（若 $\rho' > 3\%$，A 应改用 $A - A'_s$）

$\rho' > \rho'_{min}$，ρ'_{min} 取值见表 2-10。

（2）截面复核

已知：	轴心压力设计值 N 材料强度等级 f_c、f'_y 构件截面尺寸 b、h 构件长度 L 和端部的支撑条件（或 l_0） 纵向受压钢筋截面面积 A'_s
求：	轴心受压承载力 N_u

➤ 计算步骤

（a）确定基本数据

（b）确定稳定系数

根据构件长度 L 和端部的支撑条件确定 l_0。

计算 l_0/b，根据结果查表 2-12，得稳定系数 φ。

（c）轴心受压承载力 N_u

$$N \leqslant N_u = 0.9\varphi(f_c A + f'_y A'_s)$$

例 2-11 已知某钢筋混凝土柱，其计算长度 l_0 为 5.0 m，截面尺寸为 400 mm×400 mm，采用 C30 混凝土、HRB400 级钢筋，柱顶截面承受轴心压力设计值 $N = 2\,368\,800$ N。

求：该柱所需纵向钢筋截面面积。

解：查表得：$f_t = 1.43$ N/mm²，$f_c = 14.3$ N/mm²，$f_y = f'_y = 360$ N/mm²，

确定稳定系数：$\dfrac{l_0}{b} = \dfrac{5\,000}{400} = 12.5$，查表，并经插值得 $\varphi = 0.94$。

纵向受压钢筋截面面积 A'_s：

$$A'_s = \frac{1}{f'_y}\left(\frac{N}{0.9\varphi} - f_c A\right) = \frac{1}{360}\left(\frac{2\,368\,800}{0.9 \times 0.94} - 14.3 \times 400 \times 400\right) = 1\,422 \text{ mm}^2$$

选配钢筋并验算配筋率：

采用 4 Φ 22，则 $A'_s = 1\,520$ mm²。

总配筋率 $\rho'=\dfrac{A'_s}{A}=\dfrac{1\,520}{400\times400}=0.95\%<3\%$

$\rho'>\rho'_{min}=0.55\%$，满足要求。

截面一侧配筋率 $\rho'=0.5\dfrac{A'_s}{A}=\dfrac{0.5\times1\,520}{400\times400}=0.48\%>0.2\%$，满足要求。

例 2-12 某钢筋混凝土三层框架结构底层柱，楼盖为现浇整体式，从基础顶面到一层楼盖顶面的高度 $H=4.8\,m$，柱截面尺寸 $b\times h=300\,mm\times300\,mm$，承受轴向压力设计值为 $N=1\,500\,kN$，混凝土等级 C25，$f_c=11.9\,N/mm^2$，配有纵向受力钢筋 8⏀25，$A'_s=3\,927\,mm^2$，$f'_y=360\,N/mm^2$。

求：复核柱的截面是否安全。

解：$H_0=1.0H=1.0\times4.8\,m=4.8\,m$

确定柱的稳定性系数：

$\dfrac{l_0}{b}=\dfrac{4\,800}{300}=16>8$，查表得稳定性系数 $\varphi=0.87$。

验算配筋率：

总配筋率 $\rho'=\dfrac{A'_s}{A}=\dfrac{3\,927}{300\times300}=4.4\%>3\%$，需用 $(A-A'_s)$ 代替 A。

截面一配筋率 $\rho=\dfrac{3}{8}\dfrac{A'_s}{A}=\dfrac{3}{8}\times\dfrac{3\,927}{300\times300}=1.64\%>\rho_{min}=0.2\%$，满足要求。

轴心受压构件承载力设计值 N_u：

$$N_u=0.9\varphi[f_c(A-A'_s)+f'_yA'_s]$$
$$=0.9\times0.87[11.9\times(300\times300-3\,927)+360\times3\,927]$$
$$=1\,908.9\,kN$$

$N_u>N=1\,500\,kN$ 柱的截面安全。

二、螺旋箍筋柱

1. 受力分析

普通柱的箍筋往往由于间距过大，对横向变形约束作用较小，而螺旋箍筋柱能有效地约束混凝土的横向变形，从而可以提高柱的承载能力。螺旋箍筋柱极限荷载一般要大于同样截面尺寸的普通箍筋柱。

当轴心受压构件承受的轴向荷载设计值较大，同时其截面尺寸受到限制，若按配有纵筋和普通箍筋的柱来计算，即使提高混凝土强度等级和增加了纵筋用量仍不能满足承受该荷载的计算要求时，可考虑采用配有螺旋式（或焊接环式）箍筋柱，以提高构件的承载能力。螺旋式或焊接环式箍筋也称为"间接钢筋"，螺旋箍筋柱的截面形状一般为圆形或正多边形。

试验表明，开始时螺旋箍筋柱与普通箍筋柱的受力变形相似。随着荷载的增加，螺旋箍筋外的混凝土保护层开始剥落，受力混凝土面积减少，因而承载力有所下降。但螺旋箍筋间距较小，可以防止螺旋箍筋之间纵筋的压屈，所以，纵筋仍能继续承担荷载。随着变形的增大，核心混凝土横向膨胀，螺旋箍筋所受环向拉力增加使其又紧箍核心混凝土，所以核心混凝土处于三向受压状态,提高了柱的抗压和变形能力。当荷载增加到螺旋箍筋屈服时,螺旋箍筋对核心混凝土约束作用开始降低,柱子开始破坏。

2. 基本公式

因混凝土三向受压,螺旋箍筋所包围的核心混凝土的实际抗压强度高于混凝土原先的轴心抗压强度。约束混凝土的轴向抗压强度可近似地取为:

$$f = f_c + \beta\sigma_r \tag{2-85}$$

式中,f——被约束后的混凝土轴心抗压强度;

　　β——系数,一般普通混凝土取 4;

　　σ_r——当间接钢筋的应力达到屈服强度时,柱的核心混凝土受到的径向压应力值。

图 2-49 所示,在间接钢筋间距 s 的范围内,根据 σ_r 合力与钢筋拉力的平衡,可得

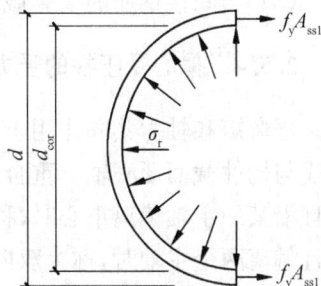

图 2-49　环形钢筋受力图

$$\sigma_r = \frac{2f_{yv}A_{ss1}}{sd_{cor}} = \frac{2f_{yv}A_{ss1}d_{cor}\pi}{4\cdot\frac{\pi d_{cor}^2}{4}s} = \frac{f_{yv}A_{ss0}}{2A_{cor}} \tag{2-86}$$

$$A_{ss0} = \frac{\pi d_{cor}A_{ss1}}{s} \tag{2-87}$$

式中,A_{ss1}——单根间接钢筋的截面面积;

　　f_{yv}——间接钢筋的抗拉强度设计值;

　　s——间接钢筋沿构件轴线方向的间距;

　　d_{cor}——构件核心部分的直径;

　　A_{ss0}——间接钢筋的换算截面面积;

　　A_{cor}——构件的核心截面面积。

根据纵向外力的平衡,可得:

$$N_u = (f_c + \beta\sigma_r)A_{cor} + f_y'A_s'$$
$$= f_cA_{cor} + \frac{\beta}{2}f_{yv}A_{ss0} + f_y'A_s' \tag{2-88}$$

令 $2\alpha = \beta/2$,并考虑可靠度的调整系数 0.9,《混凝土结构设计规范》(GB 50010—2010)规定,螺旋箍筋柱轴心受压正截面承载力为:

$$N \leqslant N_u = 0.9(f_cA_{cor} + f_y'A_s' + 2\alpha f_{yv}A_{ss0}) \tag{2-89}$$

式中,α 为间接钢筋对混凝土约束的折减系数:当混凝土强度等级不超过 C50 时,取 1.0;当混凝土强度等级为 C80 时,取 0.85;其间按线性内插法确定。

采用螺旋箍筋可有效提高柱的轴心受压承载力,但配置过多,混凝土保护层会在正常使用阶段就过早剥落,从而影响正常使用。因此,《混凝土结构设计规范》(GB 50010—2010)规定按公式(2-89)算得的构件受压承载力设计值不应大于按公式(2-84)算得的构件受压

承载力设计值的 1.5 倍。

当遇到下列任意一种情况时,不应计入间接钢筋的影响,而应按公式(2-84)进行计算:

(1) 当 $l_0/d>12$ 时;

(2) 当按公式(2-89)算得的受压承载力小于按公式(2-84)算得的受压承载力时;

(3) 当间接钢筋的换算截面面积 A_{ss0} 小于全部纵向钢筋截面面积的 25% 时。

2.5.4 偏心受压柱的受力性能与破坏特征

当弯矩和轴力共同作用于构件上,可看成具有偏心距的轴向压力的作用或当轴向力作用线与构件截面形心轴不重合时,称为偏心受压构件。当轴向力作用线与截面的形心轴平行且沿某一主轴偏离重心时,称为单向偏心受压构件。当轴向力作用线与截面的形心轴平行且偏离两个主轴时,称为双向偏心受压构件。

偏心受压构件在工程中应用得非常广泛,例如常用的多层框架柱、单层钢架柱、单层排架柱,大量的实体剪力墙以及联肢剪力墙中的相当一部分墙肢,屋架和托架的上弦杆和某些受压腹杆,以及水塔、烟囱的筒壁等都属于偏心受压构件。

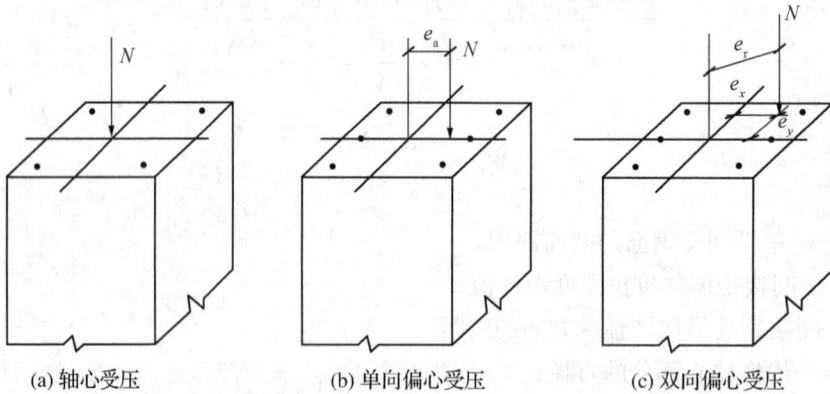

(a) 轴心受压　　　　　(b) 单向偏心受压　　　　　(c) 双向偏心受压

图 2-50　轴心受压与偏心受压

从正截面受力性能来看,我们可以把偏心受压状态看作是同时受到轴向压力 N 和弯矩 M 的作用,等效成对截面形心的偏心距 $e_0=M/N$ 的偏心压力,如图 2-51 所示。它是轴心受压与受弯之间的过渡状态,轴心受压可以看作是偏心受压状态在 $M=0$ 时的极端情况,受弯可以看作是偏心受压状态在 $N=0$ 时的极端情况。试验表明:构件截面变形符合平截面假定,偏压构件的最终破坏是由于混凝土压碎而造成的。偏心受压构件的破坏形态与偏心距 e_0 和纵向钢筋配筋率有关。

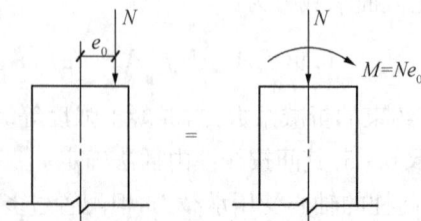

图 2-51　偏心力与截面力矩

一、短柱的受力性能与破坏特征

偏心受压短柱按其破坏特征可以分为两类:大偏心受压破坏和小偏心受压破坏。

1. 大偏心受压破坏(受拉破坏)

大偏心受压破坏发生于轴向力 N 的偏心距比较大,且受拉钢筋配置得不太多时。这类构件由于偏心距 e_0 较大,即弯矩 M 的影响较为显著,因此它具有与适筋受弯构件类似的受力特点,在靠近轴向力作用点一侧受压,而较远一侧受拉,因此大偏心受压破坏也被称作受拉破坏。

其破坏特征为:荷载不断增加到一定程度时,受拉边缘混凝土将达到其极限拉应变,从而出现水平裂缝。随着荷载的增大,这些裂缝将向受压一侧不断发展,此时受拉钢筋承担裂缝截面中的全部拉力。随着荷载进一步增大,受拉钢筋将达到屈服应变。随着钢筋屈服后的塑性伸长,钢筋的变形大于混凝土的变形,裂缝将明显加宽并进一步向受压一侧延伸,中性轴向受压区

图 2-52　大偏心受压构件破坏特征

移动,使混凝土受压区高度迅速减小,受压边缘的压应变逐步增大。最后当受压边混凝土达到其极限压应变时,出现纵向裂缝,混凝土被压碎导致构件的最终破坏,如图 2-52 所示。一般情况下,这种破坏首先是受拉钢筋达到屈服,然后受压区混凝土被压碎,破坏有明显的征兆,属于塑性破坏。

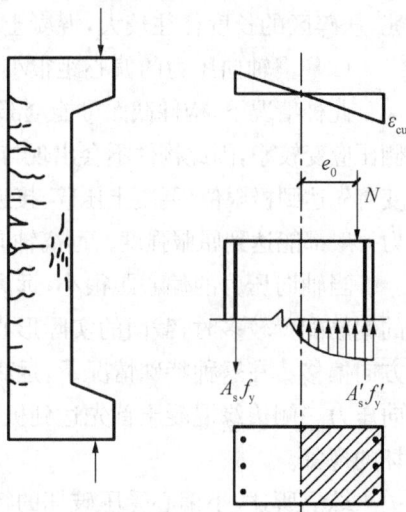

2. 小偏心受压破坏(受压破坏)

小偏心受压破坏发生在当构件截面中轴向压力的偏心距较小或很小,或虽然偏心距较大,但配置过多的受拉钢筋时,如图 2-53 所示。小偏心受压破坏又称受压破坏。

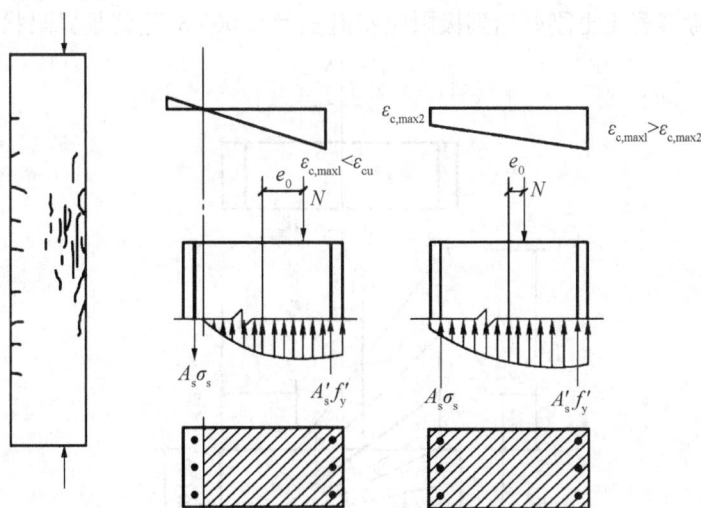

图 2-53　小偏心受压构件破坏特征

(1) 当构件截面中轴向压力的偏心距较小,或虽然偏心距较大,但配置过多的受拉钢筋时

在这种情况下,构件处于大部分截面受压而远离轴向力一侧受拉状态。构件破坏时,受压边缘混凝土达到其极限压应变,受压钢筋应力达到抗压屈服强度。此时中性轴距受拉钢筋较近,钢筋中的拉应力较小,因此受拉钢筋达不到屈服强度。这种情况下破坏无明显预兆,压碎区的长度往往较大,混凝土强度越强,破坏越突然。

(2) 当轴向压力的偏心距很小时

此种情况下,构件截面可能全部受压,只不过近轴向力一侧压应变较大,离轴向力远的一侧压应变较小,因此构件不会出现与轴线垂直的裂缝。破坏时一般近轴向力一侧的混凝土应变首先达到极限值,混凝土压碎,接近纵向偏心力一侧的纵向钢筋只要强度不是过高,其压应力一般都能达到屈服强度。远离轴向力一侧的钢筋可能受拉,也可能受压,但都不屈服。

当轴向压力的偏心距很小,远离轴向压力一侧的钢筋配置得过少,而接近轴向压力一侧的钢筋配置较多时,截面的实际形心和构件的几何中心不重合,实际形心轴向钢筋配置较多方向偏移。在这种特殊情况下,远离轴向压力一侧的混凝土的压应力反而更大,使得远离轴向压力一侧边缘混凝土首先达到极限压应变,出现远离轴向压力混凝土被压碎,最终构件破坏的现象。

综上所述,小偏心受压破坏的特征是:构件的破坏是由受压区混凝土的压碎所引起的。破坏时,近轴一侧受压钢筋的压应力一般都能达到屈服强度,而另一侧的钢筋有可能受拉也有可能受压,但应力一般都达不到屈服强度。构件破坏时没有明显预兆,属脆性破坏。

3. 界限破坏

在受拉破坏和受压破坏之间存在着一种界限状态,称为"界限破坏"。它有明显横向主裂缝,在受拉钢筋应力达到屈服的同时,受压混凝土达到极限压应变并出现纵向裂缝而被压碎。因此,界限破坏属于受拉破坏。在界限破坏时,混凝土压碎区段的大小介于受拉破坏和受压破坏之间。

如图 2-54 所示,ab、ac 表示在大偏心受压状态下的截面应变状态,随着偏心距的减小或受拉钢筋量的增加,在破坏时形成斜线 ad 所示的应变分布状态,即当受拉钢筋达到屈服应变时,受压边缘混凝土也刚好达到极限应变值 $\varepsilon_{cu}=0.0033$,这就是界限状态。

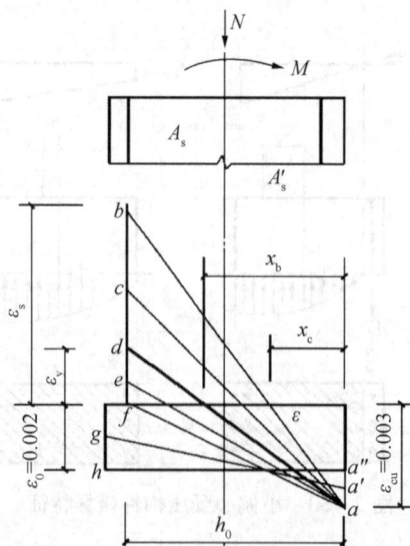

图 2-54 偏心受压构件的截面应变分布

随着偏心距进一步减小或受拉钢筋量进一步增大,破坏时将形成斜线 ae 所示的小偏心受压状态,并且其受拉钢筋达不到屈服。当进入全截面受压状态后,截面应变分布按斜线 af、$a'g$ 和水平线 $a''h$ 所示的顺序变化,其表示混凝土受压较大一侧的边缘极限压应变将随着偏心距的减小而逐步下降,极限压应变将由 0.003 3 逐步下降到轴心受压时的 0.002 0。

二、长柱的受力性能与破坏特征

偏心受压短柱中,虽然偏心荷载作用将产生一定的侧向附加挠度,但纵向弯曲很小,一般可以忽略不计。但对于长细比较大的长柱,其纵向弯曲不能忽略。偏心受压长柱有两种破坏类型:

长细比在一定范围内时,属"材料破坏",即截面材料强度耗尽的破坏;

长细比较大时,构件由于纵向弯曲失去平衡,即"失稳破坏"。

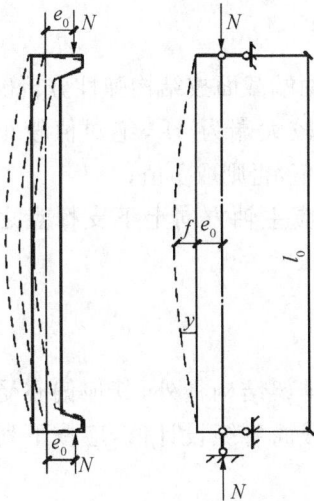

图 2-55　偏心受压构件的侧向挠度　　图 2-56　不同长细比构件的 N-M 关系

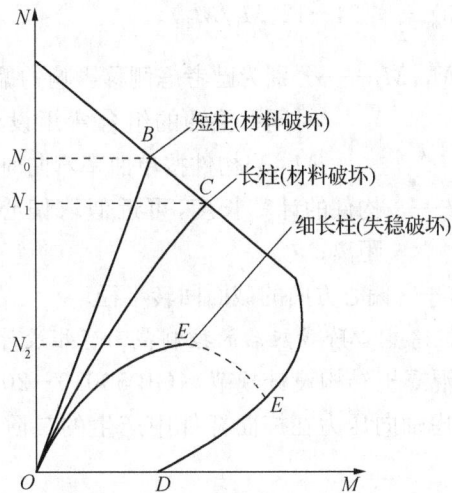

对于长细比在一定范围内的柱,由于侧向附加挠度随荷载的增加而不断增大,实际荷载偏心距随荷载的增大而呈非线性增加,长柱承载力比相同截面的短柱有所减小,从其破坏特征来说,和短柱相同,即构件仍然属"材料破坏"。如图 2-56 中曲线 OC 所示,其与截面极限承载力线相交于 C 点而发生材料破坏。

对于长细比很大的细长柱,加荷至构件的最大承载力 N_2 时,如图 2-56 中所示的 E 点,曲线 OE 并不与极限状态曲线相交,此时钢筋和混凝土的应变均未达到材料破坏时的极限值,即柱达到最大承载力是发生在其材料强度还未到达破坏强度时,但由于纵向弯曲失去平衡,引起构件破坏,这就是"失稳破坏"。在构件失稳后,若使作用在构件上的压力逐渐减小以保持构件的继续变形,截面也可达到材料破坏点,但这时的承载力已明显低于失稳时的破坏荷载。工程中应尽可能避免采用细长柱,以免使构件乃至结构整体丧失稳定。

2.5.5 偏心受压柱的配筋计算

一、偏心受压的二阶效应

二阶效应泛指在产生了层间位移和挠曲变形的结构构件中由轴向压力引起的附加内力。本节主要介绍考虑如何确定二阶效应后的控制截面弯矩设计值。

1. 考虑二阶效应的条件

《混凝土结构设计规范》(GB 50010—2010)规定,只要满足下列条件中任意一条,就需要按截面的两个主轴方向分别考虑轴向压力在挠曲杆件中产生的附加弯矩影响,即需要考虑二阶效应。

(1) $M_1/M_2 > 0.9$;

(2) 轴压比 $N/f_c A > 0.9$;

(3) $\dfrac{l_c}{i} \leqslant 34 - 12(M_1/M_2)$。

式中,M_1,M_2——分别为已考虑侧移影响的偏心受压构件两端截面按结构弹性分析确定的对同一主轴的组合弯矩设计值,绝对值较大端为 M_2,绝对值较小端为 M_1,当构件按单曲率弯曲时,M_1/M_2 取正值,否则取负值;

l_c——构件的计算长度,可近似取偏心受压构件相应主轴方向上下支撑点之间的距离;

i——偏心方向的截面回转半径。

2. 考虑二阶效应后的控制截面弯矩设计值

《混凝土结构设计规范》(GB 50010—2010)规定,除排架结构柱外,其他偏心受压构件,考虑轴向压力在挠曲杆件中产生的二阶效应后控制截面弯矩设计值,应按下列公式计算:

$$M = C_m \eta_{ns} M_2 \qquad (2-99)$$

$$C_m = 0.7 + 0.3 \frac{M_1}{M_2} \qquad (2-100)$$

$$\eta_{ns} = 1 + \frac{1}{1\,300(M_2/N + e_a)/h_0}\left(\frac{l_c}{h}\right)^2 \zeta_c \qquad (2-101)$$

当 $C_m \eta_{ns}$ 小于 1.0 时取 1.0;对剪力墙及核心筒墙,可取 $C_m \eta_{ns}$ 等于 1.0。

式中,C_m——构件端截面偏心距调节系数,当小于 0.7 时取 0.7;

η_{ns}——弯矩增大系数;

N——与弯矩设计值 M_2 相应的轴向压力设计值;

e_a——附加偏心距,取值为偏心方向截面尺寸的1/30及20 mm两值中的较大者;

ζ_c——截面曲率修正系数,当计算值大于 1.0 时取 1.0。

$$\zeta_c = \frac{0.5 f_c A}{N}$$

式中，h——截面高度。对环形截面，取外直径；对圆形截面，取直径；

h_0——截面有效高度。对环形截面，取 $h_0 = r_2 + r_s$；对圆形截面，取 $h_0 = r + r_s$；

A——构件截面面积。

二、基本公式

偏心受压构件正截面承载力计算的基本假定与受弯构件正截面承载力计算相同，用等效矩形应力图形代替混凝土压区的实际应力图形。

1. 大偏心受压构件

如图 2-57 所示，由力的平衡条件，在 y 轴方向轴向承载力设计值：

$$N_u = \alpha_1 f_c bx + f'_y A'_s - f_y A_s \qquad (2-102)$$

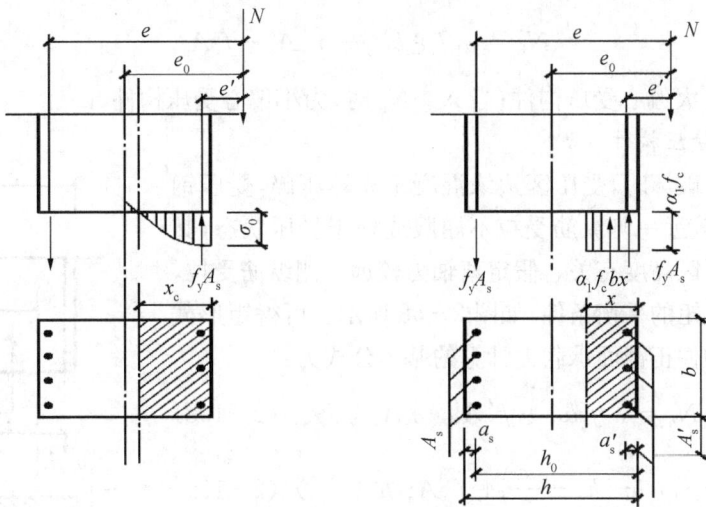

图 2-57 大偏心受压构件正截面承载力计算

对受拉钢筋合力点取矩：

$$N_u e = \alpha_1 f_c bx \left(h_0 - \frac{x}{2} \right) + f'_y A'_s (h_0 - a'_s) \qquad (2-103)$$

$$e = e_i + \frac{h}{2} - a_s \qquad (2-104)$$

$$e_i = e_0 + e_a \qquad (2-105)$$

$$e_0 = \frac{M}{N} \qquad (2-106)$$

式中，e——轴向压力作用点至纵向受拉普通钢筋的合力点的距离；

σ_s——受拉边或受压较小边的纵向普通钢筋的应力；

e_i——初始偏心距；

a_s——纵向受拉普通钢筋的合力点至截面近边缘的距离；

e_0——轴向压力对截面重心的偏心距；

e_a——附加偏心距,取值为偏心方向截面尺寸的 1/30 及 20 mm 两值中的较大者;

M——控制截面弯矩设计值,考虑二阶效应时,按式(2-99)计算。

按上式计算时,需要满足以下适用条件:

① 为了保证构件在破坏时,受拉钢筋应力能达到抗拉强度设计值:

$$x \leqslant x_b$$

② 为了保证构件在破坏时,受压钢筋应力能达到抗压强度设计值,a'_s 为纵向受压钢筋合力点至受压区边缘的距离:

$$x \leqslant 2a'_s$$

当 $x = x_b = \xi_b h_0$ 时,为大小偏心受压的界限状态,如图 2-54 所示。此时式(2-102)可变为界限情况下的轴向力的表达式:

$$N_b = \alpha_1 f_c \xi_b b h_0 + f'_y A'_s - f_y A_s \tag{2-107}$$

当 $N \leqslant N_b$ 时,为大偏心受压构件;当 $N > N_b$ 时,为小偏心受压构件。

2. 小偏心受压构件

小偏心受压破坏时,受压区边缘混凝土先被压碎,受压钢筋屈服,离轴力较远一侧纵筋受拉不屈服或处于受压状态,其应力大小与受压区高度有关。假定离轴力较远一侧纵筋受拉,根据截面力和力矩的平衡条件,如图 2-58 所示。可得矩形截面小偏心受压构件正截面承载力计算的基本公式为:

$$N_u = \alpha_1 f_c b x + f'_y A'_s - \sigma_s A_s \tag{2-108}$$

$$N_u e = \alpha_1 f_c b x \left(h_0 - \frac{x}{2} \right) + f'_y A'_s (h_0 - a'_s) \tag{2-109}$$

或 $\qquad N_u e' = \alpha_1 f_c b x \left(\frac{x}{2} - a'_s \right) - \sigma_s A_s (h_0 - a'_s) \tag{2-110}$

式中,e'——轴向力到受压钢筋合力点之间的距

离:$e' = \dfrac{h}{2} - a'_s - e_i$;

x——混凝土受压区高度,当 $x > h$ 时,取 $x = h$;

σ_s——远离轴向力一侧钢筋的应力。

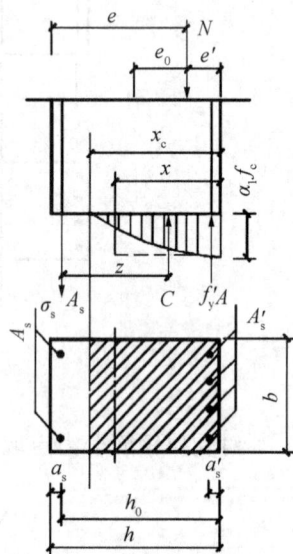

图 2-58 小偏心受压正截面承载力计算简图

σ_s 可按应变的平截面假定求出,为计算简便,我们近似取:

$$\sigma_s = \frac{\xi - \beta_1}{\xi_b - \beta_1} f_y \tag{2-111}$$

式(2-111)要求满足:$-f'_y \leqslant \sigma_s \leqslant f_y$。若 $\xi \geqslant 2\beta_1 - \xi_b$,则取 $\sigma_s = -f'_y$。

当相对偏心距很小,A'_s 比 A_s 大得很多且 $N > f_c A$ 时,可能在离轴向力较远的一侧混凝土先发生破坏,称为反向破坏。

为了避免发生反向破坏,对于小偏心受压构件还应满足下述条件:

$$N_u e' \leqslant \alpha_1 f_c bh \left(h_0' - \frac{h}{2} \right) + f_y' A_s (h_0' - a_s)$$

$$e' = \frac{h}{2} - a_s' - (e_0 - e_a) \tag{2-112}$$

二、非对称配筋截面的承载力计算

1. 截面设计

（1）偏心受压类别

首先我们要判断构件是大偏心受压还是小偏心受压，一般来说根据截面混凝土受压区计算高度 x（或 ξ），可以判别。当 $\xi \leqslant \xi_b$（或 $x \leqslant x_b$），属大偏心受压；当 $\xi > \xi_b$（或 $x > x_b$），为小偏心受压。

但是在截面设计时，x 和 ξ 值未知，因此无法直接利用 ξ 来判定大、小偏压。此时，我们采用按计算偏心距 e_i 值的方法初步确定大、小偏心。

当 $e_i > 0.3h_0$ 时，可先按大偏压计算；

当 $e_i \leqslant 0.3h_0$ 时，按小偏压计算。

当满足 $e_i > 0.3h_0$ 时，受截面配筋的影响，可能处于大偏心受压，也可能处于小偏心受压。对于截面设计，我们先在 $e_i > 0.3h_0$ 的情况下按大偏心受压求 A_s' 和 A_s，然后再计算 x。此时检查是否 $x \leqslant x_b$，若不符合则按小偏心的情况重新计算。

（2）大偏心受压

① 情形一：

已知：	轴向压力设计值 N 和弯矩设计值 M 材料强度等级 f_c、f_y、f_y' 构件截面尺寸 b、h
求：	钢筋截面面积 A_s' 和 A_s

两个基本方程，x、A_s' 和 A_s 三个未知数。与双筋受弯构件相似，我们为了使钢筋（$A_s' + A_s$）的总用量最小，取 $x = x_b = \xi_b h_0$

▷ 计算步骤：

（a）确定基本数据

（b）判断大偏心受压：$e_i > 0.3h_0$

（c）计算 A_s'：

取 $x = x_b = \xi_b h_0$，由式（2-103）可得：

$$A_s' = \frac{N \cdot e - \alpha_1 f_c bh_0^2 \xi_b (1 - 0.5\xi_b)}{f_y'(h_0 - a_s')} \tag{2-113}$$

若 $A_s' \leqslant \rho_{min} bh = 0.2\% bh$，则取 $A_s' = 0.2\% bh$。

（d）计算 A_s：

$$A_s = \frac{\alpha_1 f_c bh_0 \xi_b + f_y' A_s' - N}{f_y} \tag{2-114}$$

（e）重新验算 x

$$x = \frac{N - f'_y A'_s + f_y A_s}{\alpha_1 f_c b} \qquad (2-115)$$

若 $x \leqslant x_b$，则前面大偏心受压的假定正确；

若 $x > x_b$，需按小偏心受压重新计算。

② 情形二：

已知：	轴向压力设计值 N 和弯矩设计值 M 材料强度等级 f_c、f_y、f'_y 构件截面尺寸 b、h 受压钢筋截面面积 A'_s
求：	钢筋截面面积 A_s

两个基本方程，两个未知数，可联立方程求解。也可仿照双筋矩形截面 A'_s 已知情况求解，具体方法如下

➤ 计算步骤：

（a）确定基本数据

（b）判断大偏心受压：$e_i > 0.3 h_0$

（c）计算相关系数

$$M_{u1} = f'_y A'_s (h_0 - a'_s) \qquad (2-116)$$

$$M_{u2} = Ne - f'_y A'_s (h_0 - a'_s) \qquad (2-117)$$

$$\alpha_s = \frac{M_{u2}}{\alpha_1 f_c b h_0^2}$$

$$\xi = 1 - \sqrt{1 - 2\alpha_s}$$

（d）计算钢筋截面面积

$$A_s = \frac{\alpha_1 f_c b h_0 \xi + f'_y A'_s - N}{f_y} \qquad (2-118)$$

若 $\xi > \xi_b$，则需按小偏心受压计算，如继续用大偏心受压计算，则可按 A'_s 未知情况计算。

若 $x < 2a'_s$，可近似取 $x = 2a'_s$，对 A'_s 合力点取矩，得：

$$A_s = \frac{N(e_i - 0.5h + a'_s)}{f_y(h_0 - a'_s)} \qquad (2-119)$$

（e）重新验算 x，方法同情形一。

（3）小偏心受压

已知：	轴向压力设计值 N 和弯矩设计值 M 材料强度等级 f_c、f_y、f'_y 构件截面尺寸 b、h

求：	钢筋截面面积 A_s' 和 A_s

两个基本方程，x、A_s' 和 A_s 三个未知数，需补充一个总钢筋用量最小的条件。小偏心受压应满足 $\xi > \xi_b$ 和 $-f_y' \leqslant \sigma_s \leqslant f_y$ 两个条件。当 A_s 达到受压屈服时 $\sigma_s = -f_y'$，此时的受压区高度为：$\xi_{cy} = 2\beta_1 - \xi_b$

➤ 计算步骤：

(a) 确定基本数据

(b) 判断小偏心受压：$e_i \leqslant 0.3h_0$

(c) 作为补充条件，确定 A_s

当 $\xi \geqslant \xi_{cy}$ 且 $\xi > \xi_b$ 时，远离轴向压力一侧的纵向钢筋 A_s 应力 σ_s 较小，且达不到屈服强度。为了经济，我们取 $A_s = \rho_{min}bh = 0.002bh$。考虑反向破坏的情况，我们按以下方式确定 A_s：

当 $N \leqslant f_c bh$ 时，取 $A_s = 0.002bh$；

当 $N > f_c bh$ 时，按反向破坏公式求 A_s，与 $0.002bh$ 比较后取大值。

(d) 求 ξ

根据小偏心受压基本公式，联立求解，得：

$$\xi = u + \sqrt{u^2 + v}$$

$$u = \frac{a_s'}{h_0} + \frac{f_y A_s}{(\xi_b - \beta_1)\alpha_1 f_c bh_0}\left(1 - \frac{a_s'}{h_0}\right) \tag{2-120}$$

$$v = \frac{2Ne'}{\alpha_1 f_c bh_0^2} - \frac{2\beta_1 f_y A_s}{(\xi_b - \beta_1)\alpha_1 f_c bh_0}\left(1 - \frac{a_s'}{h_0}\right)$$

(e) 根据 ξ 的情况求 A_s'

ⅰ. 若 $\xi_{cy} < \xi < \xi_b$，根据式（2-108）求 A_s'；

ⅱ. 若 $h/h_0 > \xi \geqslant \xi_{cy}$，取 $\sigma_s = -f_y'$，重新求 ξ，再根据式（2-108）求 A_s'；

$$\xi = \frac{a_s'}{h_0} + \sqrt{\left(\frac{a_s'}{h_0}\right)^2 + 2\left[\frac{Ne'}{\alpha_1 f_c bh_0^2} - \frac{f_y' A_s}{\alpha_1 f_c bh_0}\left(1 - \frac{a_s'}{h_0}\right)\right]}$$

ⅲ. 若 $\xi \geqslant \xi_{cy}$ 且 $\xi \geqslant h/h_0$，取 $x = h$，$\sigma_s = -f_y'$，根据式（2-108）求 A_s'。

求出的 A_s' 值与 $0.002bh$ 比较，若 $A_s' < 0.002bh$，则取 $A_s' = 0.002bh$。

(f) 验算垂直于弯矩作用平面的轴心受压承载力

$$N \leqslant N_u = 0.9\varphi[f_c A + f_y'(A_s' + A_s)]$$

2. 截面复核

① 情形一：

已知：	轴向压力设计值 N 材料强度等级 f_c、f_y、f_y' 构件截面尺寸 b、h 钢筋截面面积 A_s' 和 A_s
求：	弯矩设计值 M 或偏心距 e_0

➢ 计算步骤：

（a）确定基本数据

（b）求界限轴向力 N_b：$N_b = \alpha_1 f_c \xi_b b h_0 + f'_y A'_s - f_y A_s$

（c）判断大、小偏压：若 $N \leqslant N_b$，为大偏心受压；若 $N > N_b$，为小偏心受压。

（d）大偏心受压时：

$$x = \frac{N - f'_y A'_s + f_y A_s}{\alpha_1 f_c b} \tag{2-121}$$

$$e = \frac{\alpha_1 f_c b x \left(h_0 - \dfrac{x}{2}\right) + f'_y A'_s (h_0 - a'_s)}{N} \tag{2-122}$$

$$M = N e_0 = N \left(e - \frac{h}{2} + a_s - a_a\right) \tag{2-123}$$

（e）小偏心受压时：

先验算垂直于弯矩作用平面的轴心受压承载力，然后按下式计算。

$$x = \frac{N - f'_y A'_s - \dfrac{\beta_1}{\xi_b - \beta_1} f_y A_s}{\alpha_1 f_c b h_0 - \dfrac{1}{\xi_b - \beta_1} f_y A_s} h_0 \tag{2-124}$$

$$e = \frac{\alpha_1 f_c b x \left(h_0 - \dfrac{x}{2}\right) + f'_y A'_s (h_0 - a'_s)}{N} \tag{2-125}$$

$$M = N e_0 = N \left(e - \frac{h}{2} + a_s - e_a\right)$$

② 情形二：

已知：	偏心距 e_0 材料强度等级 f_c、f_y、f'_y 构件截面尺寸 b、h 钢筋截面面积 A'_s 和 A_s
求：	轴向压力承载力设计值 N_u

➢ 计算步骤：

（a）确定基本数据

（b）求受压区高度 x

根据图 2-58，对 N 的作用点取矩，求 x：

$$\alpha_1 f_c b x \left(e_i - \frac{h}{2} + \frac{x}{2}\right) = f_y A_s \left(e_i + \frac{h}{2} - a_s\right) - f'_y A'_s \left(e_i - \frac{h}{2} + a'_s\right) \tag{2-126}$$

（c）判断大、小偏压：若 $x \leqslant x_b$，为大偏心受压；若 $x > x_b$，为小偏心受压。

（d）大偏心受压时：

$$N_u = \alpha_1 f_c bx + f'_y A'_s - f_y A_s \qquad (2-127)$$

（e）小偏心受压时，联立方程式解 N_u：

$$\begin{cases} N_u = \alpha_1 f_c bx + f'_y A'_s - \sigma_s A_s \\ N_u e = \alpha_1 f_c bx \left(h_0 - \dfrac{x}{2} \right) + f'_y A'_s (h_0 - a'_s) \\ \sigma_s = \dfrac{\xi - \beta_1}{\xi_b - \beta_1} f_y \end{cases} \qquad (2-128)$$

例 2-13 已知某偏心受压柱，承受轴向力设计值 $N=350$ kN，杆端弯矩设计值 $M=160$ kN·m；截面尺寸 $b \times h = 300$ mm $\times$ 400 mm，$a_s = a'_s = 40$ mm，混凝土等级 C25 级，$f_t=1.27$ N/mm^2，$f_c=11.9$ N/mm^2，钢筋采用 HRB335 级，$f_y=f'_y=300$ N/mm^2，$l_c/h=8$。

求：受拉和受压钢筋截面面积。

解：查表得 $\xi_b=0.550$，$\alpha_1=1.0$；$h_0=h-a_s=400-40=360$ mm；$e_a=20$ mm。

判断二阶效应，确定弯矩 M：

$$l_c/i = \frac{l_c}{\sqrt{\frac{1}{12}}h} = 28 > 34 - 12(M_1/M_2) = 22，需考虑二阶效应。$$

$$C_m = 0.7 + 0.3\frac{M_1}{M_2} = 1$$

$$\zeta_c = \frac{0.5 f_c A}{N} = \frac{0.5 \times 11.9 \times 300 \times 400}{350 \times 10^3} = 2.04 > 1，取 \zeta_c = 1。$$

$$\eta_{ns} = 1 + \frac{1}{1\,300(M_2/N + e_a)/h_0}\left(\frac{l_c}{h}\right)^2 \zeta_c$$

$$= 1 + \frac{8^2}{1\,300 \times (160 \times 10^3/350 + 20)/360}$$

$$= 1.037$$

$M = C_m \eta_{ns} M_2 = 1 \times 1.037 \times 160 = 165.92$ kN·m

判断大、小偏心受压：

$e_i = e_0 + e_a = M/N + e_a = 165.92 \times 10^3/350 + 20 = 494$ mm

$0.3 h_0 = 0.3 \times 360 = 108$ mm

$e_i > 0.3 h_0$，先按大偏心受压情况计算。

计算纵向受压钢筋面积：

$$e = e_i + \frac{h}{2} - a_s = 494 + 400/2 - 40 = 654 \text{ mm}$$

$$A'_s = \frac{Ne - \alpha_1 f_c b h_0^2 \xi_b (1 - 0.5\xi_b)}{f'_y(h_0 - a'_s)}$$

$$= \frac{350 \times 10^3 \times 654 - 0.55 \times (1 - 0.5 \times 0.55) \times 11.9 \times 300 \times 360^2}{300 \times (360 - 40)}$$

$=462.60 \text{ mm}^2$

$A'_s > \rho_{min} bh = 0.2\% \times 300 \times 400 = 240 \text{ mm}^2$，符合要求。

计算纵向受拉钢筋面积：

$$A_s = \frac{\alpha_1 f_c bh_0 \xi_b + f'_y A'_s - N}{f_y}$$

$$= \frac{1.0 \times 11.9 \times 300 \times 360 \times 0.55 + 300 \times 462.60 - 350\,000}{300}$$

$$= 1\,652.13 \text{ mm}^2$$

受拉钢筋选用 $3\,\Phi\,20 + 2\,\Phi\,22(A_s = 1\,702 \text{ mm}^2)$，受压钢筋选用 $3\,\Phi\,16(A'_s = 603 \text{ mm}^2)$。

$$x = \frac{N - f'_y A'_s + f_y A_s}{\alpha_1 f_c b} = \frac{350\,000 - 300 \times 603 + 300 \times 1\,702}{1 \times 11.9 \times 300} = 190 \text{ mm}$$

$x < \xi_b h_0 = 0.55 \times 360 = 198 \text{ mm}$，大偏心受压假定正确。

例 2-14 已知条件同例 2-13，并且构件配置有受压钢筋 $3\,\Phi\,18, A'_s = 763 \text{ mm}^2$。

求：受拉钢筋截面面积。

解：查表得 $\xi_b = 0.550, \alpha_1 = 1.0; h_0 = h - a_s = 400 - 40 = 360 \text{ mm}; e_a = 20 \text{ mm}$。

判断二阶效应，确定弯矩 M（方法同例 2-13）：

$M = C_m \eta_{ns} M_2 = 1 \times 1.037 \times 160 = 165.92 \text{ kN} \cdot \text{m}$

判断大、小偏心受压（方法同例 2-13）：

$e_i > 0.3h_0$，初步先按大偏心受压情况计算。

计算相关系数：

$$e = e_i + \frac{h}{2} - a_s = 494 + 400/2 - 40 = 654 \text{ mm}$$

$$M_{u2} = Ne - f'_y A'_s (h_0 - a'_s) = 350\,000 \times 654 - 300 \times 763 \times (360 - 40) = 155.65 \text{ kN} \cdot \text{m}$$

$$\alpha_s = \frac{M_{u2}}{\alpha_1 f_c bh_0^2} = \frac{155.65 \times 10^6}{1 \times 11.9 \times 300 \times 360^2} = 0.336$$

$\xi = 1 - \sqrt{1 - 2\alpha_s} = 1 - \sqrt{1 - 2 \times 0.336} = 0.427 < \xi_b = 0.550$，确定为大偏心受压。

计算纵向受拉钢筋面积：

$$A_s = \frac{\alpha_1 f_c bh_0 \xi + f'_y A'_s - N}{f_y}$$

$$= \frac{1.0 \times 11.9 \times 300 \times 360 \times 0.427 + 300 \times 763 - 350\,000}{300}$$

$$= 1\,425.6 \text{ mm}^2$$

受拉钢筋选用 $4\,\Phi\,22(A_s = 1\,520 \text{ mm}^2)$。

例 2-15 已知偏心受压柱，截面尺寸为 $b \times h = 400 \text{ mm} \times 600 \text{ mm}, a_s = a'_s = 40 \text{ mm}$，混凝土等级 C40 级，$f_t = 1.71 \text{ N/mm}^2, f_c = 19.1 \text{ N/mm}^2$，钢筋采用 HRB400 级，$f_y = f'_y = 360 \text{ N/mm}^2$，配有纵向受拉钢筋 $4\,\Phi\,20, A_s = 1\,256 \text{ mm}^2$ 受压钢筋 $4\,\Phi\,22, A'_s = 1\,520 \text{ mm}^2$，承受轴向力设计值 $N = 1\,200 \text{ kN}$，不考虑二阶效应。

求：截面 h 方向能承受的弯矩设计值 M。

解:查表得 $\xi_b=0.518,\alpha_1=1.0;h_0=h-a_s=600-40=560$ mm。

$$N_b=\alpha_1 f_c\xi_b bh_0+f'_y A'_s-f_y A_s$$
$$=1\times19.1\times0.518\times400\times560+360\times1\,520-360\times1\,256$$
$$=2\,311\text{ kN}$$

$N<N_b$,属于大偏心受压。

$$x=\frac{N-f'_y A'_s+f_y A_s}{\alpha_1 f_c b}=\frac{1\,200\,000-360\times1\,520+360\times1\,256}{1\times19.1\times400}=145\text{ mm}$$

$x>2a'_s=80$ mm,满足要求。

$$e=\frac{\alpha_1 f_c bx\left(h_0-\dfrac{x}{2}\right)+f'_y A'_s(h_0-a'_s)}{N}$$

$$=\frac{1\times19.1\times400\times145(560-145/2)+360\times1\,520(560-40)}{1\,200\,000}$$

$$=687\text{ mm}$$

杆端弯矩设计值:

$$M=Ne_0=N\left(e-\frac{h}{2}+a_s-a_a\right)=1\,200\times(687-600/2+40-20)\times10^{-3}=488.4\text{ kN}\cdot\text{m}$$

例 2-16 已知偏心受压柱,截面尺寸为 $b\times h=500$ mm$\times700$ mm,$a_s=a'_s=40$ mm,混凝土等级为 C40 级,$f_t=1.71$ N/mm^2,$f_c=19.1$ N/mm^2,钢筋采用 HRB400 级,$f_y=f'_y=360$ N/mm^2,配有纵向受拉钢筋 6⌀25,$A_s=2\,945$ mm^2 受压钢筋 4⌀25,$A'_s=1\,964$ mm^2,轴向力偏心距 $e_0=600$ mm,不考虑二阶效应。

求:轴向承载力设计值 N_u。

解:查表得 $\xi_b=0.518,\alpha_1=1.0$

$$h_0=h-a_s=700-40=660\text{ mm}$$

$$e_a=700/30=23\text{ mm}>20\text{ mm}$$

$$e_i=e_0+e_a=623\text{ mm}$$

对 N 的作用点取矩,求 x:

$$\alpha_1 f_c bx\left(e_i-\frac{h}{2}+\frac{x}{2}\right)=f_y A_s\left(e_i+\frac{h}{2}-a_s\right)-f'_y A'_s\left(e_i-\frac{h}{2}+a'_s\right)$$

$$1\times19.1\times500\times x(623-700/2+0.5x)$$
$$=360\times2\,945\times(623+700/2-40)-360\times1\,964\times(623-700/2+40)$$

求解
$$x^2+546x-160\,809=0$$

得
$$x=212\text{ mm}$$

$2a'_s=80$ mm$<x<\xi_b h_0=0.518\times660=342$ mm,符合要求且为大偏心受压。

$$N_u=\alpha_1 f_c bx+f'_y A'_s-f_y A_s$$
$$=1\times19.1\times500\times212+360\times1\,964-360\times2\,945$$
$$=1\,671.4\text{ kN}\cdot\text{m}$$

例 2-17 已知某钢筋混凝土偏心受压柱,截面尺寸 $b\times h=400$ mm$\times600$ mm。构件计

算长度为 $l_c = 4.5$ m。作用在构件截面上的轴向力设计值 $N = 1\,500$ kN,杆端弯矩设计值 $M_1 = 100$ kN・m,$M_2 = 200$ kN・m。环境类别一类,混凝土等级 C20,$f_t = 1.1$ N/mm^2,$f_c = 9.6$ N/mm^2,纵向受力钢筋 HRB335 级,$f_y = f'_y = 300$ N/mm^2。

求:钢筋截面面积。

解:查表得:$\xi_b = 0.550$,$\alpha_1 = 1.0$,$\beta_1 = 0.8$。假设 $a_s = a'_s = 40$ mm。

$h_0 = h - a_s = 600 - 40 = 560$ mm,$e_a = 20$ mm

$$\frac{l_c}{i} = \frac{l_c}{\sqrt{\frac{1}{12}}h} = \frac{4\,500}{600}\sqrt{12} = 26 < 34 - 12M_1/M_2 = 28$$

$$\frac{M_1}{M_2} = \frac{100}{200} = 0.5 < 0.9$$

$$\frac{N}{f_c bh} = \frac{1\,500\,000}{9.6 \times 400 \times 600} = 0.65 < 0.9$$

因此,不需要考虑二阶效应,$M = M_2 = 200$ kN・m

$$e_i = e_0 + e_a = \frac{M}{N} + e_a = \frac{200\,000}{1\,500} + 20 = 153 \text{ mm}$$

$e_i < 0.3h_0 = 0.3 \times 600 = 180$ mm,按小偏心受压计算。

$$e' = \frac{h}{2} - a'_s - e_i = 600/2 - 40 - 180 = 80 \text{ mm}$$

作为补充条件,确定 A_s:

$N = 1\,500$ kN $< f_c bh = 9.6 \times 400 \times 600 = 2\,304$ kN

取 $A_s = \rho_{min}bh = 0.002 \times 400 \times 600 = 480$ mm^2

求 ξ:

$$u = \frac{a'_s}{h_0} + \frac{f_y A_s}{(\xi_b - \beta_1)\alpha_1 f_c bh_0}\left(1 - \frac{a'_s}{h_0}\right)$$

$$= \frac{40}{560} + \frac{300 \times 480}{(0.55 - 0.8) \times 1 \times 9.6 \times 400 \times 560}\left(1 - \frac{40}{560}\right)$$

$$= -0.135\,8$$

$$v = \frac{2Ne'}{\alpha_1 f_c bh_0^2} - \frac{2\beta_1 f_y A_s}{(\xi_b - \beta_1)\alpha_1 f_c bh_0}\left(1 - \frac{a'_s}{h_0}\right)$$

$$= \frac{2 \times 1\,500 \times 10^3 \times 80}{1 \times 9.6 \times 400 \times 560^2} - \frac{2 \times 0.8 \times 300 \times 480}{(0.55 - 0.8) \times 1 \times 9.6 \times 400 \times 560}\left(1 - \frac{40}{560}\right)$$

$$= 0.597\,3$$

$$\xi = u + \sqrt{u^2 + v} = -0.135\,8 + \sqrt{(-0.135\,8)^2 + 0.597\,3} = 0.648\,9 > \xi_b = 0.55$$

$$\xi_{cy} = 2\beta_1 - \xi_b = 2 \times 0.8 - 0.55 = 1.05$$

$\xi_{cy} < \xi < \xi_b$,则有:

$$A'_s = \frac{N - \alpha_1 f_c b\xi h_0 + \left(\frac{\xi - \beta_1}{\xi_b - \beta_1}f_y\right)A_s}{f'_y}$$

$$= \frac{1\,500 \times 10^3 - 1 \times 9.6 \times 400 \times 0.648\,9 \times 560 + \left(\frac{0.648\,9 - 0.8}{0.55 - 0.8} \times 300\right) \times 480}{300}$$

$$= 638.8 \text{ mm}^2$$

A_s 选用 $2 \oplus 18 (A_s = 509 \text{ mm}^2)$，$A_s'$ 选用 $3 \oplus 18 (A_s' = 763 \text{ mm}^2)$。

验算垂直于弯矩作用平面的轴心受压承载力：

$\dfrac{l_0}{b} = \dfrac{4\,500}{400} = 11.25$，查表得 $\varphi = 0.97$

$N_u = 0.9\varphi [f_c A + f_y'(A_s' + A_s)]$

$\quad = 0.9 \times 0.97 [9.6 \times 400 \times 600 + 300 \times (763 + 509)]$

$\quad = 2\,344 \text{ kN}$

$N_u > N$，满足要求。

例 2-18　已知某钢筋混凝土偏心受压柱，截面尺寸 $b \times h = 400 \text{ mm} \times 600 \text{ mm}$，构件计算长度为 $l_c = 7.2 \text{ m}$。$a_s = a_s' = 45 \text{ mm}$，混凝土等级 C40，$f_c = 19.1 \text{ N/mm}^2$，纵向受力钢筋 HRB400 级，$f_y = f_y' = 360 \text{ N/mm}^2$，远离轴向力一侧配置配有钢筋 $4 \oplus 16$，$A_s = 804 \text{ mm}^2$，接近轴向力一侧钢筋 $4 \oplus 25$，$A_s' = 1\,964 \text{ mm}^2$，不考虑二阶效应，作用在构件截面上的轴向力设计值 $N = 3\,500 \text{ kN}$。

求：截面 h 方向能承受的弯矩设计值 M。

解：查表得：$\xi_b = 0.518$，$\alpha_1 = 1.0$，$\beta_1 = 0.8$。

$h_0 = h - a_s = 600 - 45 = 555 \text{ mm}$，$e_a = 20 \text{ mm}$

判断大、小偏心受压：

$N_b = \alpha_1 f_c \xi_b b h_0 + f_y' A_s' - f_y A_s$

$\quad = 1 \times 19.1 \times 0.518 \times 400 \times 555 + 360 \times 1\,964 - 360 \times 804$

$\quad = 2\,614 \text{ kN}$

$N > N_b$，为小偏心受压。

验算垂直于弯矩作用平面的轴心受压承载力：

$\dfrac{l_0}{b} = \dfrac{7\,200}{400} = 18$，查表得 $\varphi = 0.81$

$N_u = 0.9\varphi [f_c A + f_y'(A_s' + A_s)]$

$\quad = 0.9 \times 0.81 [19.1 \times 400 \times 600 + 360 \times (1\,964 + 804)]$

$\quad = 4\,068 \text{ kN}$

$N_u > N$，满足要求。

$$x = \frac{N - f_y' A_s' - \dfrac{\beta_1}{\xi_b - \beta_1} f_y A_s}{\alpha_1 f_c b h_0 - \dfrac{1}{\xi_b - \beta_1} f_y A_s} h_0 = \frac{3\,500\,000 - 360 \times 1\,964 - \dfrac{0.8 \times 360 \times 804}{0.518 - 0.8}}{1 \times 19.1 \times 400 \times 555 - \dfrac{360 \times 804}{0.518 - 0.8}} \times 555$$

$$= 380.7 \text{ mm}$$

$$e = \frac{\alpha_1 f_c b x \left(h_0 - \dfrac{x}{2}\right) + f_y' A_s'(h_0 - a_s')}{N} = 406 \text{ mm}$$

弯矩设计值：

$$M = Ne_0 = N\left(e - \frac{h}{2} + a_s - e_a\right) = 3\,500\,000 \times (406 - 600/2 + 45 - 20) = 458.5\ \text{kN}\cdot\text{m}$$

三、对称配筋截面的承载力计算

对称配筋是指截面两侧采用规格相同、面积相等的钢筋，有 $A_s' = A_s$ 且 $f_y = f_y'$。在实际工程中，偏心受压构件在不同内力组合下截面上会有方向相反的弯矩，当两种方向的弯矩相差不大时，应设计成对称配筋。当弯矩相差较大，但按照对称配筋设计求得的纵向钢筋总用钢量比按照不对称配筋增加不多时，宜采用对称配筋。装配式柱为避免吊装时发生错误一般采用对称配筋。一般情况下，按照对称配筋设计求得截面钢筋用量总比不对称配筋时大。

1. 截面设计

（1）大小偏压判别

根据公式（2-107），令 $A_s' = A_s$、$f_y = f_y'$、$a_s = a_s'$、$\xi = \xi_b$，有：

$$N_b = \alpha_1 f_c b h_0 \xi_b \tag{2-129}$$

若 $N \leqslant N_b$，为大偏心受压；若 $N > N_b$，为小偏心受压。

（2）大偏心受压构件

根据公式（2-102），可得：

$$x = \frac{N}{\alpha_1 f_c b} \tag{2-130}$$

代入公式（2-103），可得：

$$A_s' = A_s = \frac{Ne - \alpha_1 f_c b x(h_0 - 0.5x)}{f_y'(h_0 - a_s')} \tag{2-131}$$

如若 $x < 2a_s'$，可近似取 $x = 2a_s'$，对 A_s' 合力点取矩，同不对称配筋方法。

若 $\xi > \xi_b$，按小偏心受压计算。

（3）小偏心受压构件

根据式（2-108）与式（2-111），可得：

$$N = \alpha_1 f_c b x + f_y' A_s' \frac{\xi_b - \xi}{\xi_b - \beta_1} \tag{2-132}$$

$$f_y' A_s' = f_y A_s = (N - \alpha_1 f_c b \xi h_0) \frac{\xi_b - \beta_1}{\xi_b - \xi} \tag{2-133}$$

代入式（2-131），可得：

$$Ne \cdot \frac{\xi_b - \xi}{\xi_b - \beta_1} = \alpha_1 f_c b h_0^2 \xi(1 - 0.5\xi) \frac{\xi_b - \xi}{\xi_b - \beta_1} + (N - \alpha_1 f_c b \xi h_0)(h_0 - a_s') \tag{2-134}$$

这是一个三次方程，设计中计算很麻烦。为简化计算，取：

$$\xi(1-0.5\xi)\frac{\xi_b-\xi}{\xi_b-\beta_1}\approx 0.43\frac{\xi_b-\xi}{\xi_b-\beta_1} \tag{2-135}$$

在 $\xi=0.5\sim0.8$ 常用范围内带来的误差是可接受的,则上式可写成:

$$\xi=\frac{N-\alpha_1\xi_b f_c bh_0}{\dfrac{Ne-0.43\alpha_1 f_c bh_0^2}{(\beta_1-\xi_b)(h_0-a_s')}+\alpha_1 f_c bh_0}+\xi_b \tag{2-136}$$

代入式(2-109),可得:

$$A_s'=A_s=\frac{Ne-\alpha_1 f_c bh_0^2\xi(1-0.5\xi)}{f_y'(h_0-a_s')} \tag{2-137}$$

2. 截面复核

按不对称配筋方法计算,取 $A_s'=A_s$ 且 $f_y=f_y'$。

例 2-19　已知某偏心受压柱,承受轴向力设计值 $N=350\ \text{kN}$,杆端弯矩设计值 $M=160\ \text{kN}\cdot\text{m}$。截面尺寸 $b\times h=300\ \text{mm}\times 400\ \text{mm}$,$a_s=a_s'=40\ \text{mm}$,混凝土等级为 C25 级,$f_t=1.27\ \text{N/mm}^2$,$f_c=11.9\ \text{N/mm}^2$,钢筋采用 HRB335 级,$f_y=f_y'=300\ \text{N/mm}^2$,$A_s=A_s'$,$l_c/h=8$。

求:钢筋截面面积。

解:查表得 $\xi_b=0.550$,$\alpha_1=1.0$;

$h_0=h-a_s=400-40=360\ \text{mm}$;

$e_a=20\ \text{mm}$。

判断二阶效应,确定弯矩 M:

$$l_c/i=\frac{l_c}{\sqrt{\frac{1}{12}}h}=28>34-12(M_1/M_2)=22,\text{需考虑二阶效应。}$$

$$C_m=0.7+0.3\frac{M_1}{M_2}=1$$

$$\zeta_c=\frac{0.5f_c A}{N}=\frac{0.5\times 11.9\times 300\times 400}{350\times 10^3}=2.04>1,\text{取}\ \zeta_c=1$$

$$\eta_{ns}=1+\frac{1}{1\,300(M_2/N+e_a)/h_0}\left(\frac{l_c}{h}\right)^2\zeta_c$$

$$=1+\frac{8^2}{1\,300\times(160\times 10^3/350+20)/360}$$

$$=1.037$$

$M=C_m\eta_{ns}M_2=1\times 1.037\times 160=165.92\ \text{kN}\cdot\text{m}$

判断大、小偏心受压:

$N_b=\alpha_1 f_c bh_0\xi_b=1\times 11.9\times 300\times 360\times 0.550=706\,860\ \text{N}$

$N<N_b$,属于大偏心受压。

计算钢筋截面面积:

$$x=\frac{N}{\alpha_1 f_c b}=\frac{350\ 000}{1\times11.\ 9\times300}=98\ \text{mm}$$

$2a'_s=80\ \text{mm}<x<\xi_b h_0=0.\ 55\times360=198\ \text{mm}$,符合要求。

$$e_i=e_0+e_a=M/N+e_a=165.\ 92\times10^3/350+20=494\ \text{mm}$$

$$e=e_i+\frac{h}{2}-a_s=494+400/2-40=654\ \text{mm}$$

$$A_s=A'_s=\frac{Ne-\alpha_1 f_c bx(h_0-0.\ 5x)}{f'_y(h_0-a'_s)}$$

$$=\frac{350\times10^3\times654-(360-0.\ 5\times98)\times11.\ 9\times300\times98}{300\times(360-40)}$$

$$=1\ 250.\ 97\ \text{mm}^2$$

$A'_s>\rho_{\min}bh=0.\ 2\%\times300\times400=240\ \text{mm}^2$,符合要求。

每边配置钢筋 $2\,\Phi\,20+2\,\Phi\,22(A_s=A'_s=1\ 388\ \text{mm}^2)$。

例 2 - 20　已知某钢筋混凝土偏心受压柱,截面尺寸 $b\times h=400\ \text{mm}\times600\ \text{mm}$。构件计算长度为 $l_c=4.\ 5\ \text{m}$。作用在构件截面上的轴向力设计值 $N=1\ 500\ \text{kN}$,杆端弯矩设计值 $M=200\ \text{kN}\cdot\text{m}$。$a_s=a'_s=40\ \text{mm}$,混凝土等级 C20,$f_c=9.\ 6\ \text{N/mm}^2$,纵向受力钢筋 HRB335 级,$f_y=f'_y=300\ \text{N/mm}^2$,$A_s=A'_s$,不考虑二阶效应。

求:钢筋截面面积。

解:查表得:$\xi_b=0.\ 550$,$\alpha_1=1.\ 0$,$\beta_1=0.\ 8$。

$$h_0=h-a_s=600-40=560\ \text{mm},e_a=20\ \text{mm}$$

$$e_i=e_0+e_a=\frac{M}{N}+e_a=\frac{200\ 000}{1\ 500}+20=153\ \text{mm}$$

$$e=e_i+\frac{h}{2}-a_s=180+600/2-40=440\ \text{mm}$$

$$x=\frac{N}{\alpha_1 f_c b}=\frac{1\ 500\ 000}{9.\ 6\times400}=390\ \text{mm}$$

$x>\xi_b h_0=0.\ 55\times560=308\ \text{mm}$,属于小偏心受压。

$$\xi=\frac{N-\alpha_1\xi_b f_c bh_0}{\dfrac{Ne-0.\ 43\alpha_1 f_c bh_0^2}{(\beta_1-\xi_b)(h_0-a'_s)}+\alpha_1 f_c bh_0}+\xi_b=0.\ 097\ 8+0.\ 55=0.\ 647\ 8$$

$$A'_s=A_s=\frac{Ne-\alpha_1 f_c bh_0^2\xi(1-0.\ 5\xi)}{f'_y(h_0-a'_s)}$$

$$=\frac{1\ 500\ 000\times440-9.\ 6\times400\times560^2\times0.\ 55(1-0.\ 5\times0.\ 55)}{300(560-40)}$$

$$=1\ 152.\ 7\ \text{mm}^2$$

$A'_s>\rho_{\min}bh=0.\ 2\%\times300\times400=240\ \text{mm}^2$,符合要求。

每边配置钢筋 $4\,\Phi\,20(A_s=A'_s=1\ 256\ \text{mm}^2)$。

验算垂直于弯矩作用平面的轴心受压承载力:

$$\frac{l_0}{b}=\frac{4\ 500}{400}=11.\ 25$$,查表得 $\varphi=0.\ 97$。

$$N_u = 0.9\varphi[f_c A + f_y'(A_s' + A_s)]$$
$$= 0.9 \times 0.97[9.6 \times 400 \times 600 + 300 \times (763 + 509)]$$
$$= 2\ 344\ kN$$

$N_u > N$,满足要求。

2.6 受扭构件设计

2.6.1 矩形截面纯扭构件的受力性能与破坏特征

受扭构件是一种基本构件,钢筋混凝土结构中,处于纯扭的构件很少,大多数情况是处于弯矩、剪力、扭矩等受力状态复合下。根据扭矩形成的原因,扭转可分为两种类型:一种是构件中的扭矩可以直接由荷载静力平衡求出,与构件的抗扭刚度无关,这种称之为平衡扭转;另一种是在超静定结构,扭矩是由相邻构件的变形协调条件产生的,扭矩大小与受扭构件的抗扭刚度有关,这种状态称之为协调扭转或附加扭转。

一、开裂前的应力状态

裂缝出现前,钢筋混凝土纯扭构件的受力与弹性扭转理论基本吻合。由于开裂前受扭钢筋的应力很低,可忽略钢筋的影响把构件看作素混凝土构件。

均质弹性材料构件在纯扭状态下,杆件截面中产生切应力。矩形截面受扭构件在扭矩 T 作用下截面上的切应力分布情况,如图 2-59 所示,最大扭转切应力 τ_{max} 发生在截面长边中点。由材料力学知,由 τ 产生的主拉应力 σ_{tp} 和主压应力 σ_{cp} 相等,并且它们的迹线沿构件表面成螺旋形。当主拉应力达到混凝土抗拉强度时,构件中某个薄弱部位将形成裂缝,裂缝会沿主压应力迹线迅速延伸。

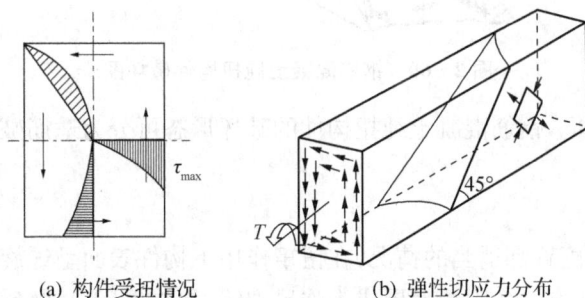

(a) 构件受扭情况   (b) 弹性切应力分布

图 2-59 纯扭构件的弹性应力分布

矩形截面素混凝土构件在扭矩作用下的破坏特征为:构件在扭矩作用下,首先在截面长边(侧面)中点附近最薄弱处产生一条 45°方向的斜裂缝,然后斜裂缝出现后逐渐变宽并迅速地以螺旋形向构件顶面和底面延伸,最后形成一个三面受拉开裂一面受压的空间斜曲。最后形成空间扭曲破坏,混凝土压坏,其构件破坏带有突然性,具有典型脆性破坏性质。

二、开裂后的受力性能和破坏特征

根据纯扭素混凝土构件的破坏特征,混凝土中应配置抗扭钢筋,其目的是为了提高构件抗扭承载力。由前述主拉应力方向可知,受扭构件最有效的配筋形式应是沿主拉应力方向与构件轴线成 45°角且成螺旋形布置。但螺旋形配筋施工复杂,且不能适应变号扭矩的作用,因此实际工程中并不推荐采用。实际受扭构件的配筋是采用沿构件截面周边均匀对称布置的纵筋与和沿构件长度方向布置的封闭箍筋形成的空间配筋方式,来承受主拉应力,抵抗扭矩作用效应。

开裂前,受扭钢筋的应力很低,可忽略钢筋的影响。受扭构件配置钢筋不能有效地提高受扭构件的开裂扭矩,但却能较大幅度地提高受扭构件破坏时的极限扭矩值。开裂后,由于部分混凝土退出受拉工作,构件的抗扭刚度明显降低,在构件配置适量的钢筋后,开裂后受扭钢筋将承担扭矩产生的拉应力。随着荷载的继续增大,裂缝不断向构件内部和沿主压应力迹线发展延伸,在构件表面裂缝呈螺旋状。当接近极限扭矩时,在构件长边上有一条裂缝发展成为临界裂缝,并向短边延伸,与这条空间裂缝相交的箍筋和纵筋达到屈服。最后达到极限扭矩时在另一个长边上的混凝土受压破坏,如图 2-60 所示。

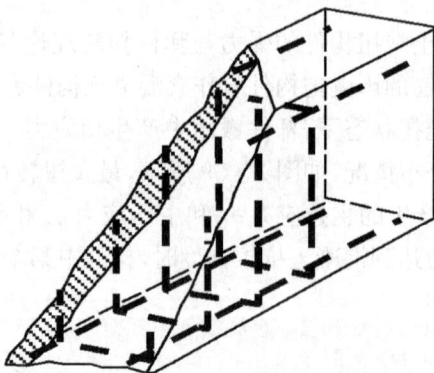

图 2-60　钢筋混凝土纯扭构件破坏图

按照配筋率的不同,钢筋混凝土纯扭构件的破坏形态可分为适筋破坏、少筋破坏和超筋破坏。

（1）适筋破坏

对于箍筋和纵筋配置都适当的情况,在扭矩作用下构件表面呈螺旋状裂缝,当接近极限扭矩时,在构件长边上有一条裂缝发展成为临界裂缝,与临界(斜)裂缝相交的钢筋先达到屈服,然后混凝土压坏。与受弯适筋梁的破坏类似,这种破坏过程具有一定的延性和明显预兆。破坏时的极限扭矩与配筋量有关。

（2）少筋破坏

当配筋数量过少时,配筋不足以承担混凝土开裂后释放的拉应力,一旦开裂,钢筋快速达到屈服强度并进入强化阶段,构件立即发生破坏。与受弯少筋梁类似,其破坏特征呈受拉脆性破坏,破坏无明显预兆,受扭承载力取决于混凝土的抗拉强度。

（3）超筋破坏

当箍筋和纵筋配置都过大时,则混凝土会在钢筋屈服前就压坏,与受弯超筋梁类似,这种破坏为受压脆性破坏,无明显预兆。我们称受扭构件的这种超筋破坏为完全超筋破坏,受扭承载力取决于混凝土的抗压强度。

由于受扭钢筋由箍筋和受扭纵筋两部分钢筋组成,当两者配筋量相差过大时,会出现一个未达到屈服、另一个达到屈服的情况,此种破坏称为部分超筋破坏。

2.6.2　矩形截面纯扭构件的配筋计算

一、开裂扭矩

如上节所述,纯扭构件混凝土在出现裂缝之前,混凝土极限拉应变很小,钢筋的应力很小,钢筋的配置对开裂扭矩影响不大。因此在进行开裂扭矩计算时可忽略钢筋的影响,按素混凝土构件进行计算。

计算开裂扭矩的方法有按弹性理论方法和按塑性理论方法两种。

1. 弹性理论

若将混凝土视为弹性材料,当主拉应力 $\sigma_{tp} = \tau_{max} = f_t$ 时,混凝土开裂,构件截面上的切应力分布如图 2-61(a) 所示。根据材料力学公式,构件开裂扭矩值为:

$$T_{cr} = f_t W_{te} = \beta b^2 h f_t \tag{2-138}$$

式中,W_{te}——截面的受扭弹性抵抗矩;

β——系数,当 $h/b = 1 \sim 10$ 时,$\beta = 0.208 \sim 0.313$。

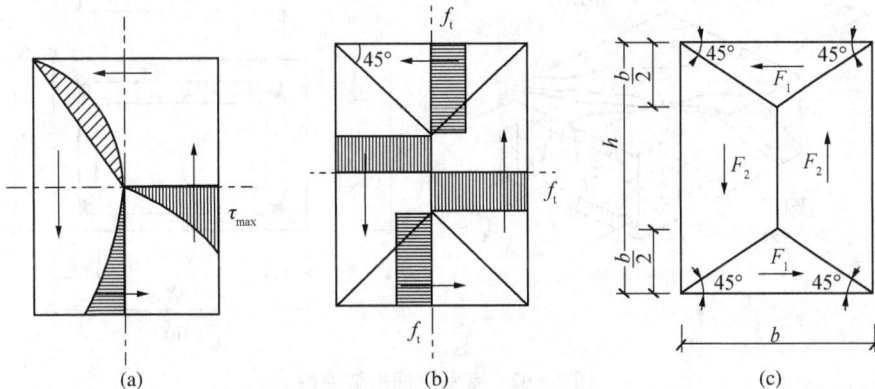

图 2-61　受扭截面应力分布

2. 塑性理论

根据塑性理论,对理想弹塑性材料,截面上某一点达到强度时并不立即破坏,而是保持极限应力继续变形,扭矩仍可继续增加,直到截面上各点应力均达到极限强度,才达到极限承载力。

此时截面上的剪应力分布如图 2-61(c) 所示分为四个区。取极限剪应力为 f_t,分别计算各区合力及其对截面形心的力偶之和,如图 2-61(b) 所示,可求得塑性总极限扭矩为:

$$T_{cr} = f_t W_t = f_t \frac{b^2}{6}(3h - b) \tag{2-139}$$

实际上,混凝土既非弹性材料,又非理想的塑性材料,而是介于二者之间的弹塑性材料。达到开裂极限状态时截面的应力分布介于弹性和理想弹塑性之间,因此,开裂扭矩也是介于两者的 T_{cr} 之间。为实用计算方便,纯扭构件受扭开裂扭矩的计算,采用理想塑性材料理论计算,并引入修正降低系数以考虑应力非完全塑性分布的影响。根据《混凝土结构设计规范》(GB 50010—2010),修正降低系数统一取为 0.7,所以,开裂扭矩计算公式为:

$$T_{cr} = 0.7 f_t W_t \tag{2-140}$$

其中,W_t 为截面受扭塑性抵抗矩,对于矩形截面:

$$W_t = \frac{b^2}{6}(3h - b) \tag{2-141}$$

二、矩形截面纯扭构件受扭承载力

1. 变角空间桁架模型

矩形截面钢筋混凝土构件受扭承载力,可以通过变角空间桁架模型来推导。对比试验表明,在其他参数均相同的情况下,钢筋混凝土实心截面与空心截面构件的极限受扭承载力基本相同。核心部分混凝土产生的抵抗扭矩不明显,因此,可以将矩形截面计算简图简化为等效箱形截面。它是由混凝土外壳、箍筋、纵向钢筋组成的空间桁架体系,纵筋为桁架的受拉弦杆,箍筋为受拉腹杆,斜裂缝间的混凝土为斜压腹杆,如图 2-62 所示。

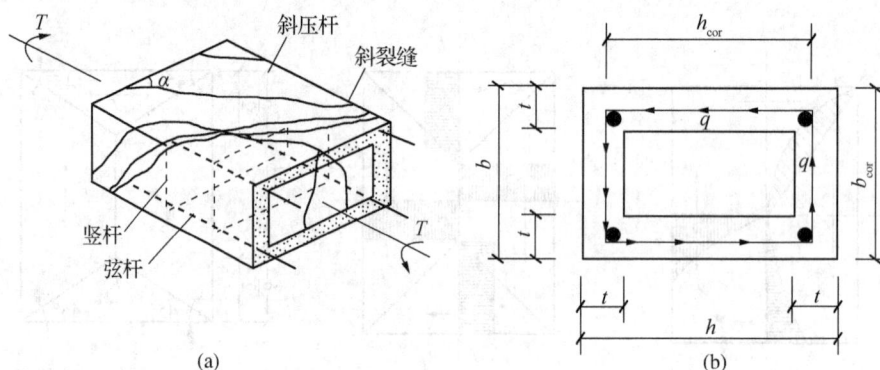

图 2-62　变角空间桁架模型

对于变角空间桁架模型,假定:① 混凝土只承受压力;② 纵筋和箍筋只承受轴向拉力;③ 截面核心部分混凝土不产生抵抗扭矩;④ 忽略钢筋的销栓作用。

根据变角空间桁架模型,截面抗扭承载力计算公式为:

$$T_u = 2\sqrt{\zeta}\frac{f_{yv}A_{st1}A_{cor}}{s} \tag{2-142}$$

式中,ζ 为受扭构件钢筋的配筋强度比,其公式为:

$$\zeta = \frac{f_y A_{stl} s}{f_{yv} A_{st1} u_{cor}} \tag{2-143}$$

式中,A_{stl}——受扭计算中取对称布置的全部纵向钢筋截面积,若实际布置的抗扭纵筋不对称时,只能取对称部分的面积。

2. 受扭承载力计算经验公式

构件的抗扭承载力由混凝土的抗扭承载力 T_c 和箍筋与纵筋的抗扭承载力 T_s 两部分构成,即

$$T_u = T_c + T_s \tag{2-144}$$

考虑设计应用的方便,《混凝土结构设计规范》(GB 50010—2010)根据变角空间桁架模型和对大量的实测数据进行回归分析,提出了矩形截面钢筋混凝土纯扭构件受扭承载力设计计算公式:

$$T \leqslant T_u = 0.35 f_t W_t + 1.2 \sqrt{\zeta} f_{yv} \frac{A_{st1} A_{cor}}{s} \tag{2-145}$$

式中,ζ——受扭的纵向钢筋与箍筋的配筋强度比值,ζ 值不应小于 0.6,当 ζ 大于 1.7 时,取 1.7;

A_{st1}——受扭计算中沿截面周边所配置的箍筋单肢截面面积;

f_{yv}——受扭箍筋的抗拉强度设计值;

u_{cor}——截面核心部分周长,$u_{cor}=2(b_{cor}+h_{cor})$,此处 b_{cor} 和 h_{cor} 分别为箍筋内表面计算的截面核心部分的短边和长边尺寸;

A_{cor}——截面核心部分的面积,$A_{cor}=b_{cor}h_{cor}$。

由于受扭钢筋由箍筋和受扭纵筋两部分钢筋组成,其受扭性能及其极限承载力不仅与配筋量有关,还与两部分钢筋的配筋强度比 ζ 有关。试验表明,当 $0.5 \leqslant \zeta \leqslant 2.0$ 时,受扭破坏时纵筋和箍筋基本上都能达到屈服强度,但由于配筋量的差别,屈服的次序是有先后的。《混凝土结构设计规范》(GB 50010—2010)建议取 $0.6 \leqslant \zeta \leqslant 1.7$,当 $\zeta > 1.7$ 时,取 $\zeta = 1.7$,设计中通常取 $\zeta = 1.0 \sim 1.3$。

3. 梁内受扭纵向钢筋的最小配筋率

$$\rho_{tl,min} = 0.6 \sqrt{\frac{T}{Vb}} \frac{f_t}{f_y} \tag{2-146}$$

当 $T/(Vb)>2.0$ 时,取 $T/(Vb)=2.0$。

式中,$\rho_{tl,min}$——受扭纵向钢筋的最小配筋率,取 A_{stl}/bh;

b——受剪的截面宽度;

A_{stl}——沿截面周边布置的受扭纵向钢筋总截面面积。

在弯剪扭构件中,配置在截面弯曲受拉边的纵向受力钢筋,其截面面积不应小于受弯构件受拉钢筋最小配筋率计算出的钢筋截面面积与按受扭纵向钢筋配筋率计算并分配到弯曲受拉边的钢筋截面面积之和。

2.6.3　矩形截面弯剪扭构件的受力性能与破坏特征

对于受弯矩、剪力和扭矩共同作用的构件,称为弯剪扭构件,其受力状态比较复杂。其中,扭矩使纵筋产生拉应力,与受弯时钢筋拉应力叠加,使钢筋拉应力增大,从而会使受弯承载力降低。而扭矩和剪力产生的剪应力总会在构件的一个侧面上叠加,因此承载力总是小

于剪力和扭矩单独作用的承载力。

弯剪扭构件的破坏形态与三个外力之间的比例关系和构件内在因素(截面尺寸、配筋情况和材料强度等)有关。矩形截面弯剪扭构件主要有三种破坏形式。

1. 弯型破坏

在配筋适当的条件下,当弯矩较大,扭矩和剪力均较小时,弯矩起主导作用。裂缝首先在弯曲受拉底面出现,然后发展到两个侧面,如图 2-63 所示。构件顶部受压,扭矩产生的拉应力减少了截面上部的弯压区钢筋压应力,构件的破坏始于底部纵筋屈服。其破坏形态称为弯型破坏,受弯承载力因扭矩的存在而降低。

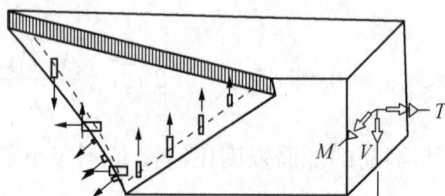

图 2-63 弯型破坏

2. 扭型破坏

扭型破坏发生在当扭矩较大,弯矩和剪力较小,且顶部纵筋小于底部纵筋时。虽然由于弯矩作用使顶部纵筋受压,但弯矩引起的顶部纵筋的压应力相比于扭矩引起的拉应力而言很小,导致顶部纵筋拉应力大于底部纵筋。构件破坏是由于顶部纵筋先达到屈服,然后底部混凝土压碎,承载力由顶部纵筋拉应力所控制,如图 2-64 所示。由于弯矩对顶部产生压应力,抵消了一部分扭矩产生的拉应力,所以受扭承载力因弯矩而有一定的提高。

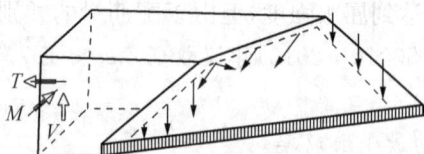

图 2-64 扭型破坏

3. 剪扭型破坏

当扭矩和剪力对构件的承载力起控制作用,而当弯矩较小的情况下,构件会发生剪扭型破坏。构件破坏首先从一个长边(剪力方向一致的一侧)中点开始出现裂缝,然后向顶面和底面发展形成螺旋形裂缝,破坏时与裂缝相交的纵筋和箍筋达到受拉屈服,最后在另一侧长边混凝土压碎,构件宣告破坏,如图 2-65 所示。

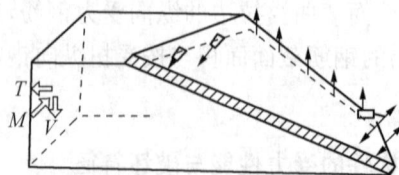

图 2-65 剪扭型破坏

综上所述,当扭矩较大时,构件以扭型破坏为主;当剪力较大时,以剪型破坏为主。弯剪扭构件受弯、受剪、受扭承载力相互影响,计算比较复杂。为简化计算,《混凝土结构设计规范》(GB 50010—2010)采用了考虑混凝土的抗剪部分的相关性,而对钢筋的部分叠加的方法。

2.6.4　矩形截面弯剪扭构件的配筋计算

对于弯剪扭构件,由于弯矩、剪力和扭矩承载力是相互关联的,并且其相互影响十分复杂。我们规定弯剪扭构件配筋计算的一般原则是:纵筋按受弯构件的正截面、受弯承载力和剪扭构件的受扭承载力分别计算来配置钢筋;箍筋按剪扭构件的受剪承载力和受扭承载力分别计算来配置箍筋。

根据《混凝土结构设计规范》(GB 50010—2010)规定,在弯矩、剪力和扭矩共同作用下的矩形截面弯剪扭构件,可按下列规定进行承载力计算:

(1) 当 $V \leqslant 0.35 f_t b h_0$ 或对于集中荷载作用下的独立构件 $V \leqslant 0.875 f_t b h_0 / (\lambda+1)$ 时,可仅验算受弯构件的正截面受弯承载力和纯扭构件的受扭承载力;

(2) 当 $T \leqslant 0.175 f_t W_t$ 或对于箱形截面构件 $T \leqslant 0.175 \alpha_h f_t W_t$ 时,可仅验算受弯构件的正截面受弯承载力和斜截面的受剪承载力。

一、矩形截面剪扭构件

1. 一般剪扭构件

(1) 受剪承载力

$$V_u = 0.7 f_t b h_0 (1.5 - \beta_t) + f_{yv} \frac{A_{sv}}{s} h_0 \qquad (2-147)$$

$$\beta_t = \frac{1.5}{1 + 0.5 \dfrac{V W_t}{T b h_0}} \qquad (2-148)$$

式中,A_{sv}——受剪承载力所需的箍筋截面面积;

β_t——一般剪扭构件混凝土受扭承载力降低系数。当 β_t 小于 0.5 时,取 0.5;当 β_t 大于 1.0 时,取 1.0。

(2) 受扭承载力

$$T_u = 0.35 \beta_t f_t W_t + 1.2 \sqrt{\zeta} f_{yv} \frac{A_{st1} A_{cor}}{s} \qquad (2-149)$$

2. 集中荷载作用下的独立剪扭构件

这种情况包括作用有多种荷载,且其集中荷载对支座截面或节点边缘所产生的剪力值占总剪力值的 75% 以上的情况。

(1) 受剪承载力

$$V_u = \frac{1.75}{\lambda+1} (1.5 - \beta_t) f_t b h_0 + f_{yv} \frac{A_{sv}}{s} h_0 \qquad (2-150)$$

$$\beta_t = \frac{1.5}{1 + 0.2(\lambda+1) \dfrac{V W_t}{T b h_0}} \qquad (2-151)$$

式中，λ——计算截面的剪跨比，$\lambda=a/h_0$。当 $\lambda<1.5$ 时，取 1.5；当 $\lambda>3$ 时，取 3；

β_t——集中荷载作用下剪扭构件混凝土受扭承载力降低系数。当 β_t 小于 0.5 时，取 0.5；当 β_t 大于 1.0 时，取 1.0。

（2）受扭承载力

受扭承载力计算公式同式(2-149)，但公式中 β_t 按式(2-151)计算。

二、适用条件

1. 构件截面限制条件

在弯矩、剪力和扭矩共同作用下，h_w/b 不大于 6 的矩形截面构件，其截面应符合下列条件：

（1）当 $h_w/b\leqslant4$ 时：

$$\frac{V}{bh_0}+\frac{T}{0.8W_t}\leqslant0.25\beta_c f_c \tag{2-152}$$

（2）当 $h_w/b=6$ 时：

$$\frac{V}{bh_0}+\frac{T}{0.8W_t}\leqslant0.2\beta_c f_c \tag{2-153}$$

（3）当 $4<h_w/b<6$ 时，按线性内插法确定。

式中，T——扭矩设计值；

W_t——受扭构件的截面受扭塑性抵抗矩。

2. 构造配筋条件

对于弯剪扭构件，当符合下列要求时，可不进行构件受剪扭承载力计算，但应配置构造纵向钢筋和箍筋。

$$\frac{V}{bh_0}+\frac{T}{W_t}\leqslant0.7f_t \tag{2-154}$$

或

$$\frac{V}{bh_0}+\frac{T}{W_t}\leqslant0.7f_t+0.07\frac{N}{bh_0} \tag{2-155}$$

式中，N——轴向压力设计值。当 $N>0.3f_c A$ 时，取 $0.3f_c A$，此处，A 为构件的截面面积。

3. 弯剪扭构件最小配箍率

$$\rho_{sv,min}=0.28f_t/f_{yv} \tag{2-156}$$

三、弯剪扭构件截面设计计算步骤

已知：	弯矩设计值 M、剪力设计值 V、扭矩设计值 T 材料强度等级 f_c、f_y、f_t 构件截面尺寸 b、h
求：	纵向钢筋截面面积和箍筋截面面积

➢ 计算步骤

（a）确定基本数据

（b）验算构件截面限制条件

（c）确定计算方法

当 $V \leqslant 0.35 f_{t} b h_{0}$ 或 $V \leqslant 0.875 f_{t} b h_{0} / (\lambda + 1)$ 时，可仅验算受弯构件的正截面受弯承载力和纯扭构件的受扭承载力。

当 $T \leqslant 0.175 f_{t} W_{t}$ 或 $T \leqslant 0.175 \alpha_{h} f_{t} W_{t}$ 时，可仅验算受弯构件的正截面受弯承载力和斜截面的受剪承载力。

满足 $\dfrac{V}{b h_{0}} + \dfrac{T}{W_{t}} \leqslant 0.7 f_{t}$ 或 $\dfrac{V}{b h_{0}} + \dfrac{T}{W_{t}} \leqslant 0.7 f_{t} + 0.07 \dfrac{N}{b h_{0}}$ 时，可不进行构件受剪扭承载力计算，但应配置构造纵向钢筋和箍筋。

（d）按受弯构件计算纵向钢筋的截面面积

按 2.3 节内容计算。

（e）确定箍筋数量

根据式（2-147）～式（2-151）确定系数 β_{t}、受剪箍筋数量 A_{sv}/s、受扭箍筋数量 A_{st1}/s。

一侧箍筋总数量：$\dfrac{A_{sv}'}{s} = \dfrac{A_{sv}}{s} + \dfrac{A_{st1}}{s}$。

（f）验算剪扭箍筋最小配箍率

$$\rho_{sv,min} = 0.28 f_{t} / f_{yv}$$

（g）计算受扭纵筋

$$A_{stl} = \zeta \dfrac{f_{yv} A_{st1} u_{cor}}{f_{y} s}$$

总的纵筋数量＝受扭纵筋＋受弯纵筋。

（h）验算纵筋最小配筋率

受扭纵筋：
$$\rho_{tl,min} = 0.6 \sqrt{\dfrac{T}{Vb}} \dfrac{f_{t}}{f_{y}}$$

受弯纵筋：
$$\rho_{s,min} = \max \left\{ 0.45 \dfrac{f_{t}}{f_{y}}, 0.2\% \right\}$$

$$\rho_{min} = \rho_{tl,min} + \rho_{s,min}$$

例 2-21　已知某一均布荷载作用下的矩形截面梁，截面尺寸 $b \times h = 300 \text{ mm} \times 500 \text{ mm}$，$a_{s} = 40 \text{ mm}$。弯矩设计值 $M = 110 \text{ kN} \cdot \text{m}$，扭矩设计值 $T = 14 \text{ kN} \cdot \text{m}$，剪力设计值 $V = 155 \text{ kN}$。混凝土强度等级为 C25，纵向钢筋采用 HRB335 级钢筋，箍筋采用 HPB300 级钢筋，取 $\xi = 1.2$。

求：受弯、受剪、受扭所需钢筋。

解：确定基本数据：

$f_{c} = 11.9 \text{ N/mm}^{2}$，$f_{t} = 1.27 \text{ N/mm}^{2}$，$f_{y} = 300 \text{ N/mm}^{2}$，$f_{yv} = 270 \text{ N/mm}^{2}$；

查表得 $\xi_{b} = 0.550$，$\alpha_{1} = 1.0$，$\beta_{c} = 1$；

$h_w = h_0 = h - a_s = 500 - 40 = 460$ mm。

截面限制条件：

$$\frac{h_w}{b} = \frac{460}{300} = 1.53 < 4$$

则$\dfrac{V}{bh_0} + \dfrac{T}{0.8W_t} \leqslant 0.25\beta_c f_c$

$$W_t = \frac{b^2}{6}(3h - b) = \frac{300^2 \times (3 \times 500 - 300)}{6} = 18 \times 10^6 \text{ mm}^3$$

$$\frac{V}{bh_0} + \frac{T}{0.8W_t} = \frac{155\,000}{300 \times 460} + \frac{14\,000\,000}{0.8 \times 18 \times 10^6} = 1.123 \text{ N/mm}^2$$

$0.25\beta_c f_c = 0.25 \times 1 \times 11.9 = 2.975$ N/mm^2

$\dfrac{V}{bh_0} + \dfrac{T}{0.8W_t} < 0.25\beta_c f_c$，满足要求。

确定计算方法：

$V = 155$ kN $> 0.35 f_t bh_0 = 0.35 \times 1.27 \times 300 \times 460 = 61.34$ kN

$T = 14$ kN·m $> 0.175 f_t W_t = 0.175 \times 1.27 \times 18 \times 10^6 = 4$ kN·m

$\dfrac{V}{bh_0} + \dfrac{T}{W_t} = 1.9 > 0.7 f_t = 0.889$

需考虑扭矩和剪力对构件承载力的影响。

按受弯构件计算纵筋：

$$\alpha_s = \frac{M}{\alpha_1 f_c bh_0^2} = \frac{110 \times 10^6}{1 \times 11.9 \times 300 \times 460^2} = 0.146$$

$$\xi = 1 - \sqrt{1 - 2\alpha_s} = 0.158 < \xi_b = 0.550$$

$$\gamma_s = \frac{1 + \sqrt{1 - 2\alpha_s}}{2} = 0.921$$

$$A_s = \frac{M}{f_y \gamma_s h_0} = \frac{110 \times 10^6}{300 \times 0.921 \times 460} = 865.5 \text{ mm}^2$$

确定箍筋数量：

$b_{cor} = b - 2a_s = 220$ mm

$h_{cor} = h - 2a_s = 420$ mm

$$\zeta = \frac{f_y A_{stl} s}{f_{yv} A_{stl} u_{cor}} = \frac{300 \times 309.6}{270 \times 0.215 \times 2(220 + 420)} = 1.25$$

$$\beta_t = \frac{1.5}{1 + 0.5\dfrac{VW_t}{Tbh_0}} = \frac{1.5}{1 + 0.5\dfrac{155\,000 \times 18 \times 10^6}{14 \times 10^6 \times 300 \times 460}} = 0.87$$

① 受剪：

$$\frac{A_{sv}}{s} = \frac{V - 0.7f_t bh_0(1.5 - \beta_t)}{f_{yv} h_0}$$

$$= \frac{155\,000 - 0.7 \times 1.27 \times 300 \times 460(1.5 - 0.87)}{270 \times 460}$$

$$=0.626 \text{ mm}^2/\text{mm}$$

② 受扭：

$$\frac{A_{st1}}{s}=\frac{T-0.35\beta_t f_t W_t}{1.2\sqrt{\zeta}f_{yv}A_{cor}}$$

$$=\frac{14\times10^6-0.35\times0.87\times1.27\times18\times10^6}{1.2\times\sqrt{1.2}\times270\times220\times420}$$

$$=0.215 \text{ mm}^2/\text{mm}$$

一侧箍筋总量：$\dfrac{A_{sv}^*}{s}=\dfrac{A_{sv}}{2s}+\dfrac{A_{st1}}{s}=0.626/2+0.215=0.528 \text{ mm}^2/\text{mm}$

采用箍筋Φ10@120

验算剪扭箍筋最小配箍率：

$$\rho_{sv,min}=0.28f_t/f_{yv}=0.28\times1.27/270=0.13\%$$

$$\rho_{sv}=\frac{A_{sv}^*}{bs}=\frac{0.528}{300}=0.176\%$$

$\rho_{sv}>\rho_{sv,min}$，符合要求。

计算受扭纵筋：

$$A_{stl}=\zeta\frac{f_{yv}A_{st1}u_{cor}}{f_y s}=1.25\frac{270\times0.215\times2(220+420)}{300}=309.6 \text{ mm}^2$$

纵筋总量$=A_s+A_{stl}=865.5+309.6=1\,175.1 \text{ mm}^2$

选配纵筋4Φ20（截面面积1 256 mm²）。

验算最小配筋率：

$$\rho_{s,min}=\max\left(0.45\frac{f_t}{f_y},0.2\%\right)=0.2\%$$

$$\rho_{tl,min}=0.6\sqrt{\frac{T}{Vb}\frac{f_t}{f_y}}=0.6\sqrt{\frac{14\times10^6}{155\,000\times300}\frac{1.27}{300}}=0.14\%$$

$$\rho_{min}=\frac{A_s^*}{bh_0}=\frac{1\,256}{300\times460}=0.91\%>0.2\%+0.14\%=0.34\%，满足要求。$$

思考题

2-1. 素混凝土梁有怎样的受力特性？当配置一定的受力钢筋后，又会怎样？

2-2. 钢筋混凝土结构有哪些优缺点？

2-3. 按混凝土立方体抗压强度标准值，现行规范将混凝土划分为多少强度等级，最低和最高强度等级为多少？

2-4. 何谓混凝土的徐变？它对工程结构有何影响？如何减小徐变？

2-5. 在钢筋混凝土构件中，钢筋与混凝土两种材料特性差别很大，为何能共同工作？

2-6. 钢筋与混凝土之间的黏结力由哪几部分组成？

2-7. 影响钢筋与混凝土之间黏结强度的因素有哪些？在工程结构中，通过采取哪些措施保证钢筋与混凝土的黏结？

2-8. 软钢和硬钢的区别是什么？应力-应变曲线有什么不同？设计时分别采用什么值作为依据？

2-9. 我国用于钢筋混凝土结构的钢筋有种？我国热轧钢筋的强度分为几个等级？

2-10. 简述混凝土立方体抗压强度、轴心抗压强度。

2-11. 简述混凝土在单轴短期加载下的应力应变关系。

2-12. 钢筋混凝土受弯构件的正截面破坏形式有哪些？它们各有哪些特征？

2-13. 适筋梁正截面受弯全过程有几个阶段？分别有哪些特点？

2-14. 受弯构件正截面承载力计算的基本假定有哪些？

2-15. 受弯构件正截面承载力计算公式的适用条件有哪些？

2-16. 界限相对受压区高度 ξ_b 是如何确定的？

2-17. 受弯构件在什么情况下采用双筋截面？

2-18. T 形截面如何分类和判别截面类型？

2-19. 简述无腹筋梁的斜截面破坏形式有哪些？它们各有哪些特征？

2-20. 箍筋的作用有哪些？有哪些构造要求？

2-21. 有腹筋梁斜截面的破坏形态有哪几种？

2-22. 受弯构件斜截面抗剪承载力设计时,如何防止发生斜压破坏、斜拉破坏、剪压破坏？

2-23. 简述梁内设置箍筋抗剪时的构造要求。

2-24. 斜截面受剪承载力计算时,为何要对梁的截面尺寸加以限制？为何规定最小配箍率？

2-25. 钢筋在支座的锚固有何要求？

2-26. 轴心受压构件长柱和短柱的破坏特征有什么不同？

2-27. 为何实际工程中没有绝对的轴心受压构件？

2-28. 如何区分大小偏心破坏的界限？

2-29. 普通轴心受压柱中箍筋的作用是什么？

2-30. 偏心受压构件正截面破坏特征是什么？

2-31. 什么情况下要考虑二阶效应？

2-32. 受压构件中纵筋有哪些构造要求？

2-33. 素混凝土纯扭构件的破坏特征是什么？

2-34. 开裂后钢筋混凝土纯扭构件的破坏形态有哪些？特点是什么？

2-35. 受扭构件截面尺寸有哪些要求？

2-36. 什么是变角空间桁架模型？它有哪些假定？

2-37. 矩形截面弯剪扭构件破坏形式有哪些？各自特点是什么？

习 题

2-1. 混凝土的强度指标有_____、_____、_____等几种。

2-2. 混凝土在长期不变荷载作用下,应变随时间的增长而_____的现象称为_____。

2-3. 钢筋和混凝土之间的黏结力是由 _____、_____、_____ 等主要部分组成。

2-4. 钢筋与混凝土两种材料能在一起共同工作的原因是它们之间_____、_____、_____。

2-5. 钢材中含碳量越高,则其强度越_____,塑性越_____。

2-6. 混凝土保护层越厚,则钢筋与混凝土之间黏结力越_____。

2-7. 有明显屈服点的钢筋,其抗拉强度设计值取值的依据是该种钢筋的_____强度。

2-8. 无明显屈服点的钢筋,其抗拉强度设计值取值的依据是该种钢筋的_____强度。

2-9. 现行《混凝土结构设计规范》(GB 50010—2010)规定,结构用混凝土的最低强度等级为(   )。

A. C15   B. C20
C. C25   D. C30

2-10. 现行规范增加了高强度混凝土等级,混凝土强度等级最高达(   )。

A. C60   B. C70
C. C75   D. C80

2-11. 热轧钢筋中,(   )是由 Q300 钢轧制而成,一般用符号"Φ"表示。

A. HPB300   B. HRB335
C. HRB400   D. RRB400

2-12. HRB335 中的 335 是指(   )。

A. 钢筋强度的标准值   B. 钢筋强度的设计值
C. 钢筋强度的平均值   D. 钢筋强度的最大值

2-13. 规范对有明显屈服点的钢筋以(   )作为确定其强度标准值的依据。

A. 屈服强度   B. 抗拉强度   C. 极限强度

2-14. 与素混凝土梁相比,钢筋混凝土梁承载能力(   )。

A. 相同   B. 提高许多   C. 有所提高

2-15. 钢筋与混凝土能共同工作的主要原因是(   )。

A. 防火、防锈
B. 混凝土对钢筋的握裹及保护
C. 混凝土对钢筋的握裹,两者线膨胀系数接近

2-16. 属于有明显屈服点的钢筋有(   )。

A. 冷拉钢筋   B. 钢丝
C. 热处理钢筋   D. 钢绞线

2-17. 钢材的含碳量越低,则(   )。

A. 屈服台阶越短,伸长率也越短,塑性越差
B. 屈服台阶越长,伸长率越大,塑性越好
C. 强度越高,塑性越好
D. 强度越低,塑性越差

2－18． 钢筋的屈服强度是指（ 　　 ）。

A． 比例极限　　　　　　　　　　　　B． 弹性极限

C． 屈服上限　　　　　　　　　　　　D． 屈服下限

2－19． 在保持不变的长期荷载作用下，钢筋混凝土轴心受压构件中，（ 　　 ）。

A． 徐变使混凝土压应力减小

B． 混凝土及钢筋的压应力均不变

C． 徐变使混凝土压应力减小，钢筋压应力增大

D． 徐变使混凝土压应力增大，钢筋压应力减小

2－20． 某批混凝土经抽样，强度等级为 C30，意味着该混凝土（ 　　 ）。

A． 立方体抗压强度达到 $30\ N/mm^2$ 的保证率为 95%

B． 立方体抗压强度的平均值达到 $30\ N/mm^2$

C． 立方体抗压强度达到 $30\ N/mm^2$ 的保证率为 5%

D． 立方体抗压强度设计值达到 $30\ N/mm^2$ 的保证率为 95%

2－21． 已知某钢筋混凝土矩形梁，其截面尺寸 $b \times h = 250\ mm \times 600\ mm$，处于一类环境，承受弯矩设计值 $M = 250\ kN \cdot m$，混凝土 C30，采用 HRB400 级钢筋。求：纵向受拉钢筋截面面积。

2－22． 已知某钢筋混凝土矩形梁，$b \times h = 250\ mm \times 500\ mm$，环境类别一类，混凝土强度等级为 C30。已配纵向受拉钢筋 4 根 20 mm 的 HRB400 级钢筋，承受弯矩设计值 $M = 100\ kN \cdot m$。求：梁截面是否安全。

2－23． 已知某钢筋混凝土矩形梁，截面尺寸 $b \times h = 250\ mm \times 500\ mm$。环境类别一类，截面弯矩设计值 $M = 330\ kN \cdot m$。梁采用强度等级为 C30 的混凝土，HRB400 级钢筋。

（1） 求所需受压和受拉钢筋截面面积；

（2） 如受压区配置 $3\Phi16$，$A_s = 603\ mm^2$，求受拉钢筋截面面积。

2－24． 已知钢筋混凝土矩形梁，截面尺寸 $b \times h = 250\ mm \times 500\ mm$，环境类别二类 a。采用 HRB335 级钢筋，$f_y = f'_y = 300\ N/mm^2$，混凝土等级为 C30，$f_t = 1.43\ N/mm^2$，$f_c = 14.3\ N/mm^2$。梁已配有受拉钢筋 $4\Phi22（A_s = 1\ 520\ mm^2）$，受压钢筋 $2\Phi16（A'_s = 402\ mm^2）$，承受弯矩设计值 $M = 100\ kN \cdot m$。求：梁截面是否安全。

2－25． 已知肋形楼盖的次梁，弯矩设计值 $M = 350\ kN \cdot m$，梁的截面尺寸为 $b \times h = 200\ mm \times 600\ mm$，$b'_f = 600\ mm$，$h'_f = 80\ mm$。梁的混凝土等级为 C30，$f_c = 14.3\ N/mm^2$，钢筋采用 HRB400，$f_y = 360\ N/mm^2$，环境类别一类。求：受拉钢筋截面面积。

2－26． 已知 T 形截面梁的截面尺寸 $b \times h = 300\ mm \times 700\ mm$，$b'_f = 600\ mm$，$h'_f = 100\ mm$，环境类别一类。梁采用强度等级为 C30 的混凝土，$f_t = 1.43\ N/mm^2$，$f_c = 14.3\ N/mm^2$，HRB400 级钢筋，$f_y = f'_y = 360\ N/mm^2$。梁底受拉钢筋 $3\Phi25 + 3\Phi25（A_s = 2\ 945mm^2）$，承受弯矩设计值 $M = 500\ kN \cdot m$。复核梁截面是否安全。

2－27． 已知一钢筋混凝土矩形截面简支梁，截面尺寸 250 mm×500 mm，混凝土强度等级为 C30，$\beta_c = 1.0$，$f_t = 1.43\ N/mm^2$，$f_c = 14.3\ N/mm^2$，箍筋为 HPB300 级钢筋（$f_{yv} = 270\ N/mm^2$），均布荷载在梁支座处截面的剪力最大值为 180 kN。求：只配置箍筋。

2－28． 钢筋混凝土矩形截面简支梁，荷载布置如图，梁截面尺寸 250 mm×500 mm，混

凝土强度等级为 C30，$f_t = 1.43$ N/mm²，$f_c = 14.3$ N/mm²，箍筋为热轧 HPB235 级钢筋，$f_{yv} = 210$ N/mm²，纵筋为 HRB400 级钢筋 4 ⌀ 25，$f_y = 360$ N/mm²。求：(1) 只配箍筋；(2) 既配箍筋又配弯起钢筋。

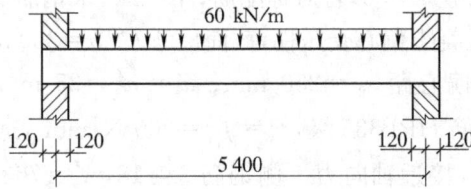

2-29.　钢筋混凝土矩形截面简支梁，截面尺寸 250 mm×500 mm，环境类别为一类。混凝土强度等级为 C20，$f_t = 1.1$ N/mm²，$f_c = 9.6$ N/mm²，采用箍筋为 HPB235 级钢筋 ⌀8@200，$f_{yv} = 210$ N/mm²，纵筋为 4 ⌀ 22 的 HRB400 级钢筋，$f_y = 360$ N/mm²，无弯起钢筋。求：斜截面受剪承载力设计值 V_u。

2-30.　承受均布荷载设计值 q 作用下的矩形截面简支梁，安全等级二级，处于一类环境，截面尺寸 $b \times h = 200$ mm×550 mm，混凝土为 C30 级，箍筋采用 HPB235 级钢筋。梁净跨度 $l_n = 5.0$ m。梁中已配有双肢 ⌀8@200 箍筋。求：该梁在正常使用期间按斜截面承载力要求所能承担的荷载设计值 q。

2-31.　某钢筋混凝土柱，计算长度 $l_0 = 5.4$ m，截面尺寸为 400 mm×400 mm，混凝土等级为 C30，钢筋为 HRB335 级，承受轴向压力设计值 $N = 2345$ kN。求：该柱所需纵向钢筋截面面积。

2-32.　某钢筋混凝土三层框架结构二层柱，楼盖为现浇整体式，一层、二层楼盖顶面间高度 $H = 2.5$ m，柱截面尺寸 $b \times h = 300$ mm×300 mm，承受轴向压力设计值为 $N = 1500$ kN，混凝土等级 C30，$f_c = 14.3$ N/mm²，配有纵向受力钢筋 4 ⌀ 25，$A'_s = 1964$ mm²，$f'_y = 360$ N/mm²。求：复核柱的截面是否安全。

2-33.　钢筋混凝土偏心受压构件，截面尺寸为 $b \times h = 300$ mm×500 mm，计算长度 $l_c = 4$ m。轴向力设计值 $N = 188$ kN，杆端弯矩设计值 $M = 120$ kN·m。采用 C20 混凝土，HRB335 级钢筋，$a_s = a'_s = 40$ mm。

(1) 求受拉和受压钢筋截面面积；

(2) 若构件配有受压钢筋 3 ⌀ 16，$A'_s = 603$ mm²，求受拉钢筋截面面积。

2-34.　已知偏心受压柱，截面尺寸为 $b \times h = 400$ mm×500 mm，$a_s = a'_s = 40$ mm，混凝土等级 C40 级，$f_t = 1.71$ N/mm²，$f_c = 19.1$ N/mm²，钢筋采用 HRB400 级，$f_y = f'_y = 360$ N/mm²，配有纵向受拉钢筋 4 ⌀ 22，$A_s = 1520$ mm²，受压钢筋 4 ⌀ 25，$A'_s = 1964$ mm²，承受轴向力设计值 $N = 1500$ kN，不考虑二阶效应。求：截面 h 方向能承受的弯矩设计值 M。

2-35.　已知偏心受压柱，截面尺寸为 $b \times h = 500$ mm×700 mm，$a_s = a'_s = 50$ mm，混凝土等级 C35 级，$f_t = 1.57$ N/mm²，$f_c = 16.7$ N/mm²，钢筋采用 HRB335 级，$f_y = f'_y = 300$ N/mm²，配有纵向受拉钢筋 6 ⌀ 25，$A_s = 2945$ mm²，受压钢筋 4 ⌀ 25，$A'_s = 1964$ mm²，轴向力偏心距 $e_0 = 600$ mm，不考虑二阶效应。求：轴向承载力设计值 N_u。

2-36.　已知某钢筋混凝土偏心受压柱，截面尺寸为 $b \times h = 300$ mm×400 mm。构件计算

长度为 $l_c=3.2$ m。作用在构件截面上的轴向力设计值 $N=1\,050$ kN,杆端弯矩设计值 $M=70$ kN·m。$a_s=a'_s=40$ mm,混凝土等级 C25,纵向受力钢筋 HRB335 级。求:钢筋截面面积。

2-37. 已知条件同习题 2-36,若对称配筋,$A_s=A'_s$,求钢筋截面面积。

2-38. 已知某钢筋混凝土偏心受压柱,截面尺寸 $b\times h=300$ mm×400 mm。构件计算长度为 $l_c=5$ m。轴向力偏心距 $e_0=250$ mm。$a_s=a'_s=35$ mm,混凝土等级 C25,$f_c=11.9$ N/mm²,纵向受力钢筋 HRB335 级,$f_y=f'_y=300$ N/mm²,远离轴向力一侧配置配有钢筋 3Φ20,$A_s=941$ mm²,接近轴向力一侧钢筋 3Φ18,$A'_s=763$ mm²,不考虑二阶效应。求:轴向压力承载力设计值 N_u。

2-39. 已知一纯扭矩形截面构件,截面尺寸 $b\times h=200$ mm×400 mm。环境类别为一类,混凝土强度等级为 C25,纵向钢筋采用 HRB400 级钢筋,箍筋采用 HPB235 级钢筋,构件承受的扭矩设计值 $T=15$ kN·m。求:所需的纵筋和箍筋截面面积。

2-40. 已知某一受分布荷载钢筋混凝土弯剪扭构件,截面尺寸 $b\times h=300$ mm×400 mm。环境类别为一类,弯矩设计值 $M=100$ kN·m,扭矩设计值 $T=9$ kN·m,剪力设计值 $V=120$ kN。混凝土强度等级为 C25,纵向钢筋采用 HRB335 级钢筋,箍筋采用 HPB300 级钢筋。求:受弯、受剪、受扭所需钢筋。

项目三
框架结构整体分析与设计计算

前面的项目二部分已经分析了混凝土结构中各个构件的受力形态,并根据内力进行配筋计算,然而当这些构件搭建成一个整体的结构时,其整体的受力性能将与单根构件有很大的不同。框架结构是所有结构中受力最简单的一种结构体系,故理解框架结构的受力性能及荷载传递方式,将有助于理解结构中的重要概念并强化前一部分所学的内容。本部分主要介绍多层建筑中现浇框架结构的设计步骤、内力分布规律、设计方法和构造措施。

■ **学习目标** 了解框架结构的基本概念及其优缺点;了解框架结构计算模型选取的要求;掌握框架结构的荷载传递路径及传导方式;掌握框架结构中柱、梁、板的布置要求及尺寸估计的方法;了解楼梯的类型及选择方法;掌握荷载的类型及取值;了解活荷载的不利布置;了解框架结构的构造要求;了解框架结构的基础。

■ **核心概念** 框架结构及其组成构件;单向板与双向板;横向承重方案、纵向承重方案、纵横双向承重方案;板式楼梯、梁式楼梯、交叉楼梯与剪刀楼梯、平行双分楼梯;恒荷载、楼(屋)面活荷载、风荷载;独立基础、条形基础、筏板基础、桩基承台、桩筏基础。

3.1 框架结构的基本概念与特点

3.1.1 框架结构的基本概念

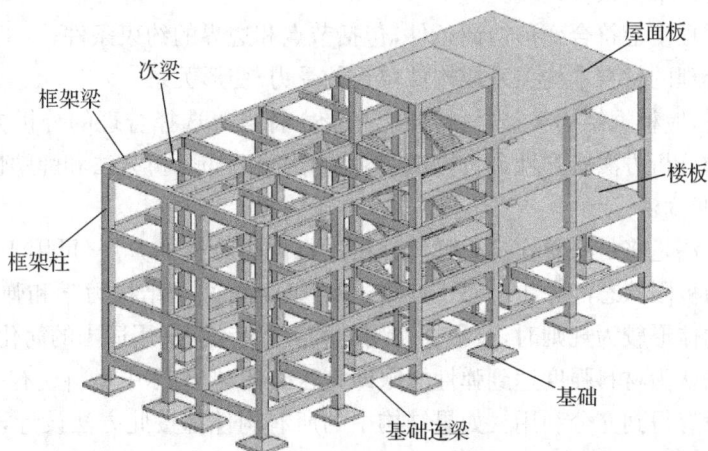

图 3-1 框架结构示意图

框架结构是指由梁和柱以刚接形式连接而成,构成承重体系的结构,即由梁和柱组成框架共同抵抗使用过程中出现的水平荷载和竖向荷载。框架结构房屋的墙体不承重,仅起到围护和分隔作用,一般用预制的加气混凝土、膨胀珍珠岩、空心砖或多孔砖、浮石、蛭石、陶粒等轻质材料砌筑或装配而成。

房屋的框架按跨数分有单跨、多跨;按层数分有单层、多层;按所用材料分为钢框架、混凝土框架、胶合木结构框架及钢与钢筋混凝土混合框架等。其中最常用的是混凝土框架(现浇整体式、装配式、装配整体式)和钢框架。装配式、装配整体式混凝土框架和钢框架适合大规模工业化施工,效率较高,工程质量较好。

框架结构的主要优点有:空间分隔灵活,自重轻,节省材料;可以较灵活地配合建筑平面布置,便于安排需要较大空间的建筑;框架结构的梁、柱构件易于标准化、定型化,便于采用装配整体式结构,以缩短施工工期;采用现浇混凝土框架时,结构的整体性、刚度较好,设计处理好也能达到较好的抗震效果,而且可以把梁或柱浇注成各种需要的截面形状。

框架结构的缺点有:框架节点应力集中显著;框架结构的侧向刚度小,在强烈地震作用下,结构所产生水平位移较大,易造成严重的非结构性破坏;不适宜建造高层建筑,框架是由梁柱构成的杆系结构,其承载力和刚度都较低,特别是水平方向的(即使可以考虑现浇楼面与梁共同工作以提高楼面水平刚度,但也是有限的),其总体水平位移上大下小,但相对于各楼层而言,层间变形上小下大,设计时如何提高框架的抗侧刚度及控制好结构侧移为重要因素,对于钢筋混凝土框架,当高度大、层数相当多时,结构底部各层不但柱的轴力很大,而且梁和柱由水平荷载所产生的弯矩和整体的侧移亦显著增加,从而导致截面尺寸和配筋增大,对建筑平面布置和空间处理带来一定的困难,影响建筑空间的合理使用,在材料消耗和造价方面,也趋于不合理,故一般适用于建造不超过 10 层的房屋。

3.1.2 结构分析方法

在结构设计时,应对结构进行整体作用分析,对于一些重要的结构构件,还应单独进行更为详细的分析。结构分析应符合下列要求:

(1) 满足力学平衡条件;

(2) 在不同程度上符合变形协调条件,包括节点和边界的约束条件;

(3) 采用合理的材料本构关系或构件单元的受力-变形关系。

结构分析时,应根据结构类型、材料性能和受力特点等选择合理的分析方法。目前,工程中常用的结构分析方法有弹性分析方法、塑性内力重分布分析方法和弹塑性分析方法。

1. 弹性分析方法

弹性分析方法是将材料看作理想弹性介质进行内力分析的方法,可用于正常使用极限状态和承载能力极限状态的分析。对于混凝土结构,通常采用结构力学和弹性力学等分析方法。当结构的体形较为规则时,可根据作用的种类和特性,采用适当的简化分析方法。由于弹性分析方法认为材料强度达到弹性极限即宣告破坏,但实际中材料还有一段塑性变形,故材料的强度没有得到充分利用。如果结构中的所有构件都按此方法设计,将造成很大的浪费,所以,实际工程中只对一些重要构件(如转换梁)采用弹性分析方法。

2. 塑性内力重分布分析方法

塑性内力重分布分析方法认为材料发生塑性变形后,由于变形过大,结构中的内力将进行重新分布。根据这一思路,对梁、板支座或节点边缘截面的负弯矩进行调幅,即将负弯矩乘以 0.8~0.9 的系数进行缩小。

3. 弹塑性分析方法

弹塑性分析方法将材料看作理想的弹塑性,即认为材料的本构关系模型为非线性的。这种分析方法不仅充分利用了材料的强度,而且更接近于结构真实的受力形态。但这种分析过程过于复杂,所以通常用于一些复杂的大型结构中。

3.1.3 框架结构的计算模型

实际结构是很复杂的,完全按照结构的实际情况进行力学分析是不可能的,对于工程设计而言,也是不必要的。因此,对实际结构进行力学计算之前,必须对其加以简化,略去不重要的细节,显示基本特点,用一个简化的模型来代替实际结构,这就是结构的计算模型。

结构分析的模型应符合以下要求:

(1) 结构分析采用的计算简图、几何尺寸、计算参数、边界条件、结构材料性能指标以及构造措施等应符合实际情况;

(2) 结构上可能的作用及其组合、初始应力和变形状况等,应符合结构的实际状况;

(3) 结构分析中所采用的各种近似假定和简化,应有理论、试验依据或工程实践验证,计算结果的精度应符合工程设计的要求。

框架结构的计算模型有空间计算模型和平面计算模型,前者适用于结构体系比较复杂并采用电算的情况,后者适用于结构体系简单并采用手算的情况。采用空间计算模型,考虑了结构在空间中的变形协调,而平面计算模型忽略了结构纵向和横向之间的空间联系。故采用空间计算模型得出的内力比平面计算模型小,相应配筋也小,故从经济上节约了材料用量。

1. 空间计算模型

空间计算模型(图 3-2)是将框架结构的梁、柱在空间中建立模型,梁与梁之间所围的闭合区域默认为楼板,再在结构上布置水平和竖向荷载进行计算分析。这种空间计算模型大多使用有限元分析方法,故需要计算机进行配合分析。

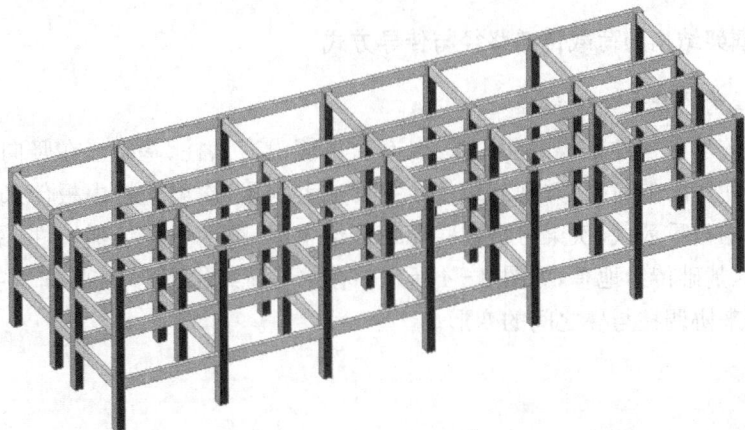

图 3-2 空间框架计算模型

2. 平面计算模型

如果结构的横向框架和纵向框架布置比较均匀,各自刚度基本相同,作用于结构上的荷载(如恒荷载、雪荷载、风荷载等)也是均匀的,则各榀框架将产生大致相同的位移,相互之间不会产生大的约束力,故可忽略各榀框架之间的相互影响,取出一榀框架作为计算单元,如图 3-3(a)所示。

梁、柱通常为一维构件,故可将其轴线代替整个构件进行受力分析,需要注意的是轴线宜取截面几何中心的连线。当框架为现浇结构或装配整体式结构时,梁柱节点、柱与基础连接处可作为刚接,如图 3-3(b)所示。

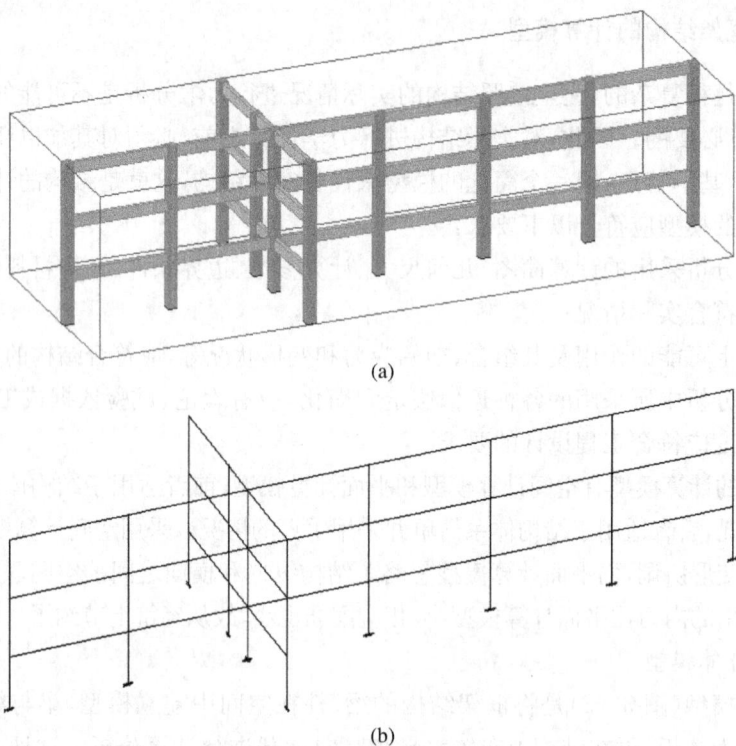

(a)

(b)

图 3-3 平面框架计算模型

3.1.4 框架结构的荷载传递路径与传导方式

1. 框架结构的荷载传递路径

框架结构的承重构件是板、主梁、次梁(有时可能没有)、柱、基础。在竖向荷载作用下,楼板主要承担使用时的荷载,并把荷载传给主梁或者次梁,次梁承担由板传来的荷载,有时也承担填充墙的自重荷载,次梁再将这些荷载传给主梁,再由主梁传递给柱,最后柱将这些荷载传给基础,基础传给地基,如图 3-4 所示。在水平荷载作用下,柱将作为主要的抗侧力构件,梁、板用来协调柱与柱之间的变形。

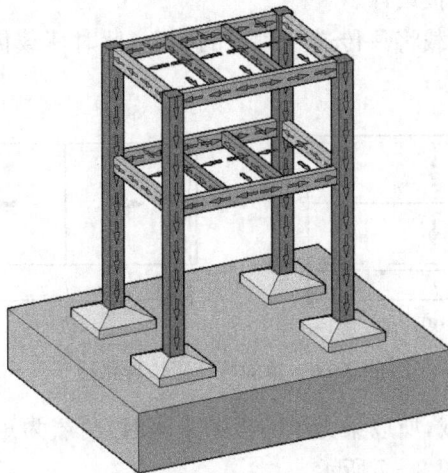

图 3-4　框架结构的内力传递路径

2. 框架结构的荷载传导方式

通常情况下,楼板的制作形式有四边支承(如一般房间的楼板)和两边支撑(如楼梯板)。不同的支承形式,其荷载传导方式也不同,四边支承板按照以四个板角点延伸四条角平分线所形成的封闭图形来分担荷载。各部分荷载按照就近原则分别传递给与其相距最近的梁(主梁或次梁都可以)。

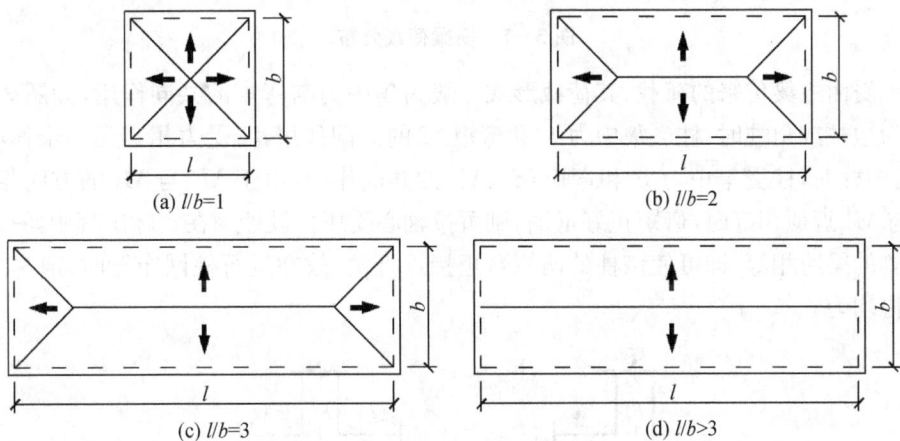

(a) $l/b=1$　　(b) $l/b=2$

(c) $l/b=3$　　(d) $l/b>3$

图 3-5　双向板荷载传导路径

当 $l/b=1$ 时(其中 l 为长边尺寸,b 为短边尺寸),各部分为全等三角形,所以传导到四根梁上的荷载相等,如图 3-5(a)所示;

当 $l/b>1$ 时,为两个梯形分布荷载和两个三角形分布荷载,按照荷载就近传递的原则,长边的梁将承受由板传来的更大的荷载。当 l/b 足够大时(工程上将 $l/b>3$ 认为是足够大),短边梁所分担的荷载已经很小了,按照构造配筋已经可以满足受力要求,故可认为板上的荷载全部传导到长边梁上,如图 3-5(d)所示,这种板在设计时是按照两边支承来设计的,故称为单向板。当 $1<l/b\leqslant2$ 时,虽然长边承担大部分荷载,但短边承担的荷载不能忽略,所以应按四边支承来设计,故称为双向板。当 $2<l/b\leqslant3$ 时,此时板的受力介于单向板

和双向板之间,但宜按双向板设计。

当板为两边支承时,荷载将只传递到对边的梁上,此时荷载传导类型与 l/b 无关,称为单向板,如图 3-6 所示。

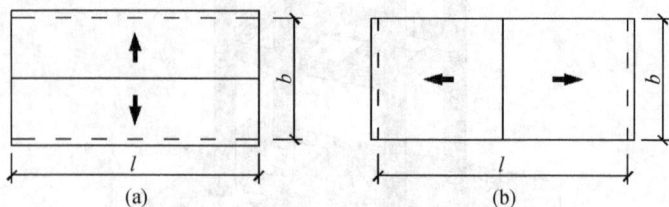

图 3-6 单向板荷载传导路径

梁承受由板传来的荷载,所以梁为单向板的支座时,荷载为矩形分布,梁为双向板的支座时,荷载为梯形分布,如图 3-7 所示。

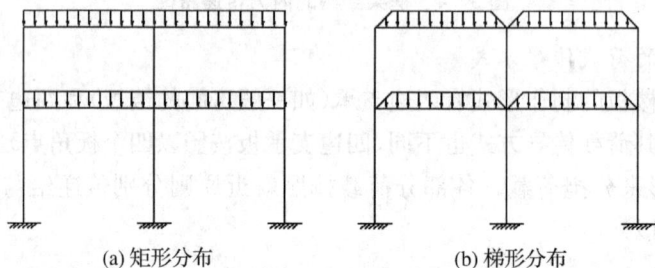

(a) 矩形分布　　　　　　(b) 梯形分布

图 3-7 横梁荷载分布

柱承受由主梁传来的荷载,其荷载形式一般为集中力与弯矩的共同作用,如图 3-8 所示。当为边柱或角柱时,柱受集中力 F 和弯矩 M 的共同作用,其受力相当于一个偏心受压柱;当为中柱时,柱受集中力 F 和弯矩 M_1、M_2 的共同作用,由于 M_1 与 M_2 的方向相反,故当 M_1 与 M_2 近似相等时,弯矩正好抵消,则可按轴心受压柱设计。在实际工程中,只需保证中柱两侧的梁跨相等,即可使该柱的两侧弯矩接近抵消,故在进行柱网布置时,应尽量将柱网布置得均匀。

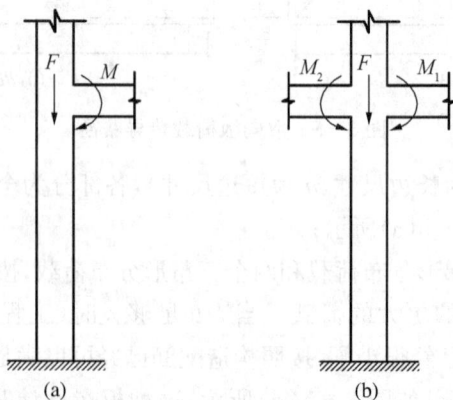

图 3-8 柱荷载分布

3.2　构件布置

3.2.1　结构设计方案

在进行结构设计之前,首先应根据建筑的形式、使用要求以及建设单位的有关要求确定合适的结构方案。框架结构的设计方案主要有以下要求:

(1) 选用合理的结构体系、构件形式和布置;

(2) 结构的平、立面布置宜规则,各部分的质量和刚度宜均匀、连续;

(3) 结构的传力途径应简捷、明确,竖向构件宜连续贯通、对齐;

(4) 宜采用超静定结构,重要构件和关键传力部位应增加冗余约束或有多条传力路径;

(5) 宜采取减小偶然作用影响的措施。

3.2.2　柱布置

1. 结构布置原则

(1) 房屋开间、进深尽可能统一,使房屋中构件类型、规格尽可能减少,以便于设计和施工;

(2) 房屋平面应力求简单、规则、对称及减少偏心,以使受力更合理;

(3) 房屋的竖向布置应使结构刚度沿高度分布比较均匀,避免结构刚度突变。同一楼面应尽量设置在同一标高处,避免结构错层或局部夹层;

(4) 为使房屋具有必要的抗侧刚度,房屋的高宽比不宜过大,一般宜控制 $H/B = 4 \sim 5$;

(5) 当建筑物平面较长,或平面复杂、不对称,或各部分刚度、高度、重量相差悬殊时,应设置必要的变形缝。

2. 柱网布置

柱网是柱的定位轴线在平面上所形成的网格。框架结构的柱布置,既要满足建筑功能和生产工艺的要求,又要使结构受力合理、施工方便。

框架结构的柱网尺寸不应太小。从使用功能来说,柱网布置应与建筑分隔墙的布置相协调。框架结构常常将每一跨分成两个小的开间,框架结构的柱网尺寸往往取决于合适的小开间尺寸。民用建筑常见的开间尺寸一般为 $3 \sim 4.2$ m,这就决定了框架的柱网尺寸采用 $6 \sim 8.4$ m 比较合适。常用的开间大多不小于 3 m,因而采用 6 m 以下的柱网也就很少。

框架结构的柱网尺寸也不宜过大。柱网加大同时,梁的跨度也在增大,必须加大梁高,所以会占用更多的空间高度。在层高一定的情况下,梁高增大就意味着净高的减小。对于设备较多的建筑,空调管道、喷淋管道、电线电缆、传感设施、吊顶龙骨等都会占用很大的高度,就需要加大层高才能满足使用要求。一般情况下,很少用到超过 9 m 的框架柱网。

3. 柱截面尺寸的初定

初步确定柱截面尺寸主要有两种方法:按轴力设计值估算和按柱高度估算。

(1) 按轴力设计值估算

$$A \geqslant \frac{(1.2 \sim 1.4)N}{f_c}$$

式中，A——柱截面面积；

$\quad\quad f_c$——混凝土抗压强度设计值；

$\quad\quad N$——柱轴力设计值，可按下式估算。

$$N = n\alpha_1 \alpha_2 qS$$

式中，n——位于该柱之上的楼层数；

$\quad\quad \alpha_1$——考虑水平力产生的附加系数，取 $\alpha_1 = 1.05 \sim 1.15$；

$\quad\quad \alpha_2$——考虑柱类型的影响系数，中柱取 $\alpha_2 = 1.0$，边柱取 $\alpha_2 = 1.1$，角柱取 $\alpha_2 = 1.2$；

$\quad\quad q$——每个楼层上单位面积的竖向分布荷载，可近似取 $q = 15\ \text{kN/m}^2$；

$\quad\quad S$——一层柱的从属面积。

(2) 按柱高度估算

$$h_c = \left(\frac{1}{15} \sim \frac{1}{10} \right) H$$

$$b_c = \left(\frac{1}{3} \sim 1 \right) h_c$$

式中，H——柱高；

$\quad\quad h_c$——柱截面高；

$\quad\quad b_c$——柱截面宽。

按上述两种方法进行估算后，还应满足：非抗震设计时，矩形柱截面的边长不宜小于250 mm；抗震设计时，矩形柱截面的边长在抗震等级为四级时不宜小于 300 mm，抗震等级为一、二、三级时不宜小于 400 mm；柱截面高宽比不宜大于 3。

3.2.3　梁布置

1. 梁布置

一般情况下，柱与柱之间需布置主梁而形成整个框架体系。次梁的布置则根据不同的承重方案有不同的布置方式。

(1) 横向承重方案

在横向承重方案中，次梁应沿纵向布置，横向主梁和柱组成的主框架沿房屋的横向布置，承担了绝大部分的竖向荷载和横向的水平缝荷载和地震作用。房屋的纵向迎风面积较小，而纵向框架高宽比较小，风荷载所产生的框架内力通常很小。横向承重方案的主梁垂直于结构的外纵墙，也有利于主要建筑立面的布置，但由于承重框架是横向布置的，故不利于室内管道通过。如图 3-9(a)所示。

(2) 纵向承重方案

在纵向承重方案中，次梁设置方向与横向承重方案相反。由纵向主梁和柱组成的主框架沿房屋的纵向布置，承担了绝大部分的竖向荷载和纵向的水平风荷载和地震作用。当主梁沿纵向布置时,跨度相对较小,因此可以降低主梁高度,有利于增大房屋的使用净空,但这种方案的横向刚度较弱,一般不宜采用。如图 3-9(b)所示。

（3）纵横双向承重方案

当柱网为正方形或接近正方形,或楼面荷载较大的情况下,宜采用纵横双向承重方案。在双向承重方案中,房屋的纵、横向都需要布置由抗弯刚度较大的主梁和柱组成刚接框架,并承受各自的竖向荷载和水平荷载。此时,楼面常采用现浇双向板或井字梁楼盖,双向承重方案通常应用于使用空间较大的仓库、商场等建筑中。如图 3-9(c)所示。

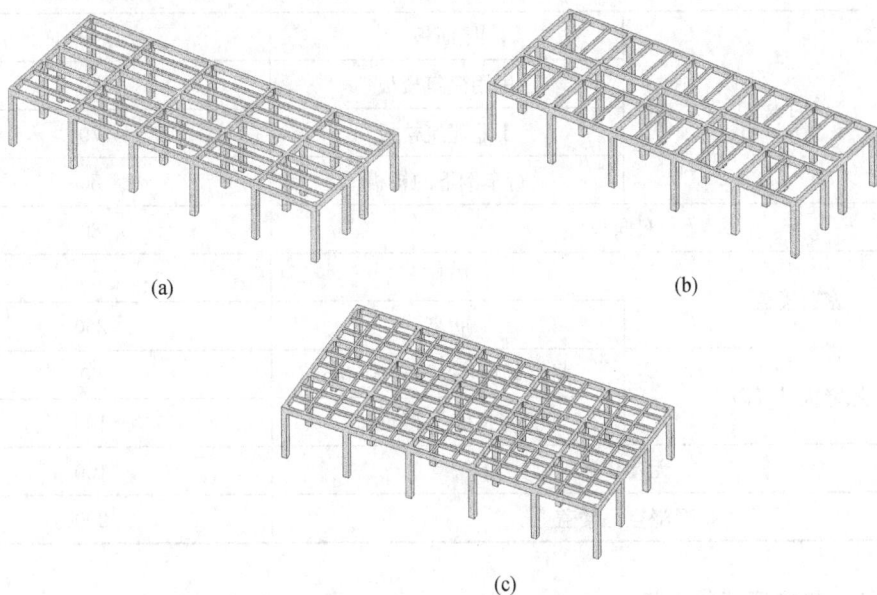

(a)

(b)

(c)

图 3-9　承重框架布置方案

2. 梁截面尺寸的初定

梁截面尺寸可按梁跨度估算:

$$h_b = \left(\frac{1}{18} \sim \frac{1}{10}\right)l$$

$$b_b = \left(\frac{1}{4} \sim \frac{1}{2}\right)h_b$$

式中,l——梁跨度;

　　h_b——梁截面高;

　　b_b——梁截面宽。

还应满足:梁净跨与截面高度之比不宜小于 4;梁截面宽度不宜小于 200 mm。

3.2.4　楼板厚度的确定

楼板厚度按板跨确定:

单向板　　　$h_f \geqslant \dfrac{1}{30}l$

$$双向板 \qquad h_{\mathrm{f}} \geqslant \frac{1}{40} l$$

式中,l——板跨度;

$\quad\quad h_{\mathrm{f}}$——板厚。

现浇混凝土板还应不小于表3-1中最小厚度要求。

表3-1　板的最小厚度(mm)

板的类别		最小厚度
单向板	屋面板	60
	民用建筑楼板	60
	工业建筑楼板	70
	行车倒下的楼板	80
双向板		80
密肋楼盖	面板	50
	肋高	250
悬臂板(根部)	悬臂长度不大于 500 mm	60
	悬臂长度 1 200 mm	100
无梁楼盖		150
现浇空心楼盖		200

3.2.5　楼梯形式的选择

楼梯是建筑物的竖向通道,其主要形式有板式楼梯、梁式楼梯、交叉楼梯、平行双分楼梯和剪刀楼梯等,应根据不同的建筑要求和受力特点选择不同形式的楼梯。

1. 板式楼梯

板式楼梯主要由梯板、梯梁和平台板组成,如图3-10(a)所示。梯板承受梯段上的荷载并传给梯梁,梯梁再传递给梯柱或其他承重构件。板式楼梯受力明确,结构计算简单,施工方便。当梯段跨度在3 m以内时,较为经济合理,宜采用板式楼梯。

2. 梁式楼梯

当梯段跨度较大时,如果仍采用板式楼梯,将会增加梯板厚度,从而增加了材料用量,此时宜采用梁式楼梯。梁式楼梯的梯板两侧设有斜梁,如图3-10(b)所示,梯板将荷载传递给斜梁,再由斜梁传给平台梁,最后由平台梁传给梯柱或其他承重构件。梁式楼梯适用于梯段跨度大于3 m的楼梯。

3. 交叉楼梯与剪刀楼梯

当建筑物对疏散要求较高时,可选用交叉楼梯[图3-3(c)]或剪刀楼梯[图3-3(e)]。这两种楼梯的特点是在同一个楼梯间同时设置了两个楼梯,具有两条垂直方向疏散通道的功能。这两种楼梯极大地节约了建筑物内部的使用空间,提高了建筑面积使用率。

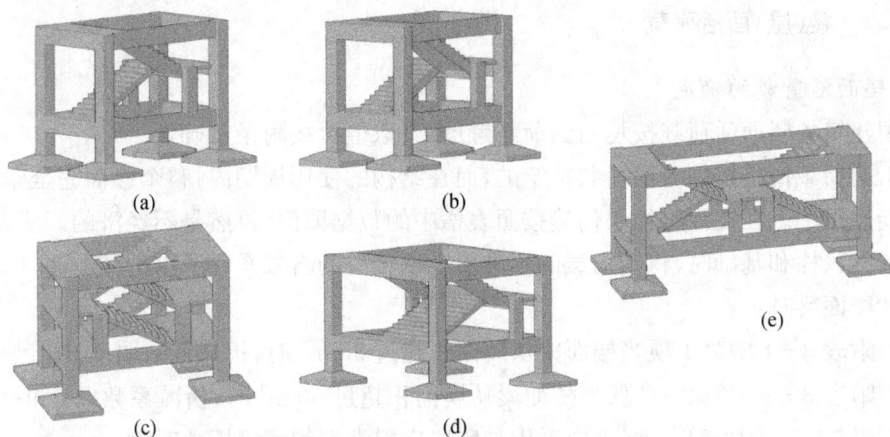

图 3-10　楼梯的形式

4. 平行双分楼梯

平行双分楼梯是在平行双跑楼梯的基础上演变而成的,如图 3-10(d)所示。其梯段第一跑在中部上行,其后中间平台处往两边以第一跑的二分之一梯段宽,各上一跑到楼层面。通常在人流多、梯段宽度较大时采用。由于其造型的对称严谨性,通常用作办公类建筑的主要楼梯。

3.3　荷载取值

框架结构的荷载包括竖向荷载和水平荷载。当结构高度较低时,竖向荷载在结构设计中起控制作用;当结构高度较高时,水平荷载则起控制作用。

竖向荷载包括恒荷载(结构构件和非结构构件的自重)、楼屋面活荷载、雪荷载等。水平荷载包括风荷载和地震作用。

3.3.1　恒荷载

恒荷载的计算可按照构件尺寸与材料单位体积的容重确定。常用材料和构件的自重可按表 3-2 取值。

表 3-2　常用材料的自重(kN/m^3)

项　次	名　称	自　重	备　注
1	钢筋混凝土	24.0～25.0	
2	素混凝土	22.0～24.0	振捣或不振捣
3	水泥砂浆	20.0	
4	普通砖	18.0	240 mm×115 mm×53 mm
5	蒸压加气混凝土砌块	5.5	
6	钢材	78.5	

3.3.2 楼(屋)面活荷载

1. 楼面活荷载的确定

民用建筑的楼面活荷载按均布面荷载考虑,其取值可按附录三确定。

由于活荷载值是按均布面荷载确定的,而在结构的使用周期内,整个楼面完全布满活荷载的可能性很小。在设计时如果仍然按照表格中的数据取值,显然是不经济的。所以,在设计楼面梁、墙、柱和基础时,将活荷载的标准值乘以相应的折减系数予以折减。

设计楼面梁时:

(1) 附表 3-1 中第 1 项当楼面梁从属面积超过 25 m² 时,折减系数取 0.9;

(2) 附表 3-1 中第 2~7 项当楼面梁从属面积超过 50 m² 时,折减系数取 0.9;

(3) 附表 3-1 中第 8~12 项应采用与所属房屋类别相同的折减系数。

设计墙、柱和基础时:

(1) 附表 3-1 中第 1 项的折减系数按表 3-3 取值;

(2) 附表 3-1 中第 2~7 项采用与其楼面梁相同的折减系数;

(3) 附表 3-1 中第 8~12 项应采用与所属房屋类别相同的折减系数。

表 3-3 活荷载按楼层的折减系数

墙、柱、基础计算截面以上的层数	1	2~3	4~5	6~8	9~20	>20
计算截面以上各层活荷载总和的折减系数	1.00 (0.90)	0.85	0.70	0.65	0.60	0.55

注:当楼面梁的从属面积超过 25 m² 时,采用括号内的系数。

屋面活荷载按照屋面的水平投影面上的均布面荷载考虑,其取值按表 3-4 确定。

表 3-4 屋面活荷载标准值及相关系数的取值

项次	类别	标准值(kN/m²)	组合值系数 ψ_c	频遇值系数 ψ_f	准永久值系数 ψ_q
1	不上人屋面	0.5	0.7	0.5	0.0
2	上人屋面	2.0	0.7	0.5	0.4
3	屋顶花园	3.0	0.7	0.6	0.5
4	屋顶运动场地	3.0	0.7	0.6	0.4

2. 楼面活荷载的最不利布置

楼面活荷载属于可变荷载,它可以单独作用在某层的某一跨或某几跨,也可能同时作用在整个结构上。因此在设计时,对于构件控制截面的最不利内力,需要考虑活荷载的最不利布置。这里,介绍活荷载不利布置的最不利荷载位置法、分跨计算组合法与满布荷载法三种方法。

(1) 最不利荷载位置法

最不利荷载位置法的基本思路是,先确定对某一控制截面产生最不利内力的活荷载位置,然后在这些位置上布置活荷载,所求得的该截面的内力即为最不利内力。

当求某层某跨横梁跨中的最大正弯矩时,先将本跨布置上活荷载,再隔层隔跨布置,如图 3 - 11(a)所示为跨中 C 截面的活荷载最不利布置图。

当求某层某跨横梁梁端的最大负弯矩时,对于横梁所在层,先在该梁端的左、右跨布置活荷载,然后隔跨布置;对于上、下相邻层,先在对应同一跨梁的另一端的左、右跨布置活荷载,然后隔跨布置;对于其他楼层,在对应跨上隔跨布置。如图 3 - 11(b)、(c)所示为梁端 A、B 截面的活荷载最不利布置图。

当求柱截面 $|M_{max}|$ 及相应 N 时,对于某柱柱底截面右侧和柱顶截面左侧最大拉应力的弯矩,先在该柱右侧跨的上、下两层的横梁上布置活荷载,然后隔跨隔层布置;对于某柱柱底截面左侧和柱顶截面右侧最大拉应力的弯矩,先在该柱左侧跨的上、下两层的横梁上布置活荷载,然后隔跨隔层布置,如图 3 - 11(d)、(e)所示为柱端 A、B 两种情况下截面最大弯矩的活荷载最不利布置图。此时,$|M_{max}|$ 相应的轴向力 N 可根据此柱在该截面以上左右两跨的负荷情况直接算出。

当求柱截面 $|N_{max}|$ 及相应 M 时,在此柱截面以上的相临两跨内满布活荷载。如图 3 - 11(f)所示为柱 C 截面最大轴力的活荷载最不利布置图。

由于每一个控制截面的每种最不利内力都需要找出相应的最不利荷载位置,并分别进行内力分析,所以此方法计算烦琐,不便于实际应用,但此方法的力学概念清晰,可用于复核计算。

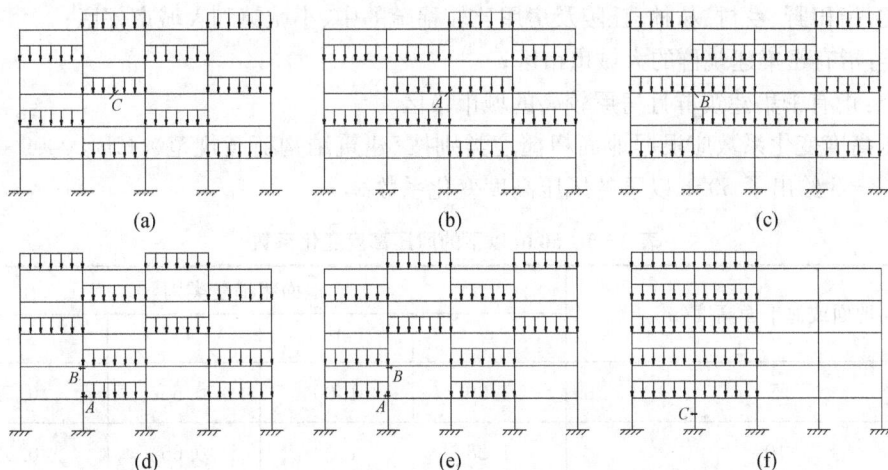

图 3 - 11 活荷载最不利布置图

(2) 分跨计算组合法

这个方法的基本思路是先将活荷载逐层逐跨单独布置在结构上,分别分析结构的内力,然后再进行不同截面的内力组合从而得到最不利内力。因此,一个 m 层 n 跨的框架,有 m×n 种活荷载布置方式,将会进行 m×n 次内力计算,其工作量是非常大的。但这种方法的过程简单,适合利用计算机辅助分析。

(3) 满布荷载法

一般情况下,在民用建筑框架结构中,楼屋面活荷载相对于恒荷载较小,可不考虑活荷载的最不利布置,而把活荷载像恒荷载一样满布于结构上。这样求得的内力在支座处与按最不利荷载位置法求得的内力极为相近,可直接进行内力组合。但求得的梁的跨中弯矩却比最不利荷载位置法的计算结果要小,因此对梁跨中弯矩应乘以 1.1~1.2 的系数予以增大。

3.3.3 风荷载

计算主要受力结构时,垂直于建筑物表面的风荷载标准值按下式计算:

$$\omega_k = \beta_z \mu_s \mu_z \omega_0$$

式中,ω_k——风荷载标准值(kN/m^2);

β_z——高度 z 处的风振系数;

μ_s——风荷载体形系数;

μ_z——风压高度变化系数;

ω_0——基本风压(kN/m^2)。

风荷载体形系数是一个反应房屋建筑平面形式和屋顶形式对风压标准值影响的量。通常对于平面为矩形的建筑,当房屋纵向为迎风面时取 $\mu_s = 1.3$,当房屋横向为迎风面时取 $\mu_s = 1.4$。其他情况详见《建筑结构荷载规范》(GB 50009—2012)。

风压高度变化系数反应高度和地面粗糙程度对风荷载大小的影响。地面粗糙程度可分为 A、B、C、D 四类。

A 类:指近海海面、海岛、海岸、湖岸及沙漠地区;

B 类:指田野、乡村、丛林、丘陵及房屋比较稀疏的中、小城镇和大城市郊区;

C 类:指有密集建筑群的大城市市区;

D 类:指有密集建筑群且房屋较高的城市市区。

风压高度变化系数应根据地面粗糙度类别按《建筑结构荷载规范》(GB 50009—2012)取值,表 3 - 5 给出了 50 m 以下的风压高度变化系数。

表 3 - 5　50 m 以下的风压高度变化系数

离地面或海平面高度(m)	地面粗糙度类别			
	A	B	C	D
5	1.09	1.00	0.65	0.51
10	1.28	1.00	0.65	0.51
15	1.42	1.13	0.65	0.51
20	1.52	1.23	0.74	0.51
30	1.67	1.39	0.88	0.51
40	1.79	1.52	1.00	0.60
50	1.89	1.62	1.10	0.69

基本风压是以当地比较空旷平坦的离地 10 m 高度处,统计所得重现期为 50 年的 10 min 平均最大风速 v_0(m/s)为标准,按 $\omega_0 = \dfrac{v_0^2}{1\,600}$ 确定的风压值。表 3 - 6 给出了全国部

分城市的基本风压值,其他城市的基本风压值可查阅《建筑结构荷载规范》(GB 50009—2012)。按表确定的基本风压值小于 0.30 kN/m² 时,取 $\omega_0 = 0.30$ kN/m²。

表 3-6　全国部分城市的基本风压

城市名	风压(kN/m²)		
	$R=10$	$R=50$	$R=100$
北京	0.30	0.45	0.50
上海	0.40	0.55	0.60
天津	0.40	0.55	0.60
重庆	0.25	0.40	0.45
南京	0.25	0.40	0.45
徐州	0.25	0.35	0.40
淮阴	0.25	0.40	0.45
无锡	0.30	0.45	0.50
泰州	0.25	0.40	0.45
连云港	0.35	0.55	0.65
盐城	0.25	0.45	0.55
南通	0.30	0.45	0.50
常州	0.25	0.40	0.45

3.4　框架结构内力分析与配筋包络

3.4.1　设计资料

某教学楼采用内廊式现浇框架结构,地上四层,每层的层高均为 4.2 m,柱底嵌固端为基础顶面−1.500 m 处。所有构件的混凝土强度等级均为 C30,所有纵筋均采用 HRB335 级钢筋,箍筋采用 HPB300 级钢筋。综合考虑建筑、经济因素,以及建设单位的意见后,现采用如图 3-12 所示的柱网,楼梯采用板式双跑楼梯。建筑各部分的功能如下:

1、2 轴线与 A、B 轴线之间区域,及 8、9 轴线与 A、B 轴线之间区域为楼梯;1、2 轴线与 C、D 轴线之间区域,及 8、9 轴线与 C、D 轴线之间区域为卫生间;B、C 轴线之间为走廊;其余均为教室。其中 2、4、6、8、B、C 轴线布置 200 mm 隔墙(走廊处打断)。

已知该建筑地区的场地类别为Ⅱ类,抗震设防烈度为 7 度(0.1 g),基本风压 0.35 kN/m²,地面粗糙度类别为 C 类。

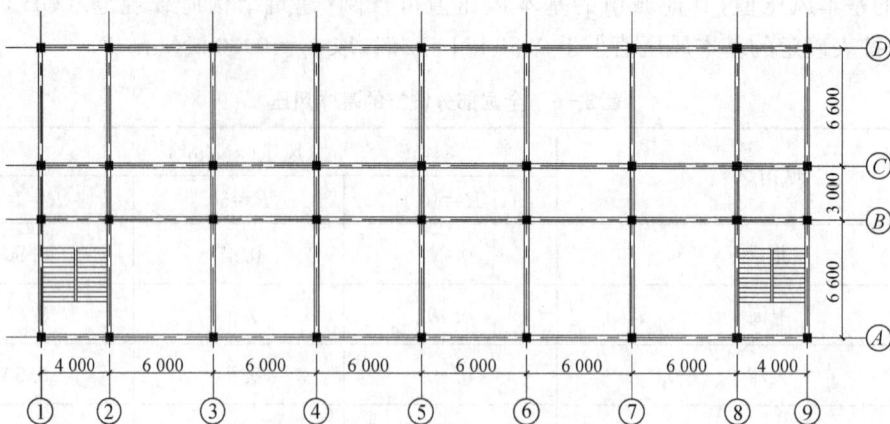

图 3 - 12　某框架教学楼结构布置图(尺寸单位:mm)

3.4.2　构件尺寸估算与结构计算模型

1. 构件尺寸估算

(1) 柱截面尺寸估算

柱截面尺寸采用按柱高度估算的方法,由于底层柱的受力较其他层不利,应按照底层柱的高度估算。底层柱的高度应从基础底面开始算起至一层楼面。柱截面尺寸估算如下:

$$h_c = \left(\frac{1}{15} \sim \frac{1}{10}\right) \times H = \left(\frac{1}{15} \sim \frac{1}{10}\right) \times (4\,200 + 1\,500) = 380 \sim 570 \text{ mm}$$

取 $b_c = h_c = 450$ mm。

(2) 梁截面尺寸估算

梁高度按照梁跨度估算,本例不考虑变截面梁,故应取跨度最大的梁估算。所以取跨度为 6 600 mm 的梁进行估算:

$$h_b = \left(\frac{1}{18} \sim \frac{1}{10}\right) \times 6\,600 = 367 \sim 660 \text{ mm}$$

边梁取 $h_b = 650$ mm, $b_b = 250$ mm;中部梁取 $h_b = 500$ mm, $b_b = 250$ mm。

(3) 板厚的估算

板厚按照板跨估算,本例应按双向板估算:

$$h_f \geqslant \frac{1}{40} \times 4\,000 = 100 \text{ mm}$$

取 $h_f = 100$ mm。

2. 结构计算模型

按照前部分的截面尺寸将模型输入计算机中,可得到如图 3 - 13 所示的空间框架计算模型。

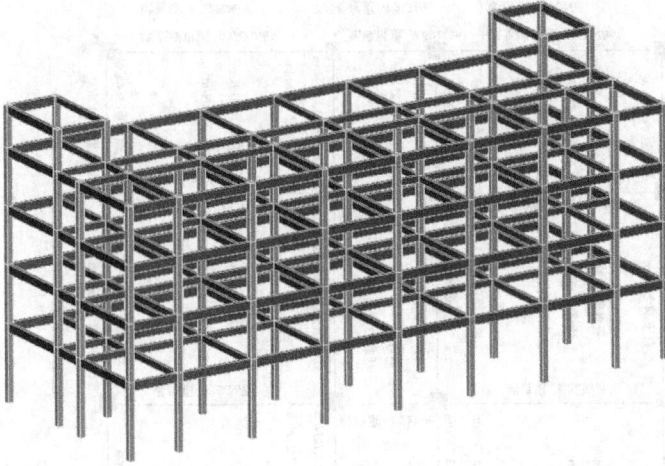

图 3-13 空间框架计算模型

3.4.3 荷载及相关计算参数输入

按照 3.3 节内容确定恒荷载、楼屋面活荷载和基本风压值,如表 3-7 所示。将所确定的荷载值输入到模型中,图 3-14 为模型中的荷载分布图。

表 3-7 框架结构荷载取值

恒荷载(kN/m^2)	卫生间:9.8;其他:5.3
楼屋面活荷载(kN/m^2)	走廊、楼梯:3.5;教室:2.5;屋面:2.0
基本风压(kN/m^2)	3.5

根据本例框架结构的高度和抗震设防烈度可以确定框架抗震等级为三级。将抗震等级与设计资料中提供的其他信息(场地类别、地面粗糙度类别与材料信息等)输入到模型中进行计算分析。

(a) 一至三层荷载分布平面图

图 3-14 （续）

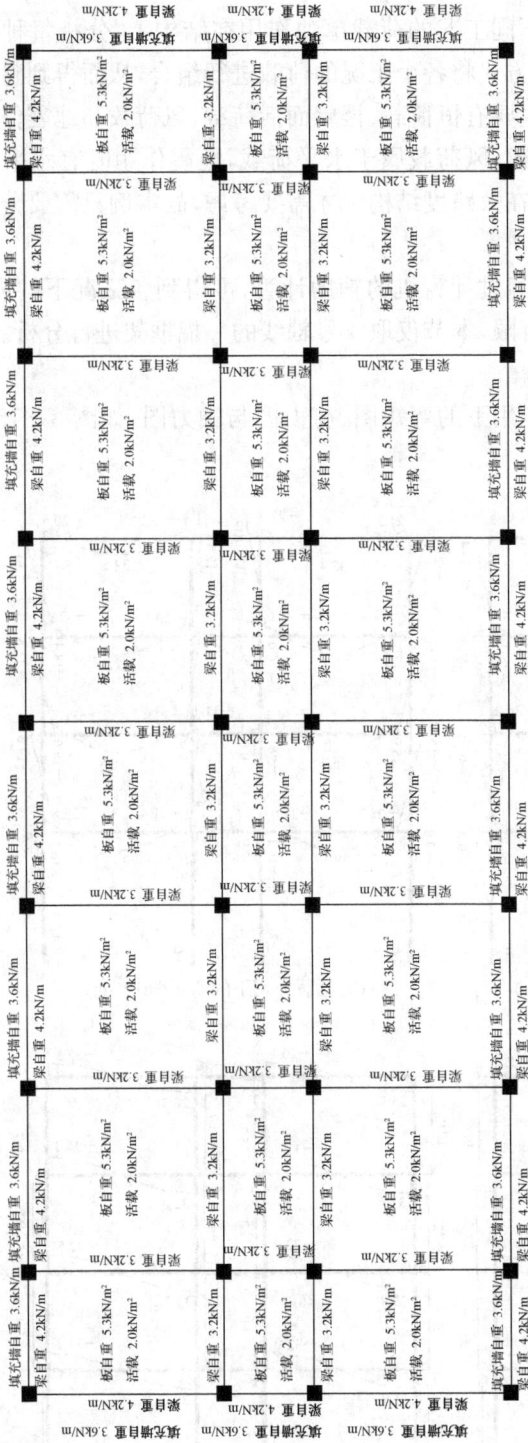

(b) 屋面荷载分布平面图

(c) 出屋面楼梯间荷载分布平面图

图 3-14　框架荷载分布图

3.4.4　内力分析与配筋包络

结构内力分析的主要内容是先将不同工况的荷载单独作用在结构上,分析每种荷载对结构的作用效应,再按照最不利的组合方式将各个工况的荷载进行组合,从而得到整个结构的内力包络图。民用建筑的荷载工况主要有恒荷载、楼屋面活荷载、风荷载和地震作用。其中恒荷载和楼屋面活荷载属于竖向荷载,风荷载属于水平荷载,地震作用既有水平地震作用,又有竖向地震作用。竖向地震作用在大跨度结构中才需要考虑,故本例只需要分析水平地震作用而不需要分析竖向地震作用。

将 3.4.3 节的信息输入到模型中,经过计算机的辅助计算,可得到各工况下的内力图、内力包络图及配筋包络图。由于篇幅有限,本节仅取 4 号轴线的一榀框架进行分析。

1. 竖向荷载作用下的内力分布规律

本例框架结构在恒荷载和活荷载作用下的弯矩图、剪力图与轴力图,如图 3 - 15 所示。各内力图大致呈现以下的规律。

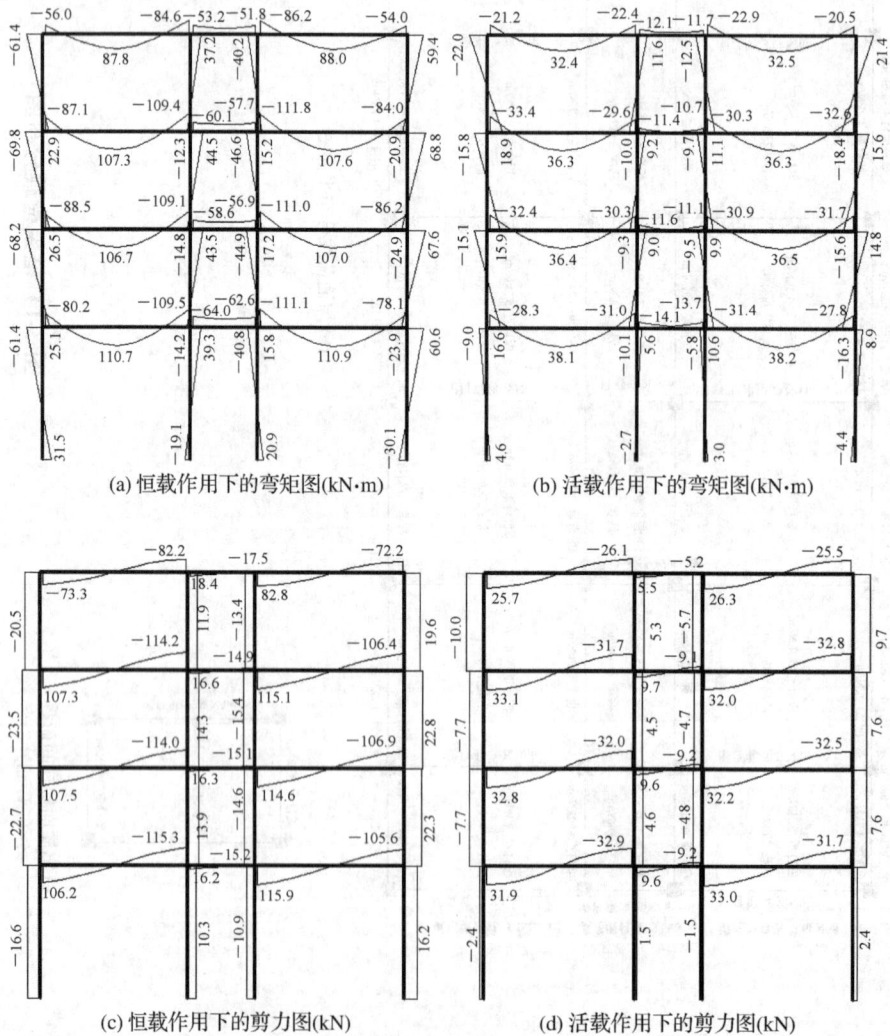

(a) 恒载作用下的弯矩图(kN·m)　　　　(b) 活载作用下的弯矩图(kN·m)

(c) 恒载作用下的剪力图(kN)　　　　(d) 活载作用下的剪力图(kN)

图 3 - 15(续)

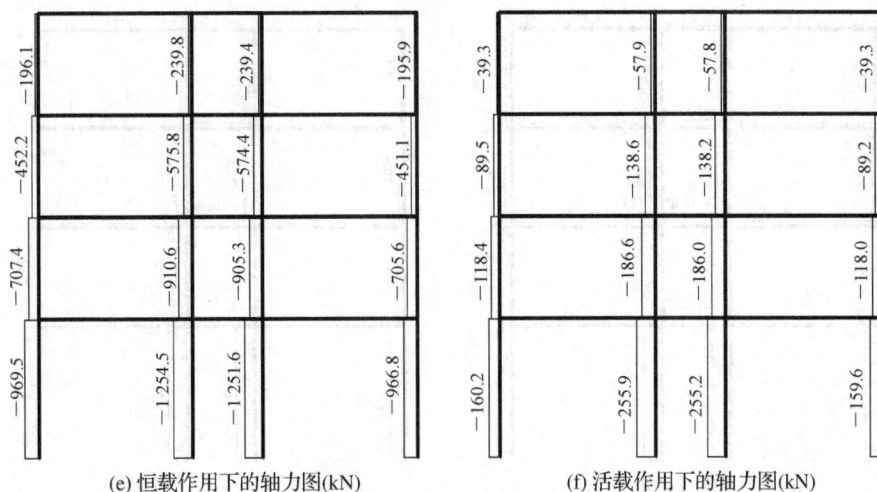

(e) 恒载作用下的轴力图(kN)　　　　　　(f) 活载作用下的轴力图(kN)

图 3 - 15　框架结构在竖向荷载作用下的内力图

(1) 弯矩图:横梁弯矩的大小与梁的跨度有关,跨度越大,弯矩越大。跨度小的横梁受相临跨的影响较大,图 3 - 15(a)、(b)中,中间跨的横梁跨度是边跨的一半,由于受边跨的影响,其弯矩图中没有出现正弯矩。对于立柱,边柱的弯矩较中柱大,基于对其他模型的分析总结,中柱上部两边的梁跨度越接近相等,其弯矩越小。

(2) 剪力图:横梁的剪力近似斜直线分布,且支座附近的剪力大,跨中剪力小;立柱的剪力呈平行于构件的直线分布,边柱的剪力比中柱的剪力大。

(3) 柱轴力图:柱轴力从上至下增加,中柱轴力大于边柱轴力。

2. 水平荷载作用下的内力分布规律

本例框架结构在风荷载和水平地震作用下的弯矩图、剪力图与轴力图,如图 3 - 16 所示。各内力图大致呈现以下的规律。

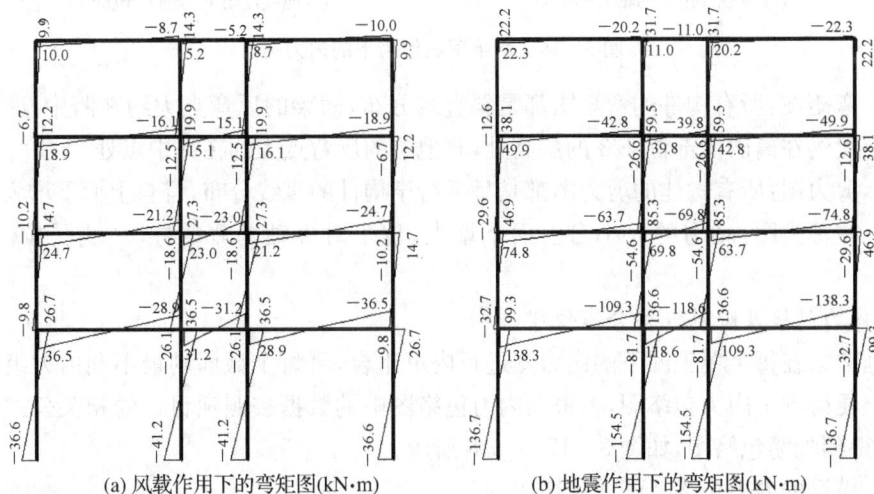

(a) 风载作用下的弯矩图(kN·m)　　　　　(b) 地震作用下的弯矩图(kN·m)

图 3 - 16(续)

（c）风载作用下的剪力图(kN)　　　　　　（d）地震作用下的剪力图(kN)

（e）风载作用下的轴力图(kN)　　　　　　（f）地震作用下的轴力图(kN)

图 3-16　水平荷载作用下的内力图

（1）弯矩图:所有构件的弯矩图都是斜直线分布,横梁的反弯点大约在跨中,底层立柱的反弯点大约在离嵌固部位 2/3 的层高处,其他层的反弯点大约在柱中点处。

（2）剪力图:所有构建的剪力图都是呈平行于构件的直线分布,且自上而下增大。

（3）柱轴力图:轴力的大小自上而下增大,位于对称轴两侧的柱,一侧受拉,另一侧受压。

3. 内力包络及配筋包络分布规律

将框架梁在每个单工况下的内力图进行内里组合,将每个截面的最不利内力组合画在一张图上便得到了内力包络图,再根据内力包络图中的数据按照项目二的相关公式进行计算,即可得到配筋包络图,如图 3-17、3-18 所示。

（1）横梁的内力包络及配筋包络图

内力包络图与配筋包络图在形状上是相似的,在弯矩包络图中,可以看出外侧两跨梁支座处的负弯矩较大,有的梁也会产生正弯矩。而跨中正弯矩较大,没有负弯矩。故对于这两跨梁,支座处应当同时配置足够的上部钢筋和下部钢筋,在跨中部分只需配置下部钢筋。对于中间跨的梁,由于受边跨梁的影响,整个跨都可能同时产生正弯矩和负弯矩,故该跨梁的上、下部钢筋均应拉通布置。从剪力包络图中可以看出,支座处的剪力大,跨中的剪力小。故在支座处的箍筋间距应适当减小,跨中部位的箍筋间距可适当放大。

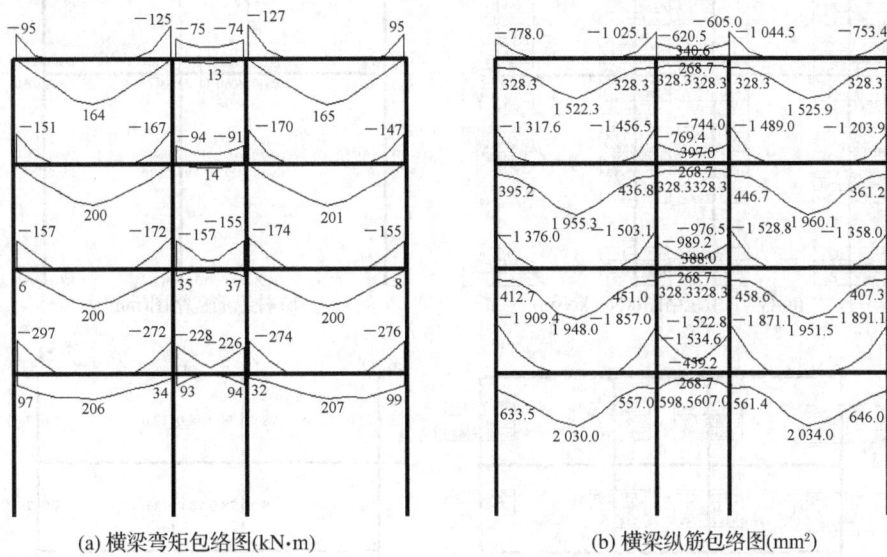

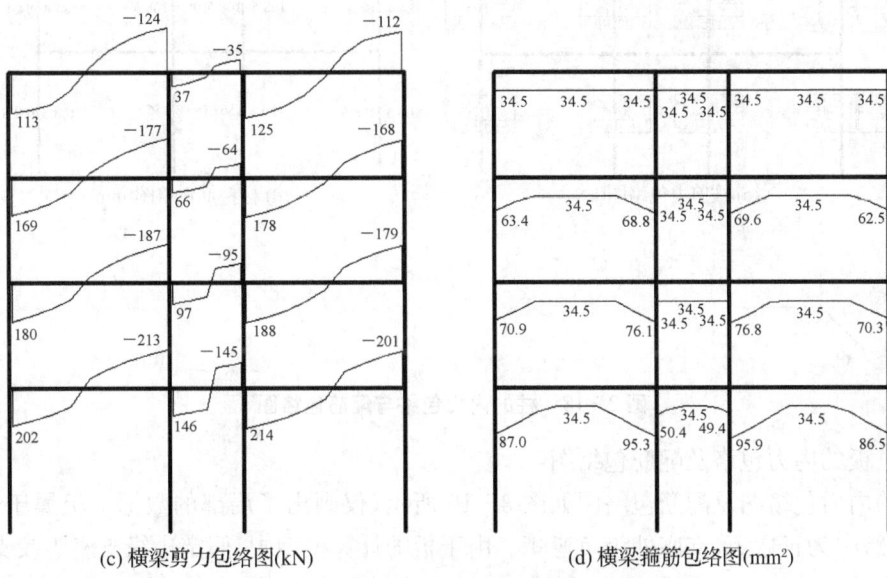

(a) 横梁弯矩包络图(kN·m)

(b) 横梁纵筋包络图(mm²)

(c) 横梁剪力包络图(kN)

(d) 横梁箍筋包络图(mm²)

图 3-17　横梁的内力包络与配筋包络图

（2）柱的内力包络及配筋包络图

柱的配筋计算需要考虑轴力与弯矩、轴力与剪力的共同作用,故其内力包络图为这几种内力的组合形式。从内力包络图中可以看出,轴力依然是从上至下依次递增,每根柱的柱顶弯矩大于柱底弯矩,剪力呈均匀分布。值得注意的是,二层边柱的纵筋配筋值小于三层和顶层,这是由于二层柱的轴力比三层和顶层大,在弯矩与轴力协同作用下,轴力对柱来说属于有利荷载。

図 (a) 柱N、M包络图(kN，kN·m)

N	−295.7 −217.6	−323.5 −384.5	−323.0 −383.8	−295.3 −218.3
Mx	−118.6 −77.0	97.8 63.7	−102.0 −68.9	115.3 74.1
My	−0.3 −47.2	0.7 0.1	0.8 0.2	0.2 46.0
N	−256.0 −217.6	−269.1 −384.5	−268.7 −383.8	−255.6 −217.5
Mx	−55.9 −33.5	54.0 27.1	−57.5 −31.8	53.0 30.3
My	−0.5 −39.4	0.4 −0.2	0.4 −0.1	0.0 −37.7
N	−630.9 −502.2	−630.5 −921.2	−629.0 −919.0	−629.5 −501.1
Mx	−198.6 −108.4	175.0 71.9	−178.1 −75.4	196.8 106.5
My	−8.3 −110.8	−0.1 1.4	1.4 0.1	−7.6 108.9
N	−530.5 −502.2	−630.5 −921.2	−629.0 −919.0	−529.4 −500.0
Mx	−98.4 −47.0	122.9 29.7	−126.4 −33.5	96.0 42.5
My	−7.5 −98.9	0.8 −0.3	1.0 −0.1	−6.9 95.9
N	−986.7 −774.5	−954.7 −1424.4	−952.2 −1420.6	−984.4 −772.5
Mx	−211.3 −105.9	220.5 70.3	−222.6 −72.8	210.1 104.5
My	−11.3 −153.1	1.6 −0.1	1.9 0.1	−10.5 151.6
N	−1080.9 −774.5	−954.7 −1424.4	−952.2 −1420.6	−1078.0 −772.5
Mx	−51.2 −45.5	170.8 29.6	−173.3 −32.2	49.2 43.4
My	−0.7 −139.1	1.2 −0.3	1.4 −0.1	0.1 137.3
N	−1395.4 −1061.5	−1539.4 −1391.6	−1535.4 −1393.3	−1391.9 −1057.9
Mx	−292.2 −94.3	316.5 62.5	−319.1 −54.0	290.7 92.3
My	−17.3 −258.2	2.9 223.8	3.2 223.8	−16.6 256.3
N	−1183.5 −1061.5	−1260.5 −1397.5	−1257.1 −1393.3	−1180.6 −1057.9
Mx	−288.8 −50.7	302.7 20.8	−305.2 −24.5	286.7 47.7
My	−18.5 −275.2	3.1 −254.6	3.3 254.3	−17.8 273.1

(a) 柱N、M包络图(kN，kN·m)

(b) 柱纵筋包络图(mm²)

X	Y		X	Y	X	Y	X	Y		X	Y
644.9	567.2		606.0		606.0	606.0	606.0			614.2	597.7
606.0	606.0		606.0		606.0	606.0	606.0			606.0	606.0
702.7	509.2		606.0		606.0	606.0	606.0			691.0	520.9
606.0	606.0		606.0		606.0	606.0	606.0			606.0	606.0
606.0	606.0		606.0		606.0	611.2	600.7			606.0	606.0
606.0	606.0		606.0		606.0	606.0	606.0			606.0	606.0
928.2	807.0		1080.6		429.3	1099.9	428.8			918.0	795.7
972.5	931.5		1043.8		652.9	1063.0	651.2			958.7	918.0

(b) 柱纵筋包络图(mm²)

(c) 柱剪力包络图(kN)

N	−306.5 −306.5	−384.5 −384.5	−383.8 −383.8	−306.2 −306.2
Vx	−0.2 −0.2	−0.0 −0.0	0.0 0.0	0.1 0.1
Vy	38.2 38.2	−21.6 −21.6	24.0 24.0	−36.5 −36.5
N	−704.7 −704.7	−921.2 −921.2	−919.0 −919.0	−703.0 −703.0
Vx	−0.3 −0.3	−0.1 −0.1	−0.0 −0.0	0.0 0.0
Vy	40.0 40.0	−24.2 −24.2	25.8 25.8	−39.0 −39.0
N	−1080.9 −1080.9	−1424.4 −1424.4	−1420.6 −1420.6	−1078.0 −1078.0
Vx	−0.3 −0.3	−0.1 −0.1	0.0 0.0	0.1 0.1
Vy	39.0 39.0	−23.7 −23.7	25.0 25.0	−38.2 −38.2
N	−1478.8 −1478.8	−1960.8 −1960.8	−1956.0 −1956.0	−1474.6 −1474.6
Vx	−0.2 −0.2	−0.0 −0.0	0.1 0.1	0.1 0.1
Vy	25.3 25.3	−15.8 −15.8	16.6 16.6	−24.7 −24.7

(c) 柱剪力包络图(kN)

(d) 柱箍筋包络图(mm²)

X	Y		X	Y	X	Y	X	Y		X	Y
78.0	78.0		78.0		78.0	78.0	78.0			78.0	78.0
78.0	78.0		78.0		78.0	78.0	78.0			78.0	78.0
84.4	84.4		108.5		108.5	108.5	108.5			84.4	84.4
108.5	108.5		156.8		156.8	156.8	156.8			108.5	108.5

(d) 柱箍筋包络图(mm²)

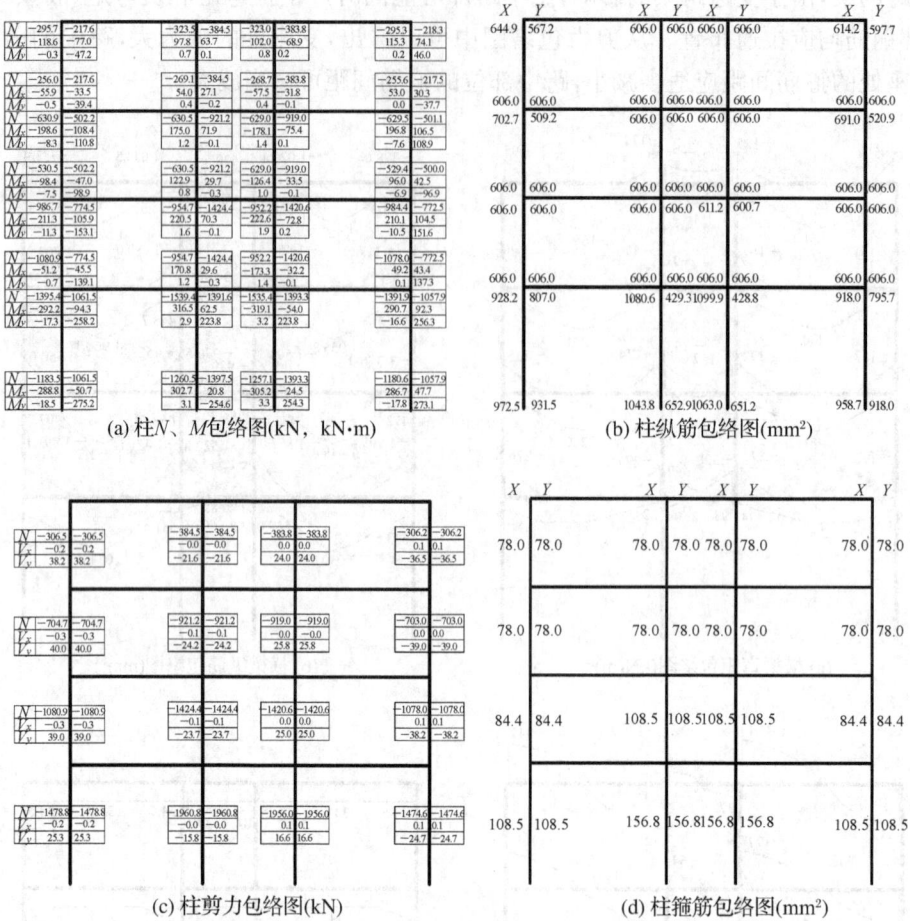

图 3‑18 柱的内力包络与配筋包络图

（3）板的内力包络及配筋包络图

板的内力包络图及配筋包络图如图 3‑19 所示（仅画出了局部的数据），板属于受弯构件，所以跨中为正弯矩，支座处为负弯矩。由于板的计算模型中，假定边缘支座为铰支座，故板的边支座处的负弯矩为零，因此边支座处的配筋值也为零，但是由于构造方面的要求，边支座需按照构造要求配置一定数量的负筋。

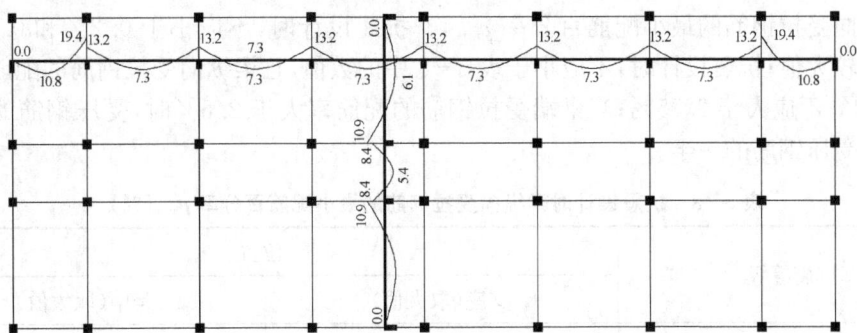

（a）板弯矩包络图（kN·m）

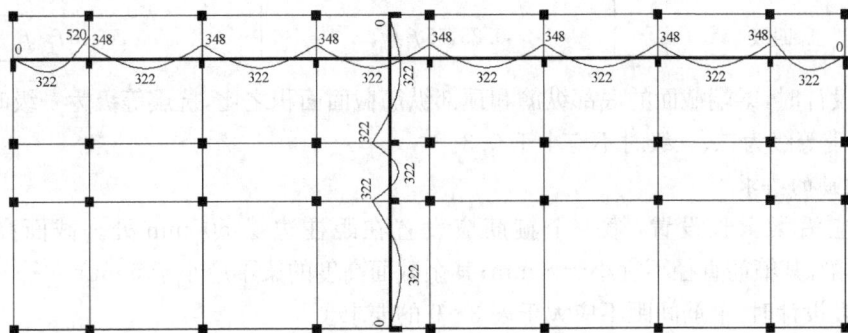

（b）板配筋包络图（mm²）

图 3-19　板的内力包络与配筋包络图

3.5　框架结构的构造要求

3.5.1　板的构造要求

板中受力钢筋的间距，当板厚不大于 150 mm 时不宜大于 200 mm；当板厚大于 150 mm 时不宜大于板厚的 1.5 倍，且不宜大于 250 mm。板底的布置分布筋单位宽度上的配筋不宜小于单位宽度上受力钢筋的 15%，且配筋率不宜小于 0.15%；分布筋的直径不宜小于 6 mm，间距不宜大于 250 mm。通常情况下，板中受力筋应放在分布筋的外侧。

板支座处的分布筋直径不宜小于 8 mm，间距不宜大于 200 mm，且单位宽度内的配筋面积不宜小于跨中相应方向板底钢筋截面面积的 1/3。钢筋从混凝土梁边、柱边深入板内的长度不宜小于 $l_0/4$，其中 l_0 为板的计算跨度。

板下部纵向受力钢筋伸入支座的锚固长度不应小于钢筋直径的 5 倍，且宜伸过支座中心线；板上部钢筋在连续板的中间支座处宜拉通，在边支座处可做成90°弯钩锚固。

3.5.2　框架梁的构造要求

1．纵筋的要求

沿梁全长的顶面和底面应分别至少配置两根纵向钢筋与箍筋形成钢筋骨架，抗震等级为一、二级时钢筋直径不应小于 14 mm，且分别不应小于梁端顶部纵筋和底部纵筋中较大配筋面积的 1/4；抗震等级为三、四级或非抗震设计时钢筋直径不应小于 12 mm。

梁纵向受拉钢筋的最小配筋百分率 $\rho_{\min}$，非抗震设计时，不应小于 0.2% 和 $0.45 f_{\mathrm{t}}/f_{\mathrm{y}}$ 二者中的较大值；抗震设计时，不应小于表 3-8 中的数值，且梁纵向受拉钢筋的配筋率不宜大于 2.5%，不应大于 2.75%；当梁端受拉钢筋的配筋率大于 2.5% 时，受压钢筋的配筋率不应小于受压钢筋的一半。

表 3-8　抗震设计时梁纵向受拉钢筋的最小配筋百分率 $\rho_{\min}$（%）

抗震等级	位置	
	支座（取大值）	跨中（取大值）
一级	$0.40, 80 f_{\mathrm{t}}/f_{\mathrm{y}}$	$0.30, 65 f_{\mathrm{t}}/f_{\mathrm{y}}$
二级	$0.30, 65 f_{\mathrm{t}}/f_{\mathrm{y}}$	$0.25, 55 f_{\mathrm{t}}/f_{\mathrm{y}}$
三、四级	$0.25, 55 f_{\mathrm{t}}/f_{\mathrm{y}}$	$0.20, 45 f_{\mathrm{t}}/f_{\mathrm{y}}$

抗震设计时，梁端截面的底部纵筋和顶部纵筋截面面积之比，抗震等级为一级时不应小于 0.5，抗震等级为二、三级时不应小于 0.3。

2. 箍筋的要求

箍筋应沿梁全长设置，第一个箍筋应设置在距柱边缘 50 mm 处。截面高度大于 800 mm 的梁，其箍筋直径不宜小于 8 mm；其余截面高度的梁不应小于 6 mm。

非抗震设计时，箍筋间距不应大于表 3-9 的要求。

表 3-9　非抗震设计梁箍筋最大间距（mm）

h_{b}（mm）\\ V	$V > 0.7 f_{\mathrm{t}} b h_0$	$V \leqslant 0.7 f_{\mathrm{t}} b h_0$
$h_{\mathrm{b}} \leqslant 300$	150	200
$300 < h_{\mathrm{b}} \leqslant 500$	200	300
$500 < h_{\mathrm{b}} \leqslant 800$	250	350
$h_{\mathrm{b}} > 800$	300	400

注：V 为梁剪力设计值，h_{b} 为梁高。

抗震设计时，梁端箍筋的加密区长度、箍筋最大间距和最小直径应符合表 3-10 的要求。当梁端纵向钢筋配筋率大于 2% 时，表中箍筋直径应增大 2 mm。梁中非加密区箍筋最大间距不宜大于加密区箍筋间距的 2 倍。在箍筋加密区范围内的箍筋肢距：抗震等级为一级时不宜大于 200 mm 和 20 倍箍筋直径的较大值，抗震等级为二、三级时不宜大于 250 mm 和 20 倍箍筋直径的较大值，抗震等级为四级时不宜大于 300 mm。箍筋末端应有135°弯钩，弯钩端头平直段长度不应小于 10 倍的箍筋直径和 75 mm 的较大值。

表 3-10　两端箍筋加密区的长度、箍筋最大间距和最小直径

抗震等级	加密区长度（取大值）（mm）	箍筋最大间距（取小值）（mm）	箍筋最小间直径（mm）
一	$2.0 h_{\mathrm{b}}, 500$	$h_{\mathrm{b}}/4, 6d, 100$	10
二	$1.5 h_{\mathrm{b}}, 500$	$h_{\mathrm{b}}/4, 8d, 100$	8
三	$2.0 h_{\mathrm{b}}, 500$	$h_{\mathrm{b}}/4, 8d, 150$	8
四	$1.5 h_{\mathrm{b}}, 500$	$h_{\mathrm{b}}/4, 8d, 150$	6

注：d 为纵向钢筋的直径，h_{b} 为梁截面高度。

3.5.3 框架柱的构造要求

1. 纵筋的要求

柱全部纵向钢筋的配筋率不应小于表 3-11 的要求,且柱截面每一侧的纵向钢筋的配筋率不应小于 0.2%;抗震设计时,对Ⅳ类场地上较高的高层建筑,表中数值应增加 0.1。全部纵向钢筋的配筋率,非抗震设计时不宜大于 5%,不应大于 6%,抗震设计时不应大于 5%。

表 3-11 柱纵向受力钢筋最小配筋百分率(%)

柱类型	抗震等级				非抗震
	一级	二级	三级	四级	
中柱、边柱	1.0	0.8	0.7	0.6	0.5
角柱	1.1	0.9	0.8	0.7	0.5
框支柱	1.1	0.9	—	—	0.7

注:采用 335 MPa、400 MPa 级纵向受力钢筋时,应分别按表中数值增加 0.1 和 0.05 采用。

抗震设计时,柱纵向钢筋宜采用对称式配筋。截面尺寸大于 400 mm 的柱,抗震等级为一、二、三级时纵向钢筋的间距不宜大于 200 mm;抗震等级为四级和非抗震设计时,柱纵向钢筋间距不宜大于 300 mm。柱纵向钢筋间距均不应小于 50 mm。

2. 箍筋的要求

抗震设计时,柱箍筋加密区的范围应符合:底层柱的上端和其他各层柱的两端,应取矩形截面柱的长边尺寸(或圆形截面柱的直径)、柱净高的 1/6 和 500 mm 三者中的最大值;底层柱的嵌固部位应取柱净高的 1/3;剪跨比不大于 2 的柱和抗震等级为一、二级框架的角柱应取全高范围加密。

抗震设计时,加密区的箍筋间距、肢距和直径应符合表 3-12 的要求。抗震等级为一级的柱,箍筋直径大于 12 mm 且箍筋肢距不大于 150 mm;抗震等级为二级的柱,箍筋直径不小于 10 mm 且肢距不大于 200 mm 时,除柱嵌固部位外最大间距允许采用 150 mm;抗震等级为三级的柱,其截面尺寸不大于 400 mm 时,箍筋最小直径允许采用 6 mm;抗震等级为四级的柱,剪跨比不大于 2 或柱中全部纵向钢筋的配筋率大于 3% 时,箍筋直径不应小于 8 mm。箍筋应为封闭形式,末端应有 135° 弯钩,弯钩端头平直段长度不应小于 10 倍的箍筋直径和 75 mm 的较大值。

表 3-12 柱端箍筋加密区的构造要求

抗震等级	箍筋最大间距(取小值)(mm)	箍筋最大肢距(取大值)(mm)	箍筋最小直径(mm)
一级	6d,100	200	10
二级	8d,100	20 倍箍筋直径,250	8
三级	8d,150(100)	20 倍箍筋直径,250	8
四级	8d,150(100)	300	6(8)

注:d 为柱纵向钢筋的直径(mm);括号内的数值适用于柱底嵌固部位处。

非抗震设计时,箍筋应为封闭式以提高对混凝土的横向约束。箍筋间距不应大于 400 mm,且不应大于构件截面的短边尺寸和最小纵向受力钢筋直径的 15 倍;箍筋直径不应小于最大纵向钢筋直径的 1/4,且不应小于 6 mm。当柱中全部纵向受力钢筋的配筋率超过 3%时,箍筋直径不应小于 8 mm,箍筋间距不应大于最小纵向钢筋直径的 10 倍,且不应大于 200 mm。箍筋末端应做成135°弯钩且弯钩末端平直段长度不应小于 10 倍箍筋直径。

3.5.4　钢筋的连接与锚固

　　框架结构的构件在受力上比较明确,故可按计算进行配筋,但在结点处的受力非常复杂,用力学方法很难分析出其真实的受力形态。工程上,通过对实验和实际工程项目的分析得出了一些经验形式的配筋。将构件部分的计算配筋与这些经验配筋相结合,即可设计出整个结构的配筋。节点处除了一些钢筋的构造外,还应满足对梁中钢筋的锚固,以使梁中的受拉钢筋能够充分发挥其抗拉强度。因此,节点处的钢筋排布比较复杂,如图 3-20 所示。

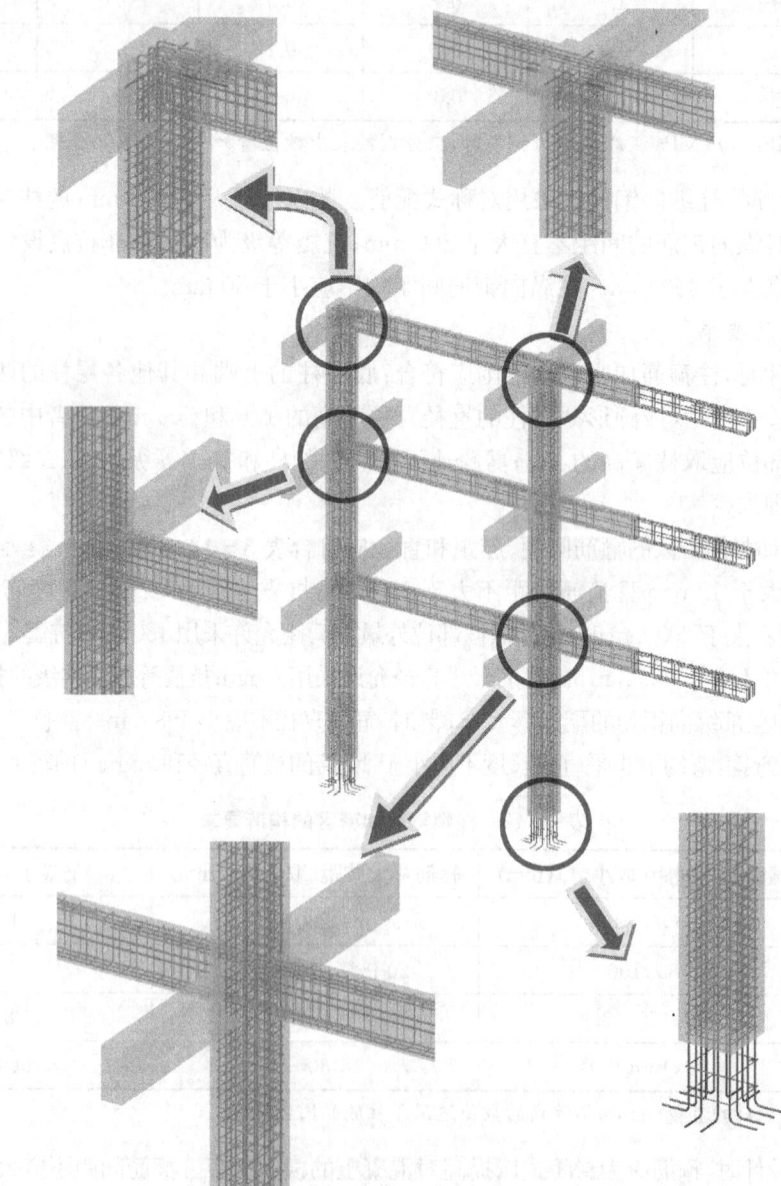

图 3-20　框架节点的钢筋构造

1. **锚固长度与搭接长度的计算**

普通钢筋受拉时的基本锚固长度应按下式计算,计算结果见表 3-13。

$$l_{ab} = \alpha \frac{f_y}{f_t} d$$

式中,l_{ab}——受拉钢筋的基本锚固长度;

f_y——锚固钢筋的抗拉强度设计值;

f_t——混凝土轴心抗拉强度设计值,当混凝土强度等级高于 C60 时,按 C60 取值;

d——锚固钢筋的直径;

α——锚固钢筋的外形系数,带肋钢筋取 0.14,光圆钢筋取 0.16。

表 3-13 受拉钢筋基本锚固长度 l_{ab}

	混凝土强度等级								
	C20	C25	C30	C35	C40	C45	C50	C55	≥C60
HPB300	39d	34d	30d	28d	25d	24d	23d	22d	21d
HRB335 HRBF335	38d	33d	29d	27d	25d	23d	22d	21d	21d
HRB400 HRBF400 RRB400	—	40d	35d	32d	29d	28d	27d	26d	25d
HRB500 HRBF500	—	48d	43d	39d	36d	34d	32d	31d	30d

注:d 为锚固钢筋的直径;通常 C20 混凝土的构件中不配置 400 MPa、500 MPa 级钢筋。

由于受拉钢筋的锚固长度还受施工条件和锚固区保护层厚度的影响,故应按下式修正,且修正后的值不应小于 200 mm:

$$l_a = \zeta_a l_{ab}$$

式中,l_a——受拉钢筋的锚固长度;

ζ_a——受拉钢筋锚固长度修正系数,按表 3-14 取值。

表 3-14 受拉钢筋锚固长度修正系数

锚固条件		ζ_a
带肋钢筋的公称直径大于 25 mm		1.10
环氧树脂涂层的带肋钢筋		1.25
施工过程中易受扰动的钢筋		1.10
锚固区保护层厚度	3d	0.80
	5d	0.70

注:d 为锚固钢筋的直径;锚固区保护层厚度为中间值时,按线性内插法取值;当多于一项时,可按连乘计算,但计算结果不应小于 0.6。

当纵向钢筋采用绑扎连接时,其搭接长度应按下式计算,且不小于 300 mm:

$$l_l = \zeta_l l_a$$

式中, l_1——纵向受拉钢筋的搭接长度;

ζ_1——纵向受拉钢筋的搭接长度修正系数,按表 3-15 取值。

表 3-15 纵向受拉钢筋的搭接长度修正系数

纵向搭接钢筋接头百分率(%)	≤25	50	100
ζ_1	1.2	1.4	1.6

注:当纵向搭接钢筋接头百分率为中间值时,按线性内插法取值。

当按抗震设计时,相应的锚固长度 l_a 与搭接长度 l_1 还应乘以抗震锚固长度修正系数 ζ_{aE} 进行修正:

$$l_{aE} = \zeta_{aE} l_a$$
$$l_{lE} = \zeta_{aE} l_1$$

式中, l_{aE}——纵向受拉钢筋的抗震锚固;

l_{lE}——纵向受拉钢筋抗震时的搭接长度;

ζ_{aE}——纵向受拉钢筋的抗震锚固长度修正系数,抗震等级为一、二级时取 1.15,抗震等级为三级时取 1.05,抗震等级为四级时取 1.00。

2. 框架梁的锚固与搭接构造

如图 3-21 所示,梁上部纵向钢筋伸入端节点的锚固长度,直线锚固时不应小于 l_{aE}(非抗震 l_a),且伸过柱中心线的长度不应小于 5 倍的梁纵向钢筋直径;当柱截面尺寸不足时,梁上部纵向钢筋应伸至节点对边并向下弯折,锚固段弯折前的水平段长度不应小于 $0.4l_{abE}$(非抗震 $0.4l_{ab}$),弯折后的竖直段投影长度应取 15 倍的梁纵向钢筋直径。梁下部纵向钢筋的锚固长度与梁上部纵向钢筋相同,但采用 90°弯折方式锚固时,竖直段应向上弯入节点内。当梁中设有架立筋时,架立筋与两端负筋的搭接长度为 150 mm。

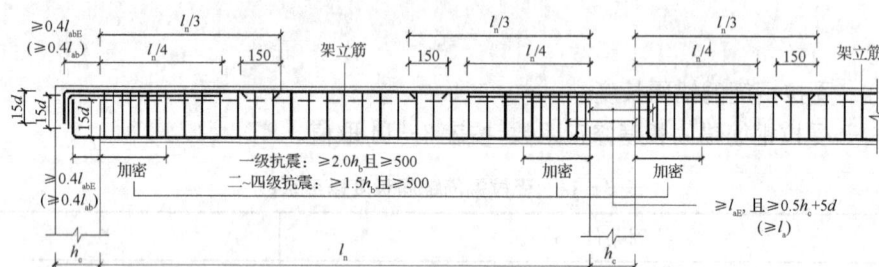

(a) 屋面梁的构造

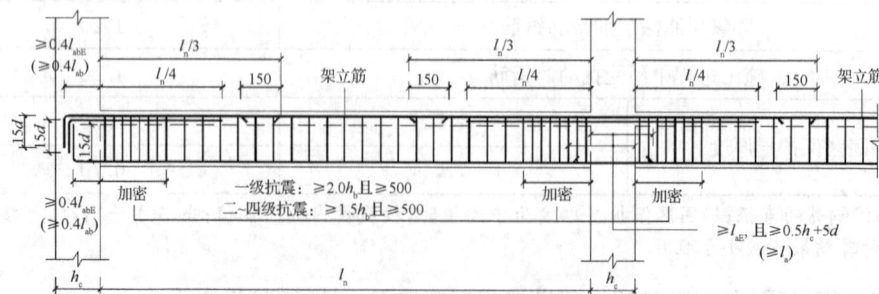

(b) 楼层梁的构造

图 3-21 框架梁的锚固与搭接构造(尺寸单位:mm)

3. 框架柱的锚固与搭接构造

如图 3-22 所示,顶层中节点柱纵向钢筋和边节点柱内侧纵向钢筋应伸至柱顶。当从梁底边计算的直线锚固长度不小于 l_{aE}(非抗震 l_a)时,可不必水平弯折,否则应向柱内或梁内、板内水平弯折,锚固段弯折前的竖直段长度不应小于 $0.5l_{abE}$(非抗震 $0.5l_{ab}$),弯折后的水平段长度不宜小于 12 倍的柱纵向钢筋直径。

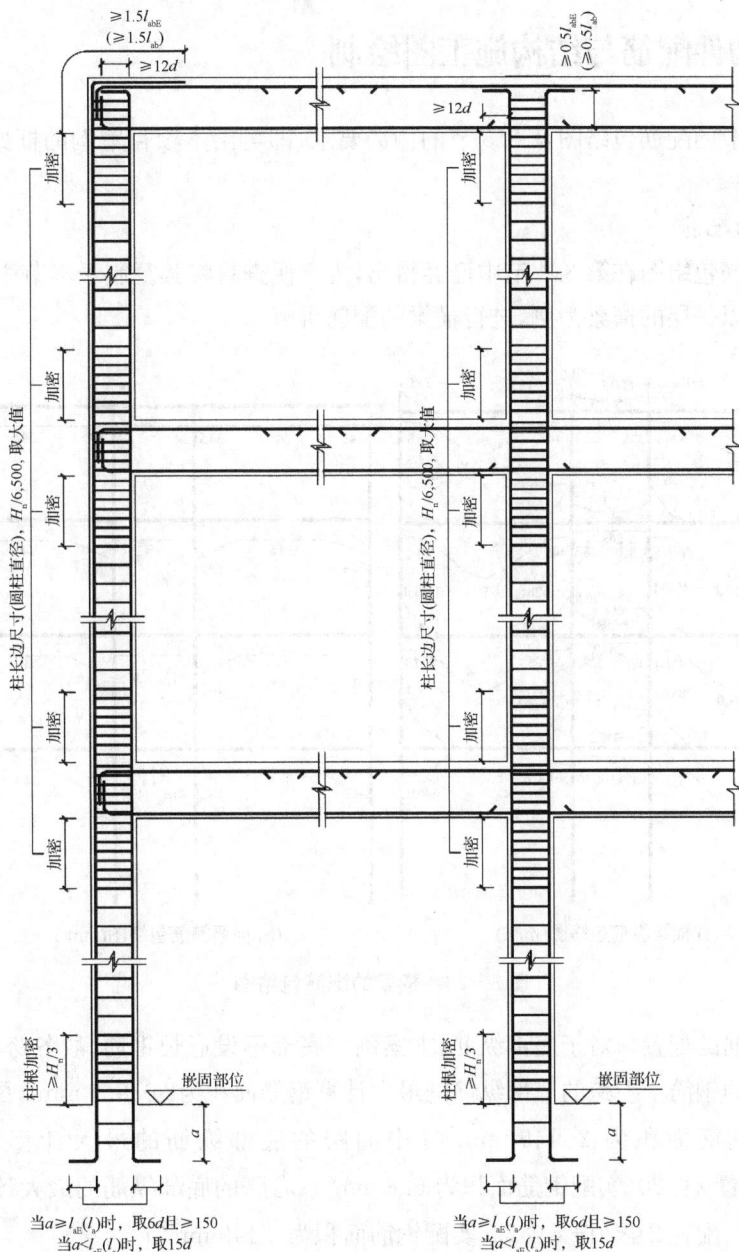

图 3-22 柱钢筋的构造(尺寸单位:mm)

顶层端节点处,柱外侧纵向钢筋可与梁上部纵向钢筋搭接,搭接长度不小于 $1.5l_{abE}$(非抗震 $1.5l_{ab}$),且伸入梁内的柱外侧纵向钢筋截面面积不宜小于柱外侧全部纵向钢筋截面面积的 65%;在梁宽范围以外的柱外侧纵向钢筋可伸入现浇板内,其伸入长度与伸入梁内的相同。当柱外侧纵向钢筋的配筋率大于 1.2% 时,伸入梁内的柱纵向钢筋宜分两批截断,其截断点之间的距离不宜小于 20 倍的柱纵向钢筋直径。

3.6 构件配筋与结构施工图绘制

依据 3.4 节的配筋包络图及 3.5 节的构造要求,即可给本项目案例的框架结构配筋并绘制配筋图。

1. 横梁的配筋

横梁的配筋包络图在第 3.4 节中已经得出,为方便查看将其复制于本节中,如图 3-23 所示。以下将以一层的横梁为例,进行横梁的配筋讲解。

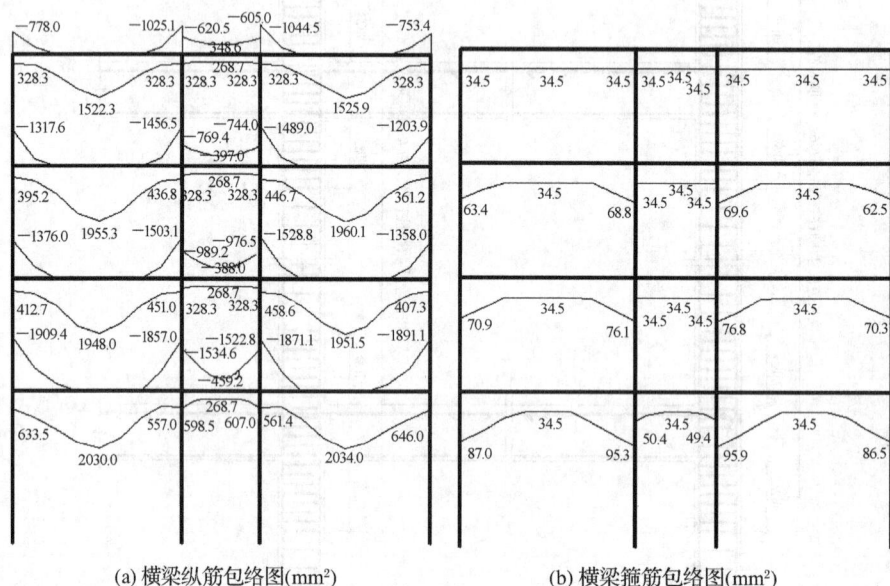

(a) 横梁纵筋包络图(mm²)　　　　(b) 横梁箍筋包络图(mm²)

图 3-23　横梁的配筋包络图

先进行纵筋的配置。对于底部纵筋,本案例中底部不设通长钢筋,故各跨单独配筋,而不考虑其他跨的钢筋。左跨的底部纵筋的最大计算钢筋面积为 2 030.0 mm²,配置 2Φ20+4Φ22(实配钢筋面积为 2 149 mm²);中间跨的底部纵筋的最大计算钢筋面积为 607.0 mm²,配置 2Φ20(实配钢筋面积为 628 mm²);右跨的底部纵筋的最大计算钢筋面积为 2 034.0 mm²,配置 2Φ20+4Φ22(实配钢筋面积为 2 149 mm²)。

对于上部纵筋,由于上部纵筋需要设置通长钢筋,所以要综合每一跨的具体情况进行钢筋的配置。首先可以看出,中间跨顶部钢筋的包络图是沿全梁贯通的,故中间跨的上部纵筋也应沿全梁贯通布置,而中间跨顶部的最大计算钢筋面积为 1 534.6 mm²,配置 6Φ20(实配钢筋面积为 1 885 mm²),可能有的读者会有这样的疑问:为什么不配置 5Φ20(实配钢筋面积为 1 571 mm²)？这样既能满足计算配筋的要求,同时又节约了钢筋的用量。配置 6Φ20 的原因是为了兼顾第一跨左端支座的配筋,因为第一跨左端支座的计算配筋面积是 1 857.0 mm²,配置 6Φ20,可以同时满足这两者的要求,故可将钢筋在此处拉通放置,这样做虽然增加了一点钢筋用量,但是既可以使施工图绘制得简洁明了,又可以简化施工中的钢筋加工过程,节约了人工成本,缩短了施工工期。从综合效益上看,配置 6Φ20 优越于配置 5Φ20。所以,在进行实际的结构设计时,应综合考虑多方因素。

左跨的左端支座计算配筋面积为 1 909.4 mm²,右端支座计算配筋面积为 1 857.0 mm²；右跨的左端支座计算配筋面积为 1 871.1 mm²,右端支座计算配筋面积为 1 951.5 mm²。将中间跨配置好的 6Φ20 钢筋中的两根拉通作为通长钢筋,这样在配置其他部位的钢筋时,应考虑 2Φ20 通长钢筋的面积,因此左跨的左端支座处配置 6Φ20(实配钢筋面积为 1 885 mm²),右跨的右端支座处配置 6Φ20(实配钢筋面积为 1 885 mm²),这里的实际配筋面积比计算配筋面积小一点,但没有超过 5%,在实际工程中是允许的。左跨的右端支座与右跨的左端支座由中间跨伸出。

配置完纵向钢筋后,再配置箍筋。箍筋的配置相应简单一些,不需要综合考虑所有跨的情况,只需每跨单独配置即可。根据各跨的配筋面积,再考虑相应的构造要求,左跨与右跨配Φ8@100(2),中间跨加密区配Φ8@100(2),非加密区配Φ8@200(2)。

至此一层横梁的钢筋就配置完成了,即可绘制结构施工图。绘制结构施工图有传统方法和平法两种,此处用的是传统方法,在本书项目五将详细介绍平法。本项目横梁的结构施工图见本节末一至四层的横梁配筋图。

2. 柱的配筋

柱的配筋与梁相似,即参照计算配筋面积与相应的构造要求,即可配置出相应的钢筋并绘制结构施工图。本项目柱的结构施工图见本节末 A 至 D 轴的柱配筋图。

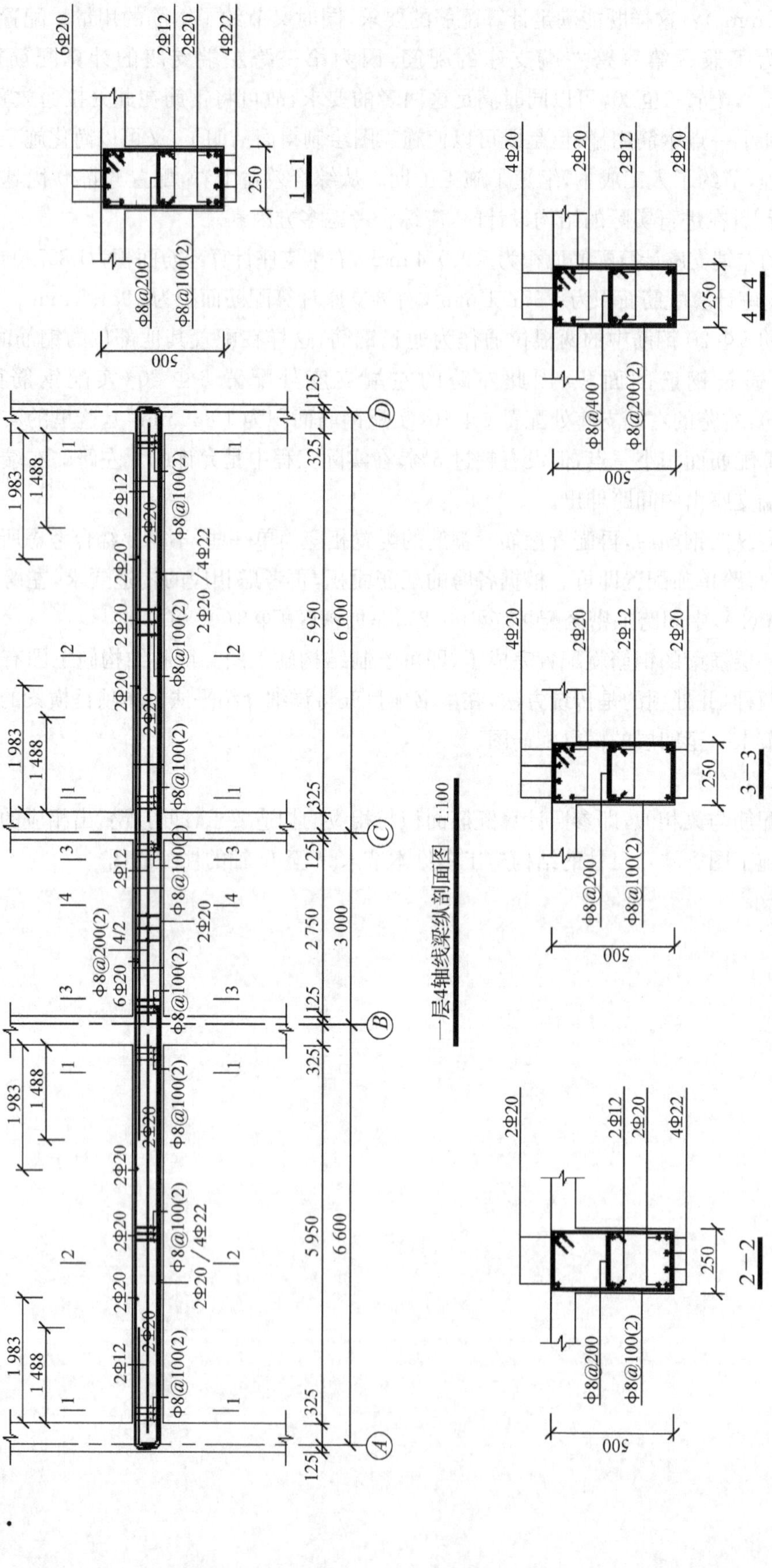

建 筑 结 构

图3-24 一层4轴线梁纵剖面图（尺寸单位：mm）

· 154 ·

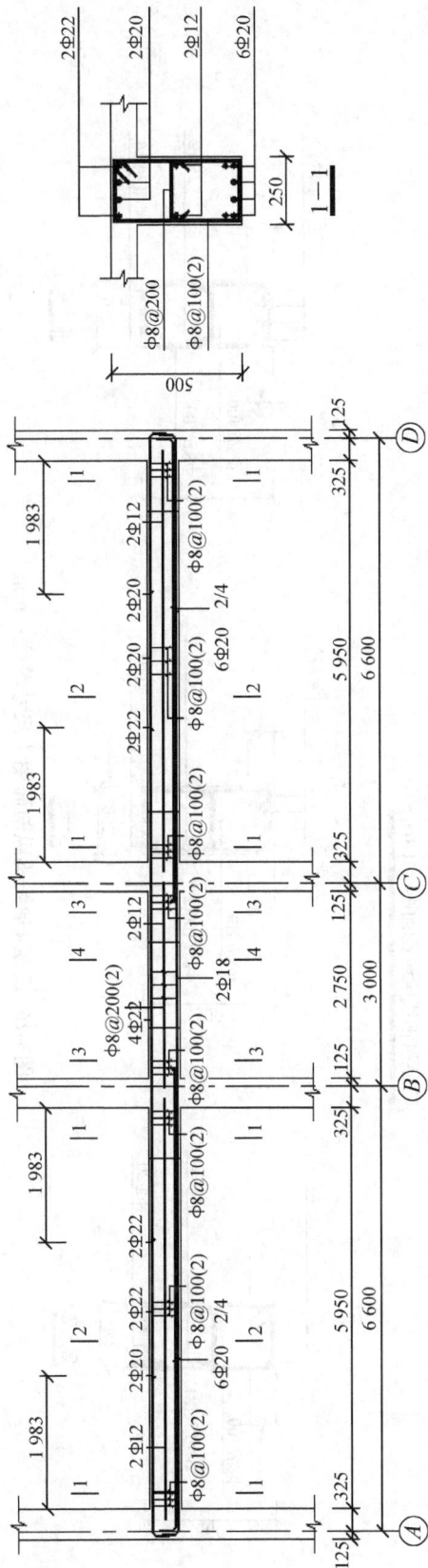

二层4轴线梁纵剖面图 1:100

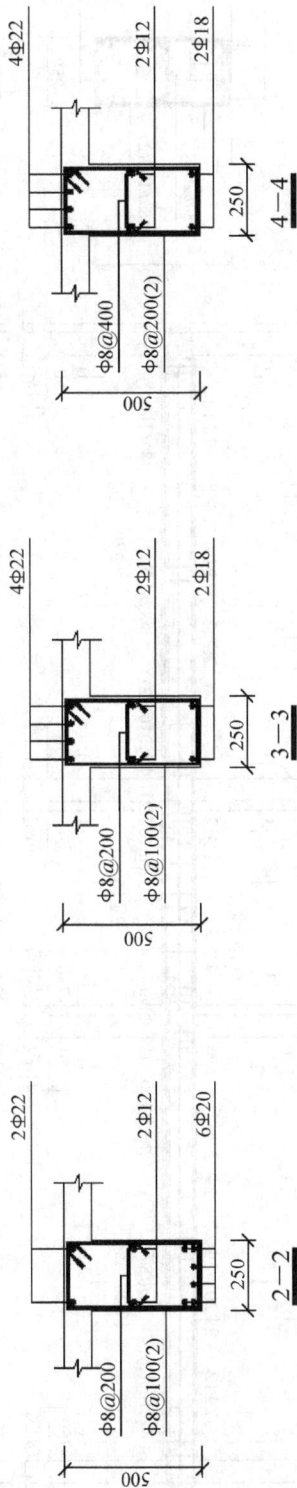

图3-25 二层4轴线梁纵剖面图（尺寸单位：mm）

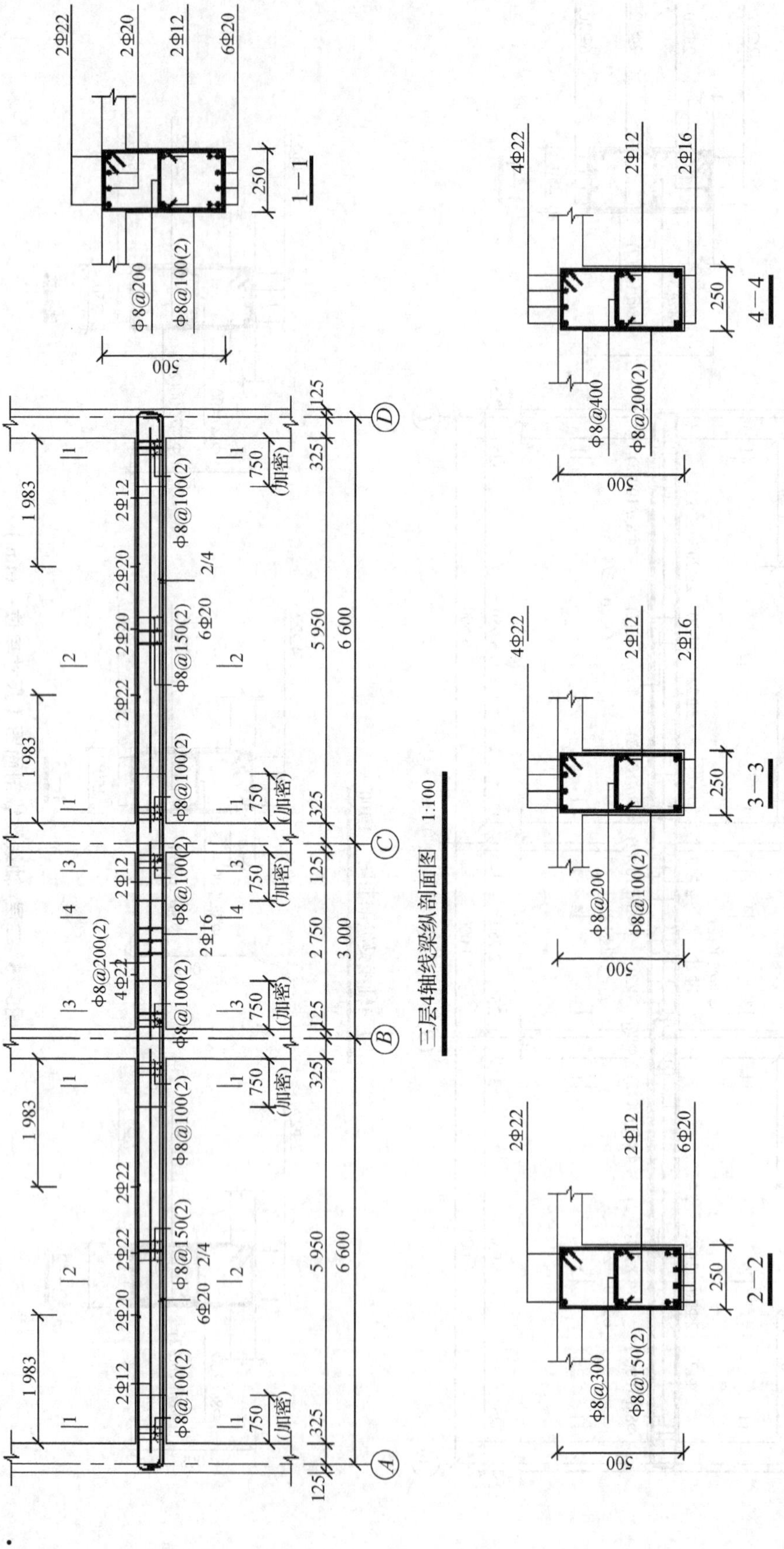

图3-26 三层4轴线梁纵剖面图（尺寸单位：mm）

三层4轴线梁纵剖面图 1:100

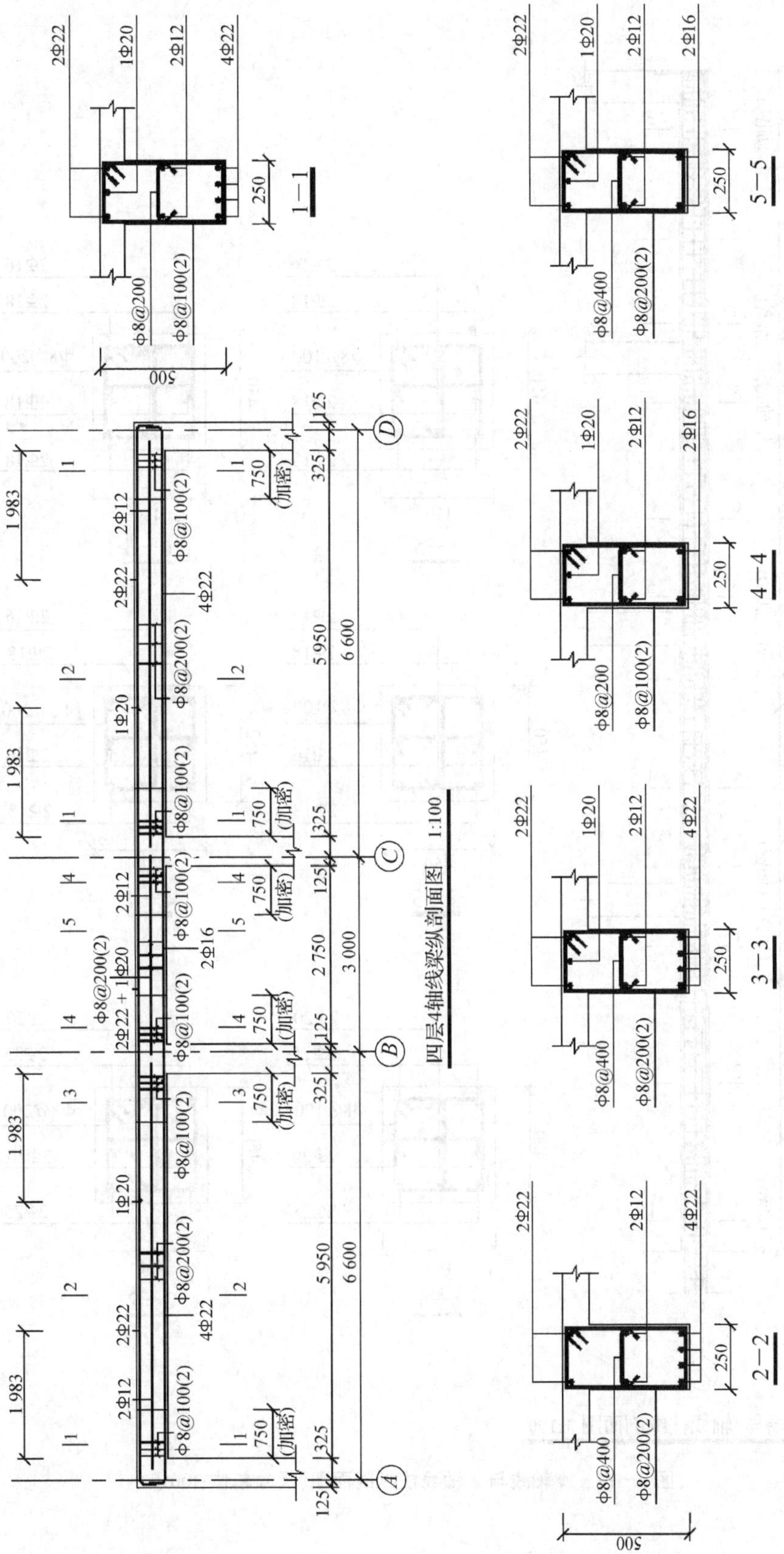

图3-27 四层4轴线梁纵剖面图（尺寸单位：mm）

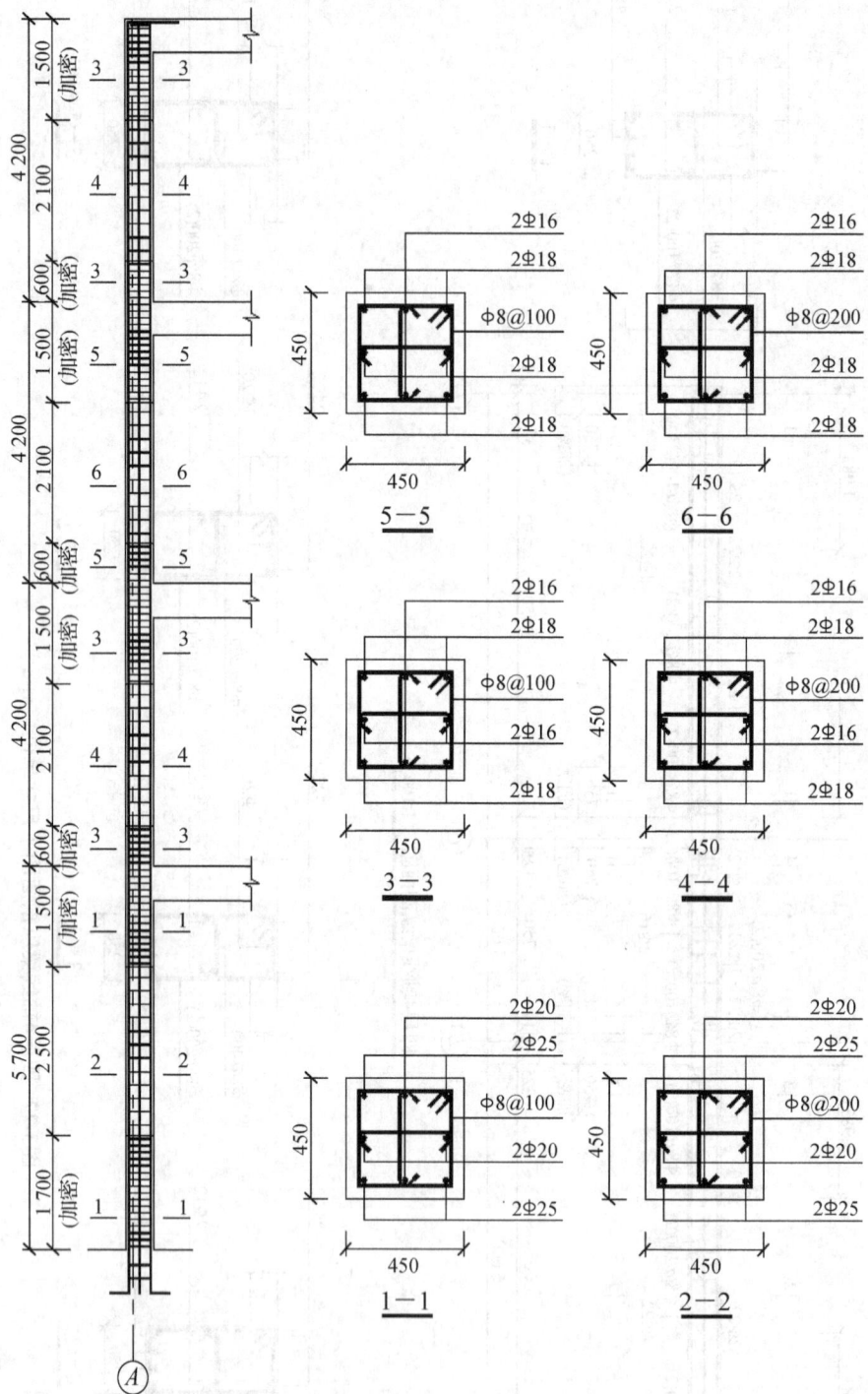

A 轴线与 4 轴线柱纵剖面图 1:100

图 3-28　A 轴线与 4 轴线柱纵剖面图(尺寸单位:mm)

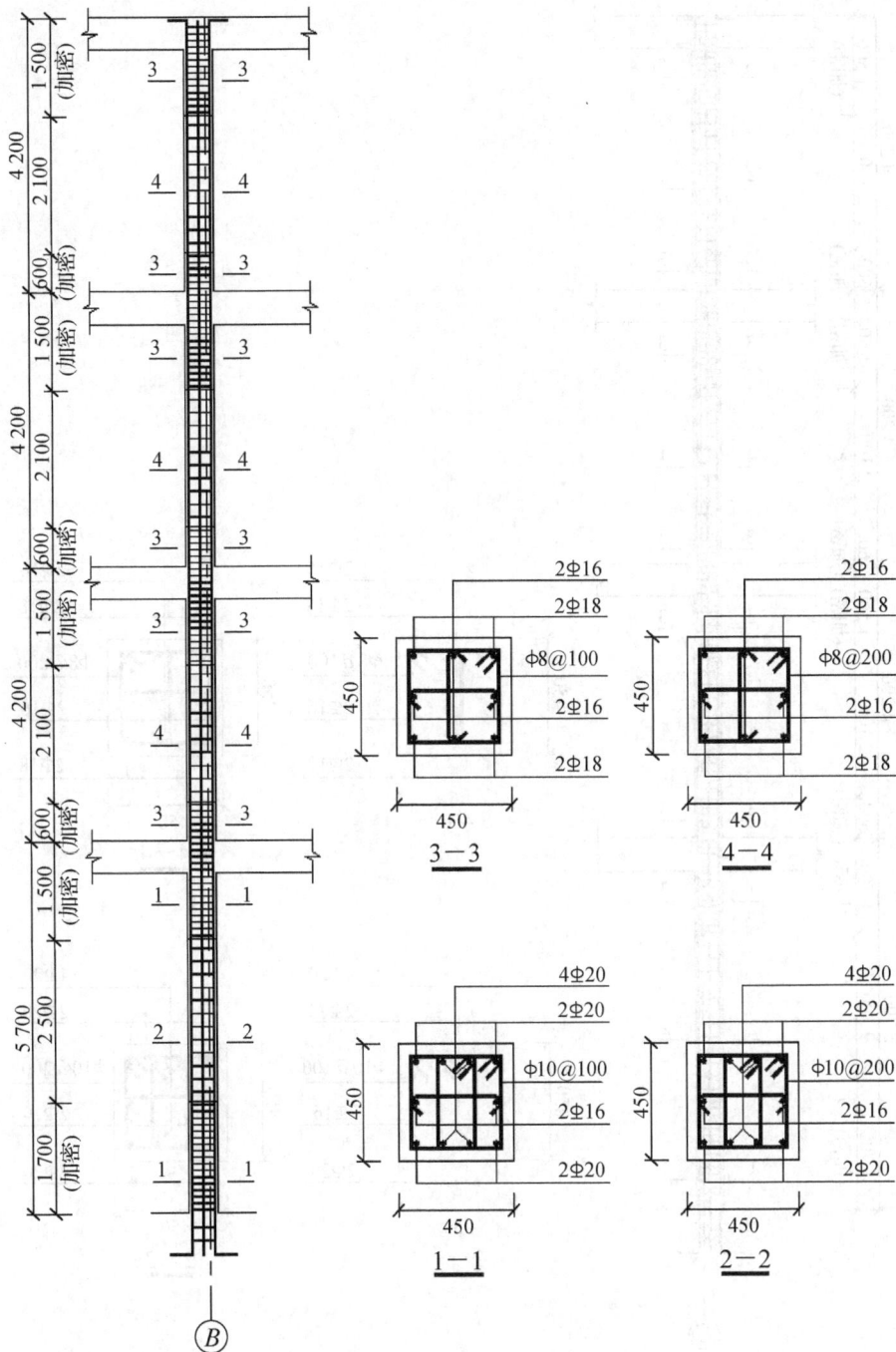

B轴线与4轴线柱线剖面图　1:100

图 3 - 29　B 轴线与 4 轴线柱纵剖面图(尺寸单位:mm)

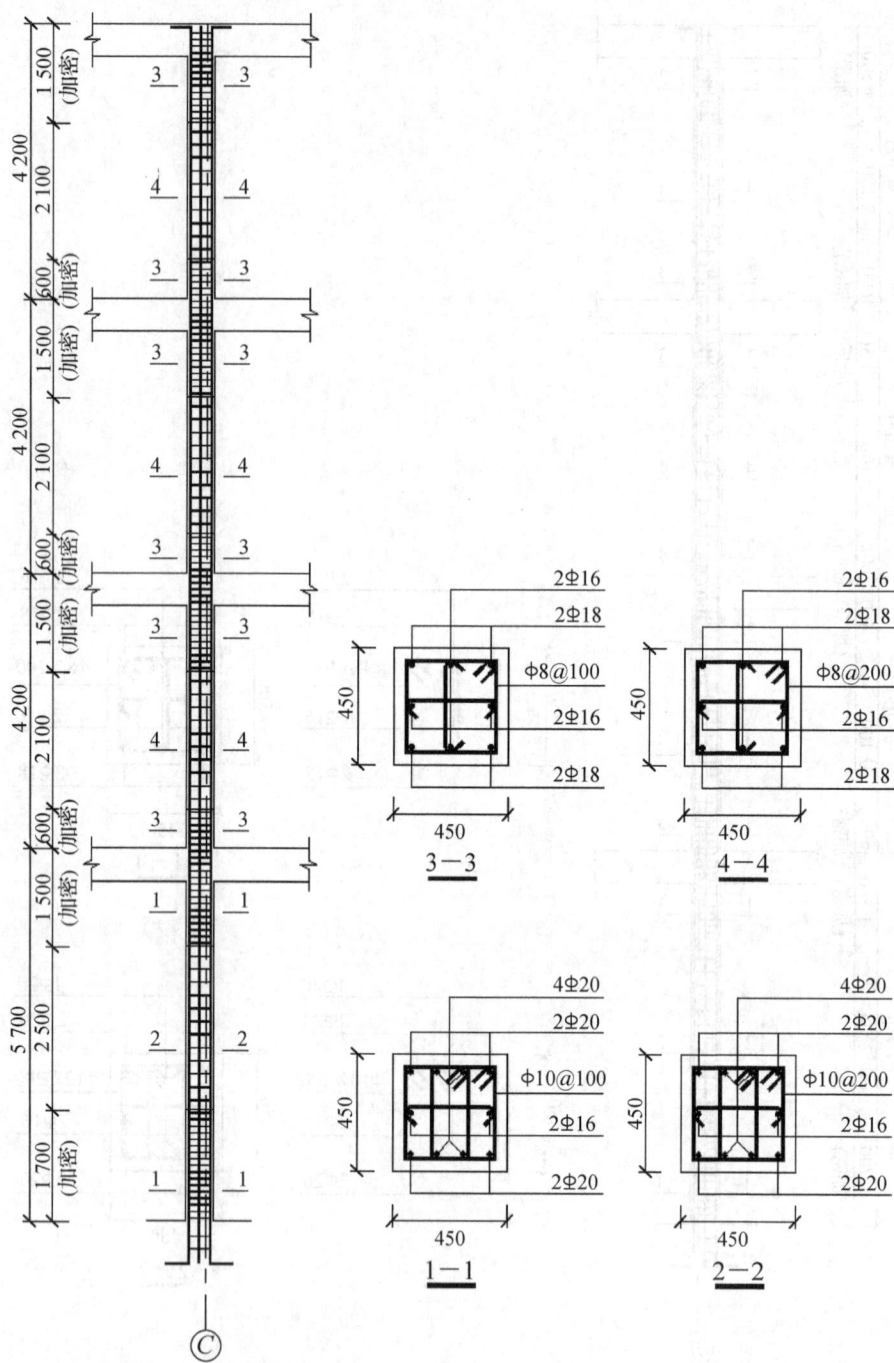

C轴线与4轴线柱纵剖面图 1:100

图 3-30 C 轴线与 4 轴线柱纵剖面图(尺寸单位:mm)

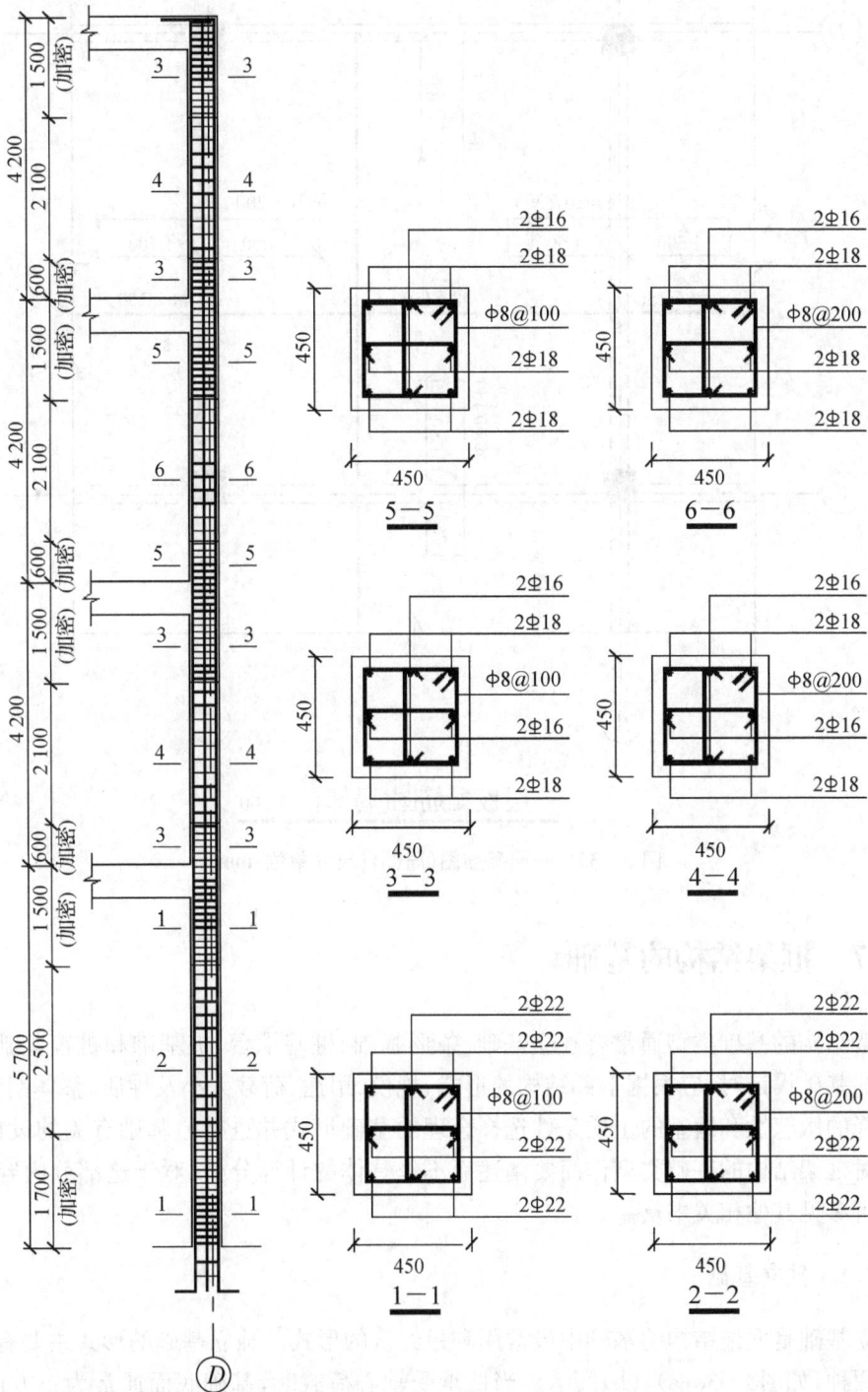

D 轴线与4轴线信纵剖面图　1:100

图 3 - 31　D 轴线与 4 轴线柱纵剖面图(尺寸单位:mm)

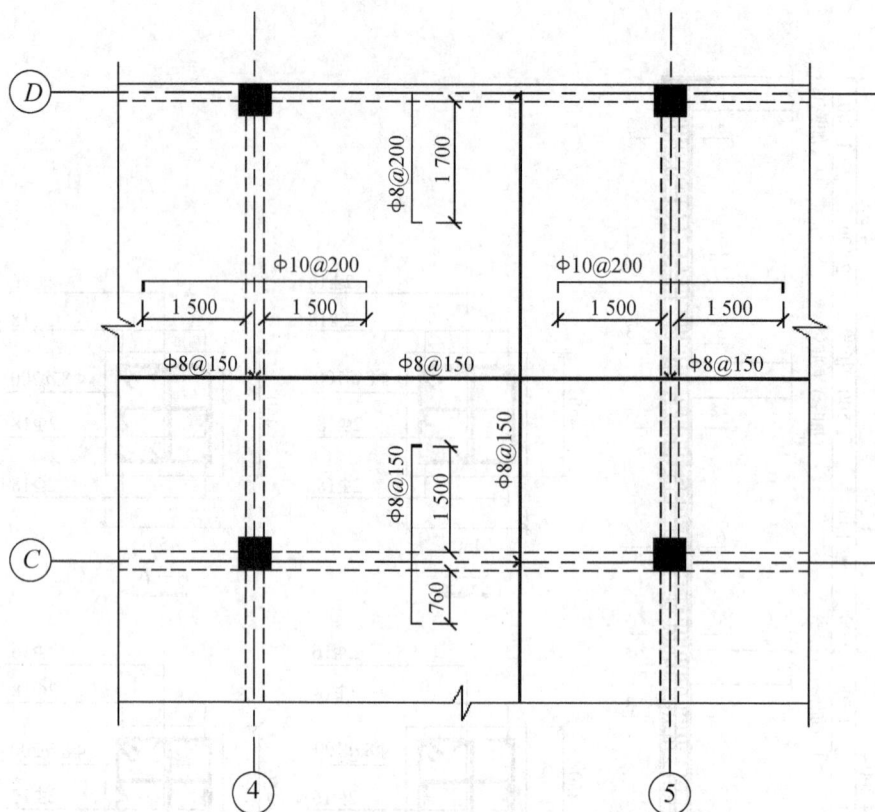

一层板配筋图(局部)　1:100

图 3 - 32　一层配筋图(局部)(尺寸单位:mm)

3.7　框架结构的基础

框架结构的基础类型通常有独立基础、条形基础、桩基承台、桩基础和桩筏基础。在进行结构的基础设计时,应根据上部结构的形式、规模、用途、荷载大小及性质、整体刚度、对不均匀沉降的敏感性和地基的土质条件选择合理的基础形式并进行与基础有关的设计计算。本节将对框架结构的基础类型作简要阐述而不作具体的计算分析,对于这部分内容有兴趣的读者可参见其他相关书籍。

3.7.1　独立基础

独立基础是框架结构的基础中最常用和最经济的形式。独立基础的形式主要有锥形和阶梯形两种,如图3-33(a)、(b)所示。当柱承受轴心荷载时,基础底面通常为正方形;当柱承受偏心荷载时,基础底面通常为矩形。有时当两根柱相距比较近时,将两个独立基础合并成一个双柱联合基础,如图 3 - 33(c)、(d)所示。

(a) 锥形独立基础　　　　　　　　　(b) 阶梯形独立基础

(c) 锥形双柱联合基础　　　　　　　(d) 阶梯形双柱联合基础

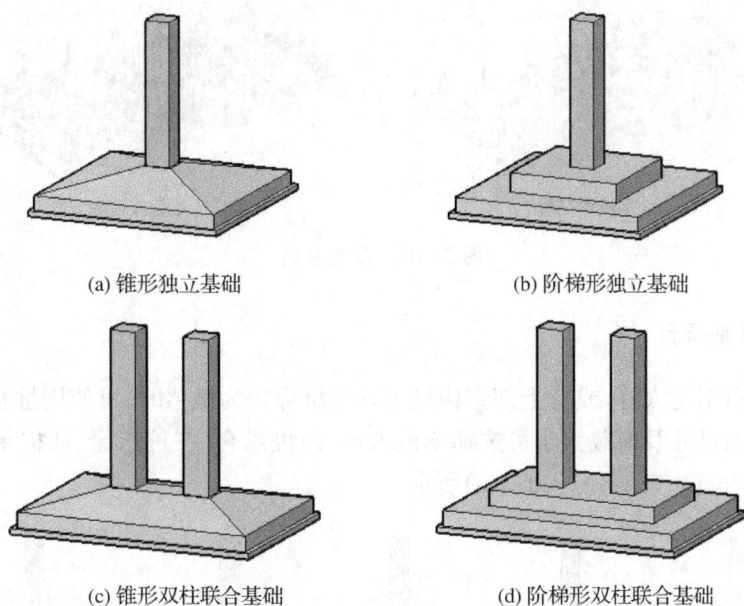

图 3-33　独立基础

3.7.2　条形基础

当上部结构荷载较大,柱下独立基础不能满足要求时,可以使用条形基础,如图 3-34(a)所示。条形基础横向配筋为主要受力筋,纵向配筋为次要受力筋或分布筋。此外,条形基础在与框架柱相交处,通常柱会传来较大的竖向力,可将基础梁水平加腋以提高抗冲切能力,如图 3-34(b)所示。

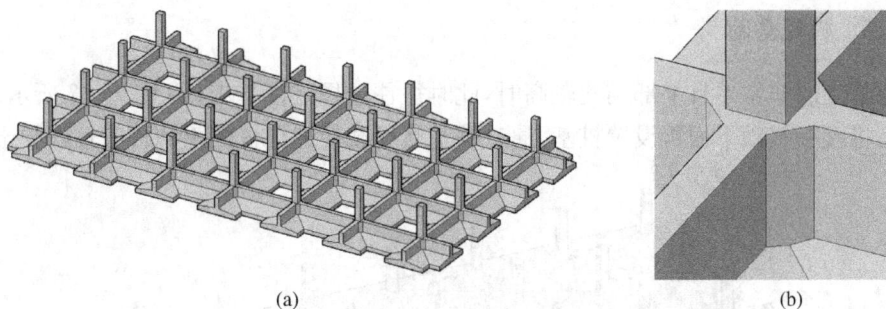

(a)　　　　　　　　　　　　　　(b)

图 3-34　条形基础

3.7.3　筏板基础

当上部结构传来的荷载更大或上部结构对不均匀沉降较为敏感时,可使用筏板基础。筏板基础通常有平板式和梁板式两种,如图 3-35(a)、(b)所示。平板式筏基施工简便,但为了提供较大的刚度往往厚度较厚,有时当厚度较薄而不能提供足够的抗冲切能力时,须在柱底加设柱墩。梁板式筏基能够提供较大的刚度,但其施工时支模较为复杂,故目前工程中使用的相对较少。

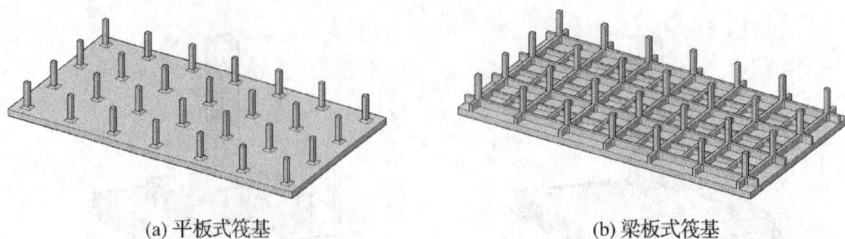

(a) 平板式筏基　　　　　　　　(b) 梁板式筏基

图 3-35　筏板基础

3.7.4　桩基承台

当地基土质不是太好,或者上部结构对不均匀沉降较为敏感时,可使用桩基承台。桩基承台根据柱截面尺寸及荷载大小可选择单桩承台、两桩承台、三桩承台、四桩承台和六桩承台等,如图 3-36(a)、(b)、(c)、(d)、(e)所示。

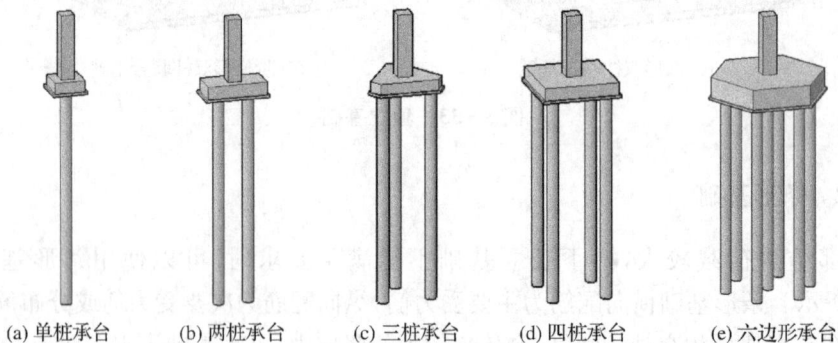

(a) 单桩承台　(b) 两桩承台　(c) 三桩承台　(d) 四桩承台　(e) 六边形承台

图 3-36　桩基承台

3.7.5　桩筏基础

当地基土质非常差且上部结构较高时,此时往往选择桩筏基础,如图 3-37 所示。这种基础就是将筏板基础下面再设置桩基,通过桩基将荷载传递给桩侧土和桩底较好的土层。

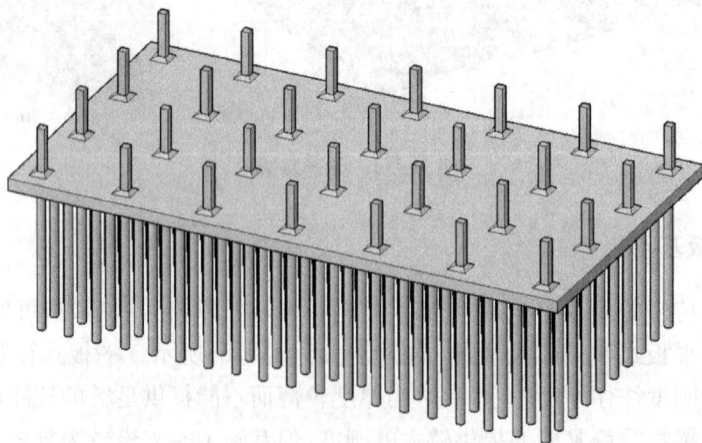

图 3-37　桩筏基础

思考题

3-1. 何谓框架结构? 有哪些特点? 有哪些类型?

3-2. 框架结构有哪些优缺点?

3-3. 目前,主要的结构分析方法有哪些? 各有什么样的特点?

3-4. 结构分析模型具有哪些要求?

3-5. 框架结构的荷载传递路径及传导方式是怎样的?

3-6. 什么样的情况下,中柱可按轴心受压柱设计? 为什么?

3-7. 结构设计方案有哪些要求?

3-8. 结构布置原则有哪些要求?

3-9. 框架结构的承重方式有哪几种? 特点如何?

3-10. 如何估算框架梁、柱截面尺寸及板厚?

3-11. 框架结构的荷载包括哪些?

3-12. 为什么要进行活荷载折减? 如何折减?

3-13. 为什么要考虑活荷载的最不利布置,如何考虑框架结构竖向活荷载最不利布置?

3-14. 风荷载的大小主要与哪些因素有关? 这些因素如何影响风荷载的大小?

3-15. 纵向受拉钢筋的锚固长度与哪些因素有关? 这些因素是如何影响锚固长度的大小的?

3-16. 梁中钢筋在柱中弯折时通常是向梁内弯,可以向柱内弯吗? 为什么?

3-17. 抗震设计中,为什么主梁需要进行箍筋加密,而次梁不需要?

3-18. 抗震设计中,某梁的支座边缘处的箍筋按计算配筋为Φ10@200,可实际中却要配成Φ10@100,为什么?

3-19. 梁柱相交的节点处,为什么将柱的箍筋贯通,而不将梁的箍筋贯通?

3-20. 梁纵筋的锚固,当进行直锚时,锚固长度$\geq l_{ab}(l_{abE})$,进行弯锚时,平直段的锚固长度为$\geq 0.4 l_{ab}(0.4 l_{abE})$,试比较这两种锚固形式在钢筋用量上的大小。

3-21. 基础选型应考虑哪些因素?

3-22. 框架结构的基础有哪些类型? 各有什么特点?

习　题

3-1. 框架结构是由_____和_____组成的框架作为竖向承重和抗水平作用的结构体系。

3-2. 混凝土框架结构可分为现浇整体式、_____和_____。

3-3. 目前,常用的结构分析方法有_____、_____和_____。

3-4. 弹性分析方法是将材料看作_____介质进行内力分析的方法,可用于正常使用极限状态和承载能力极限状态的分析。

3-5. 在水平荷载作用下,_____将作为主要的抗侧力构件,_____用来协调柱与柱之间的变形。

3-6. 下列不属于框架结构的主要优点的是（　　　）。

A. 能够提供较灵活的使用空间　　　　　B. 能够提供较大的抗侧刚度

C. 构件易于标准化、定型化　　　　　　D. 结构体系简单，传力明确

3-7. 框架结构的竖向荷载传递路径是（　　　）。

A. 板→梁→柱→基础→地基　　　　　　B. 梁→板→柱→基础→地基

C. 板→柱→梁→基础→地基　　　　　　D. 梁→板→基础→柱→地基

3-8. 关于单向板与双向板，下列说法正确的是（　　　）。

A. 梁式楼梯可按单向板进行分析计算

B. 当板的长边与短边之比<2时，应按双向板进行计算分析

C. 单向板是指长边受力，短边不受力的板

D. 四边支撑的双向板，短边上的梁按构造配筋即可满足受力要求

3-9. 关于框架柱，下列说法正确的是（　　　）

A. 边柱和角柱通常按偏心受压柱进行设计

B. 同一根柱子中，下层柱的配筋量一定大于上层柱的配筋量

C. 中柱都可按轴心受压柱进行设计

D. 框架柱的作用仅是传递竖向荷载

3-10. 承重框架的布置方案可以有_____、_____和_____。

3-11. 非抗震设计时，矩形柱截面的边长不宜小于_____；抗震设计时，抗震等级为四级时不宜小于_____，抗震等级为一、二、三级时不宜小于_____。柱截面高宽比不宜大于_____。

3-12. 板式楼梯主要由_____、_____和_____组成。

3-13. 楼梯的主要形式有_____、_____、_____、_____和_____。

3-14. 当梯段跨度较大时，为节约材料用量，可选用（　　　）。

A. 板式楼梯　　　　　　　　　　　　　B. 平行双分楼梯

C. 梁式楼梯　　　　　　　　　　　　　D. 剪刀楼梯

3-15. 某民用建筑楼板，为双向板，板块的平面尺寸为 4 800 mm×6 000 mm，则最适宜的楼板厚度为（　　　）。

A. 100 mm　　　　B. 120 mm　　　　C. 150 mm　　　　D. 180 mm

3-16. 地震区的承重框架布置方式宜采用（　　　）框架。

A. 纵向承重　　　　　　　　　　　　　B. 横向承重和纵横向承重

C. 横向承重　　　　　　　　　　　　　D. 纵横向承重

3-17. 框架结构的荷载包括竖向荷载和水平荷载。当结构高度较低时，_____在结构设计中起控制作用；当结构高度较高时，_____则起控制作用。

3-18. 确定楼面活荷载的最不利布置通常有_____法、_____法和_____法。

3-19. 设计某教学楼教室的楼板，按照《建筑结构荷载规范》（GB 50009—2012），其活荷载标准值为_____kN/m^2，组合值为_____kN/m^2，频遇值为_____kN/m^2，准永久值为_____kN/m^2。

3-20. 设计住宅、宿舍、旅馆、办公楼、医院病房、托儿所、幼儿园的楼面梁时，当楼面梁

从属面积超过(　　)时,折减系数取 0.9。

    A.　15 m²   B.　25 m²   C.　35 m²   D.　45 m²

3-21. 框架结构竖向活荷载最不利布置的下列几种方法考虑的计算原则中,(　　)有误。

    A.　满布荷载法   B.　分层组合法

    C.　最不利荷载位置法   D.　逐跨施荷法

3-22. 某房屋位于南京,设计使用年限为 50 年,房屋平面为矩形,房屋高度 20 m,风振系数 $\beta_z=1$,地面粗糙度类别为 B 类,试画出该房屋纵向迎风面的风荷载分布图。

3-23. 规范规定,受拉钢筋的锚固长度为_____。

3-24. 混凝土保护层越厚,则钢筋与混凝土之间黏结力越_____。

3-25. 混凝土的强度等级越高,受拉钢筋的锚固长度越_____;钢筋的强度级别越高,受拉钢筋的锚固长度越_____。

3-26. 规范规定,当计算中充分利用纵向受拉钢筋强度时,其锚固长度不应小于(　　)。

    A.　$1.2l_a$ B.　l_a C.　$0.7l_a$ D.　$0.5l_a$

3-27. 本工程中板底筋的锚固长度要求为(　　)。

    A.　伸至墙或梁中心线

    B.　伸入墙或梁不应小于 $5d$,d 为受力筋直径

    C.　伸至墙或梁中心线且不应小于 $5d$,d 为受力筋直径

    D.　不小于 l_a

3-28. 计算图 3-38 中各层柱箍筋加密区的范围,其中框架柱截面尺寸为 500 mm× 500 mm。

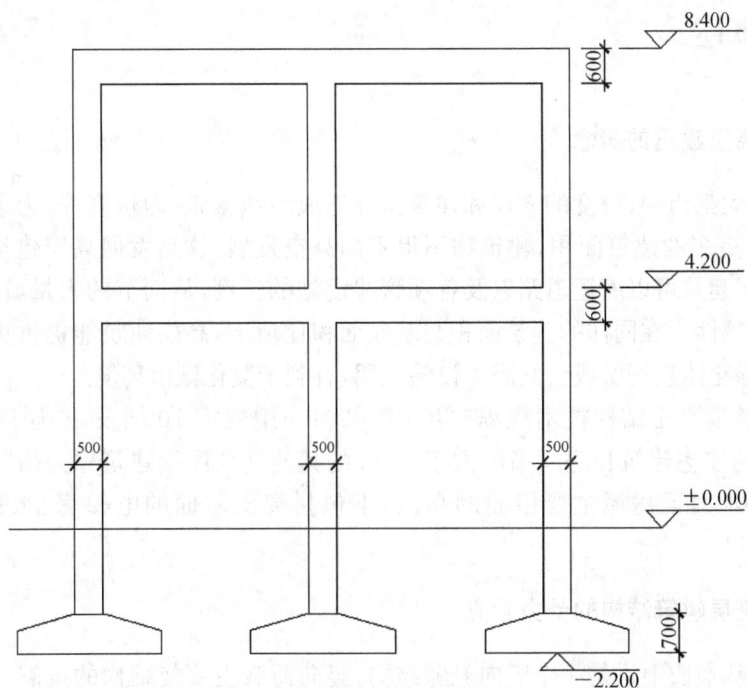

图 3-38(尺寸单位:mm)

项目四
高层建筑结构

前面已经学过了多层框架结构的分析与设计方法,随着经济与科技的发展,以及为了提高土地资源的利用率,高层建筑的发展如雨后春笋一般,所以掌握高层结构的基本概念与受力特性也是很有必要的。本部分将介绍目前我国建筑中常用的高层建筑结构体系,以及各个结构体系的基本概念与受力特征,在此基础之上,再介绍相关的构造措施。

■ **学习目标** 了解高层建筑的概念;掌握高层建筑的受力特点;了解高层建筑的结构体系及其适用高度;了解剪力墙的概念;掌握剪力墙的受力特点;掌握剪力墙边缘构件的基本概念与构造措施;掌握剪力墙墙身与连梁的构造措施;了解框架-剪力墙结构的基本概念;了解框架-剪力墙结构的受力特点;掌握框架结构与框架-剪力墙结构在变形曲线上的差异;掌握框架-剪力墙结构的构造措施;了解筒体结构的基本概念。

■ **核心概念** 高层建筑;剪力墙结构;框架-剪力墙结构;筒体结构;整体墙、联肢墙、壁式框架;高墙、中高墙、矮墙;约束边缘构件、构造边缘构件;剪切型变形曲线、弯曲型变形曲线;框架-核心筒结构;筒中筒结构。

4.1 概述

4.1.1 高层建筑的概念

在现代化大都市中,过度的人口和建筑密度造成用地紧张、地价高涨,为了在较小的土地范围内建造更多的建筑面积,建筑物不得不向高空发展,这是发展高层建筑最根本的原因。此外,高层建筑可以缩短道路以及各项管线设施的长度,从而节约大量城建的总投资,经济上具有优越性。在同样的建筑面积与基底面积比值下,高层建筑能提供更多的地面自由空间,作为绿化休息场所或公共服务设施之用,有利于美化城市环境。

《高层建筑混凝土结构技术规程》(JGJ 3—2010)中规定 10 层及 10 层以上或房屋高度大于 28 m 的住宅建筑和房屋高度大于 24 m 的其他高层民用建筑称为高层建筑。房屋高度是指室外地面至房屋主要屋面的高度,不包括突出屋面的电梯房、水箱、构架等的高度。

4.1.2 高层建筑结构的受力特点

高层建筑从本质上讲是一个竖向悬臂结构,竖向荷载主要使结构的抗侧力构件产生轴向压力,水平荷载使结构的抗侧力构件产生弯矩。竖向荷载方向不变,随着建筑物高度的增加仅引起轴向压应力的增加,如图 4-1(b)所示;而水平荷载可来自任何方向,通常呈倒三角形分布,如图 4-1(a)所示;弯矩与建筑物高度呈三次方关系,如图 4-1(c)所示。竖向荷载引起的侧移很小,而在水平荷载作用下,侧移量与建筑物高度呈五次方关系,如图4-1(d)所示。因此,在高层建筑结构中,水平荷载的影响远远大于竖向荷载的影响,水平荷载成为结构设计的控制因素,结构抵抗水平荷载产生的弯矩、剪力以及拉、压应力,要求结构应具有较大的强度,同时要求结构要有足够的刚度,使随着高度增加所引起的侧向变形控制在结构允许范围内。

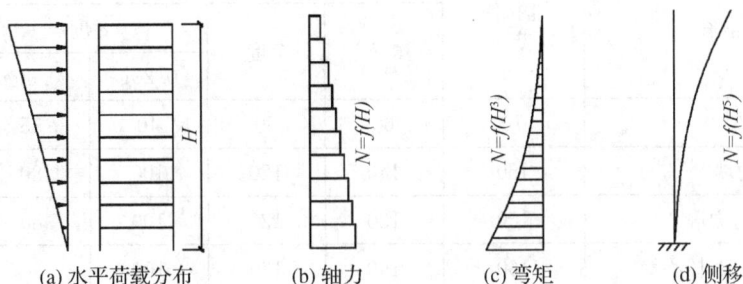

(a) 水平荷载分布　　(b) 轴力　　(c) 弯矩　　(d) 侧移

图 4-1　高层结构的受力特点

4.1.3　高层建筑的结构体系

在民用建筑中,高层建筑常用的结构体系有框架结构、剪力墙结构、框架-剪力墙结构(简称框-剪结构)和筒体结构。

(1) 框架结构:框架结构是指由梁、板、柱作为主要承重构件的结构。目前我国框架结构多采用钢筋混凝土建造。框架结构具有建筑平面布置灵活,与砖混结构相比具有较高的承载力、较好的延性和整体性以及抗震性能,因此在建筑中获得了广泛应用。但框架结构仍属柔性结构,侧向刚度较小,其合理建造高度一般为 30 m 左右。

(2) 剪力墙结构:剪力墙结构是指房屋的内、外墙都做成实体的钢筋混凝土墙体,利用墙体承受竖向和水平作用的结构。这种结构体系的墙体较多,侧向刚度大,可建造比较高的建筑物,目前广泛使用于住宅、旅馆等小开间的高层建筑中。

(3) 框架-剪力墙结构:框架-剪力墙结构是指在框架结构内纵横方向适当位置的柱与柱之间,布置厚度不小于 160 mm 的钢筋混凝土墙体,由框架和剪力墙共同承受竖向和水平作用的结构,简称为框-剪结构。这种结构体系结合了框架和剪力墙各自的优点,目前广泛使用于 20 层左右的高层建筑中。

(4) 筒体结构:筒体结构是指由单个或多个筒体组成的空间结构体系,其受力特点与一个固定于基础上的筒形悬臂构件相似。一般可将剪力墙或密柱深梁式的框架集中到房屋的内部或外围形成空间封闭的筒体,使整个结构具有相当大的抗侧刚度和承载能力。根据筒体不同的组成方式,筒体结构可分为框架筒体、筒中筒、组合筒三种结构形式。

在结构设计的方案阶段,应根据建筑使用要求、荷载效应情况以及每种结构体系的最大适用高度选择合理的结构体系。根据《高层建筑混凝土结构技术规程》(JGJ 3—2010),将高层建筑结构的最大使用高度分为 A 级高度和 B 级高度。A 级高度钢筋混凝土高层建筑是目前数量最多、应用最广泛的建筑,其高度应符合表 4-1 中的数值。当剪力墙、框架-剪力墙及筒体结构的高度超过表 4-1 的最大适用高度时,列为 B 级高度建筑,但其房屋高度不应超过表 4-2 规定的最大适用高度。

高出表 4-2 的高层建筑,则应通过专门的审查、论证,补充多方面的计算分析,必要时应进行相应的结构试验研究,采取专门的加强构造措施,才能予以实施。

表 4-1　A 级高度钢筋混凝土高层建筑的最大适用高度(m)

结构体系		非抗震设计	抗震设防烈度				
			6 度	7 度	8 度		9 度
					0.20g	0.30g	
框架		70	60	50	40	35	24
剪力墙		150	140	120	100	80	60
框架-剪力墙		150	130	120	100	80	50
筒体	框架-核心筒	160	150	130	100	90	70
	筒中筒	200	180	150	120	100	80

表 4-2　B 级高度钢筋混凝土高层建筑的最大适用高度(m)

结构体系		非抗震设计	抗震设防烈度			
			6 度	7 度	8 度	
					0.20g	0.30g
剪力墙		180	170	150	130	110
框架-剪力墙		170	160	140	120	100
筒体	框架-核心筒	220	210	180	140	120
	筒中筒	300	280	230	170	150

由于框架结构体系在项目三部分已做了详细介绍,故本项目中只对剪力墙结构、框架-剪力墙结构及筒体结构进行阐述。

4.2　剪力墙结构

4.2.1　概念

剪力墙结构是指建筑物的竖向承重构件是由多道钢筋混凝土墙所组成的结构。由于剪力墙的厚度相对于墙身长度较小,故剪力墙的面外刚度很小,面内刚度很大,能够抵抗较大的水平力。

在高层建筑结构中,往往需要竖向构件能够同时抵抗纵、横两个方向的水平力,通常在两个方向都布置剪力墙,如图 4-2(a)、(b)所示。

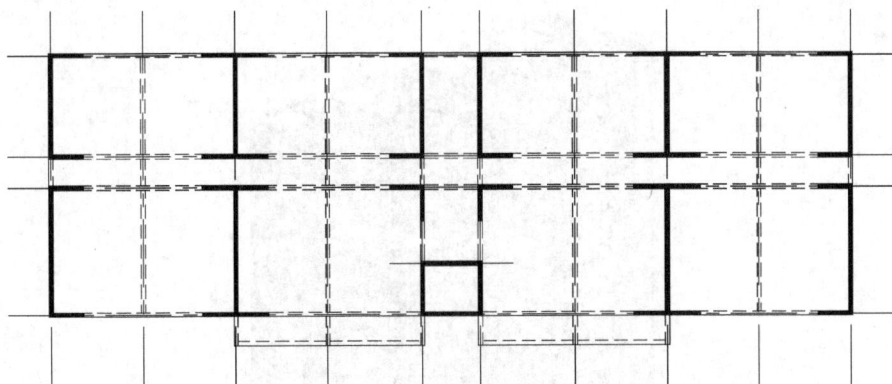

(a)剪力墙平面布置

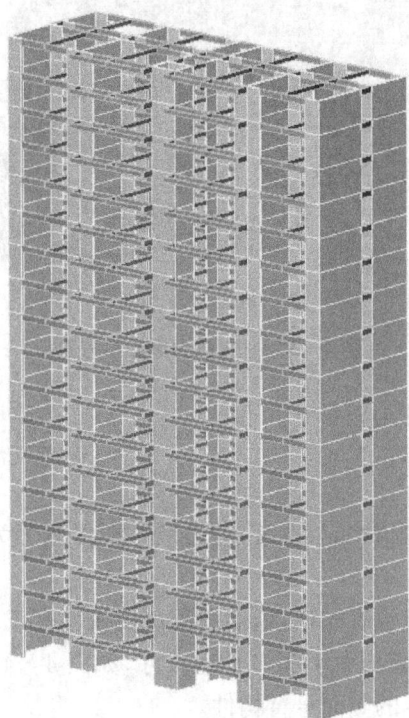

(b)剪力墙结构模型

图 4 - 2　剪力墙结构

剪力墙结构的优点是结构整体性好、刚度大,抵抗侧向变形能力强,具有较好的抗震性能,设计合理时结构具有较好的塑性变形能力,因而剪力墙结构适用的建筑高度比框架结构要高。但由于在室内将墙体作为竖向构件,使得建筑平面布置不灵活,空间分隔不自由,不能满足公共建筑的使用要求,通常用于高层住宅中。

在一些建筑中,有时将建筑的底部几层设置成商店,上部设置为住宅。这就需要在底部几层设置较大的公用空间,因而在底部几层采用框架结构,上部仍为剪力墙结构,这种结构体系称为框支剪力墙结构,如图 4 - 3 所示。

图 4 - 3　框支剪力墙结构模型

4.2.2　剪力墙的类型

1. 按洞口情况分类

根据洞口的有无、大小、形状和位置等,剪力墙主要可划分为整体墙、小开口整体墙、联肢墙和壁式框架。

整体墙:剪力墙上无洞口或有洞口,但墙面洞口面积不大于墙面总面积的 16%,且洞口间的净距及洞口至墙边的距离均大于洞口长边尺寸,如图 4 - 4(a)所示。整体墙的力学模型可视为上端自由、下端固定的竖向悬臂构件。

小开口整体墙:墙上洞口稍大一些,且洞口沿竖向成列布置,洞口面积超过墙面总面积的 16%,但洞口对剪力墙的受力影响仍较小,如图 4 - 4(b)所示。在水平荷载作用下,由于洞口的存在,墙肢中已出现局部弯曲,其截面应力可认为由墙体的整体弯曲和局部弯曲二者叠加组成,截面变形仍接近于整体墙。

联肢墙:剪力墙沿竖向开有一列或多列较大的洞口,可以简化为若干个单肢剪力墙由连梁联结组成,如图 4 - 4(c)所示。连梁对墙肢有一定的约束作用,墙肢局部弯矩较大,整个截面正应力已不再呈直线分布。

壁式框架:剪力墙成列布置的洞口很大,且洞口较宽,墙肢宽度相对较小,连梁的刚度接近或大于墙肢的刚度,如图 4 - 4(d)所示。由于墙肢过弱,其受力性能与框架结构类似,如果洞口尺寸再大一些,就成为框架,如图 4 - 4(e)所示。

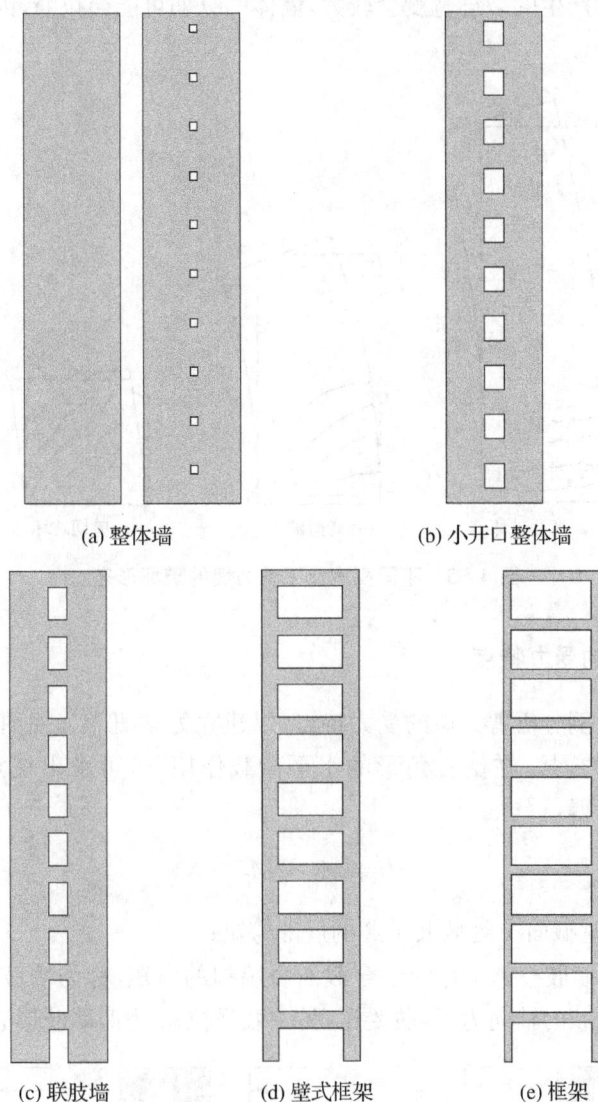

(a) 整体墙　　　　　　　　　　(b) 小开口整体墙

(c) 联肢墙　　　　(d) 壁式框架　　　　(e) 框架

图 4 - 4　剪力墙的类型

2. 按高宽比分类

根据剪力墙的高宽比,可将剪力墙分为高墙、中高墙和矮墙。

高墙:当剪力墙的高宽比＞3 时,为高墙。在水平荷载作用下,墙体的破坏模式呈弯曲破坏,具有较大的延性,如图 4 - 5(a)所示。

中高墙:当 1.5＜剪力墙的高宽比≤3 时,为中高墙。在水平荷载作用下,墙体的破坏模式呈弯剪型破坏,具有一定的延性,如图 4 - 5(b)所示。

矮墙:当剪力墙的高宽比≤1.5 时,为矮墙。在水平荷载作用下,墙体的破坏模式呈剪切型破坏,延性很差,如图 4 - 5(c)所示。

在实际工程中,剪力墙要求具有较高的延性,故应将剪力墙设计成高墙(高宽比≥3 的墙)。当墙的长度很长时,可以通过开设洞口的方式将长墙分成长度较小的墙段,使每个墙段成为高宽比≥3 的独立墙肢或联肢墙,分段应尽量均匀。此外,当墙段长度(即墙段截面高度)很长时,受弯时产生的裂缝宽度会较大,墙体的纵筋可能会拉断,因此墙的长度不宜过大,一般不应大于 8 m。

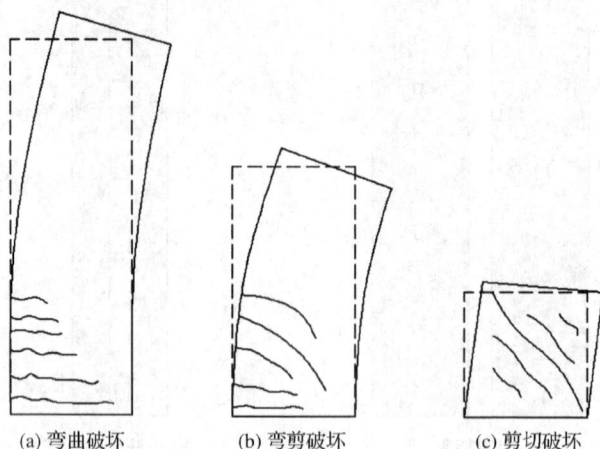

(a) 弯曲破坏　　　　(b) 弯剪破坏　　　　(c) 剪切破坏

图 4 - 5　不同高宽比下剪力墙的破坏形态

4.2.3　剪力墙的受力特点

本节以双肢墙为例分析剪力墙的受力特点,以建立力学概念。如图 4 - 6 所示,双肢墙的两个墙肢通过连梁连接,在倒三角形的水平荷载作用下,可求出任意截面 x 处的弯矩 $M(x)$,由平衡条件可得:

$$M(x) = M_1 + M_2 + Na$$

式中,M_1、M_2——任意截面 x 处墙肢 1、2 的局部弯矩;

Na——由两个墙肢整体工作的组合截面所承担的弯矩,称为墙肢的整体弯矩。其中 N 为墙肢的轴向力,一肢受压,另一肢受拉;a 为两墙肢形心间的距离。

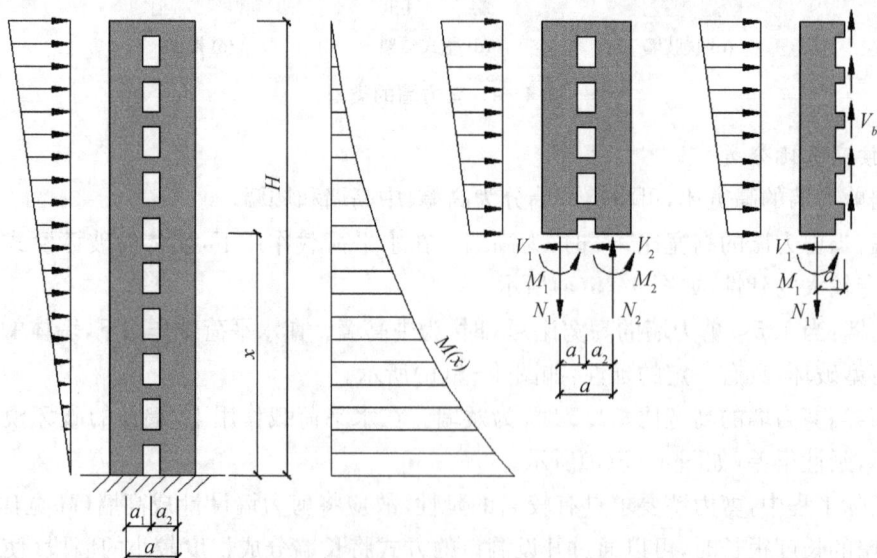

图 4 - 6　剪力墙的受力特点

设连梁跨中弯矩为零,并将连梁沿跨中截开,如图 4-6 所示。由平衡条件可得:

$$N = \sum V_{bi}$$

$$Na = (a_1 + a_2) \sum V_{bi}$$

$$M(x) = M_1 + M_2 + (a_1 + a_2) \sum V_{bi}$$

式中,V_{bi}——x 截面以上第 i 层连梁的跨中竖向剪力;

$(a_1 + a_2)V_{bi}$——第 i 层连梁对两个墙肢产生的总约束弯矩;

$(a_1 + a_2) \sum V_{bi}$——x 截面以上所有连梁对两个墙肢产生的总约束弯矩。

通过上述分析,可以得到以下的几点结论:

① 任意截面 x 处的弯矩 $M(x)$ 是由局部弯矩$(M_1 + M_2)$和整体弯矩 Na 两部分组成的。整体弯矩越大,局部弯矩就越小,说明两个墙肢协同工作的程度越大,越接近于整体墙。整体弯矩的大小反映了墙肢之间协同工作的程度,这种程度称为剪力墙的整体性。因为整体弯矩是由连梁对墙肢的约束提供的,所以剪力墙的受力特点与连梁的刚度有关。当连梁的跨高比≤5 时,连梁的相对刚度较大,且对剪切变形十分敏感,容易产生剪切裂缝,应按连梁的有关规定进行设计;反之,则宜按框架梁设计,但其抗震等级与所连接的剪力墙相同。

② 任意截面 x 处的整体弯矩 Na 等于该截面以上所有连梁约束弯矩的总和,因此可以说,整体弯矩是由连梁提供的。

③ 任意截面 x 处墙肢的轴向力等于该截面以上所有连梁竖向剪力的总和。因此,墙肢截面上的正应力是由两部分组成的,第一部分是按各单独的墙肢截面计算的由墙肢局部弯矩 M_1 和 M_2 产生,第二部分是按组合截面由整体弯矩 Na 产生的。

4.2.4　剪力墙的边缘构件及其构造要求

剪力墙在水平荷载作用下,墙身两侧及洞口边缘会产生较大的内力,故这些部位应得到加强,这种局部加强的部位就称为剪力墙的边缘构件。边缘构件在外形上分为暗柱、端柱、翼墙和转角墙,如图 4-7 所示。

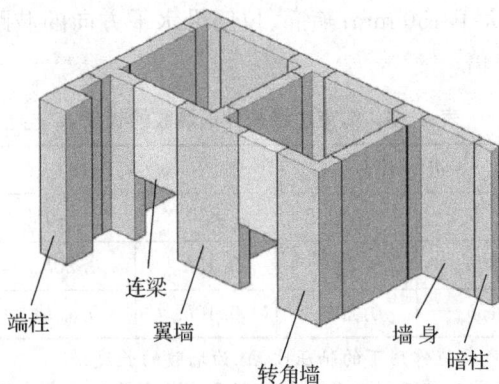

图 4-7　剪力墙的边缘构件

抗震设计时,剪力墙需设置底部加强部位,其范围取底部两层和墙体总高度的1/10 二者中的较大值。在底部加强部位应设置约束边缘构件,底部加强区以上各层设置构造边缘构件。

约束边缘构件包括阴影区和非阴影区两部分,其尺寸要求如图4-8所示,其中 l_c 的尺寸按表4-3确定。

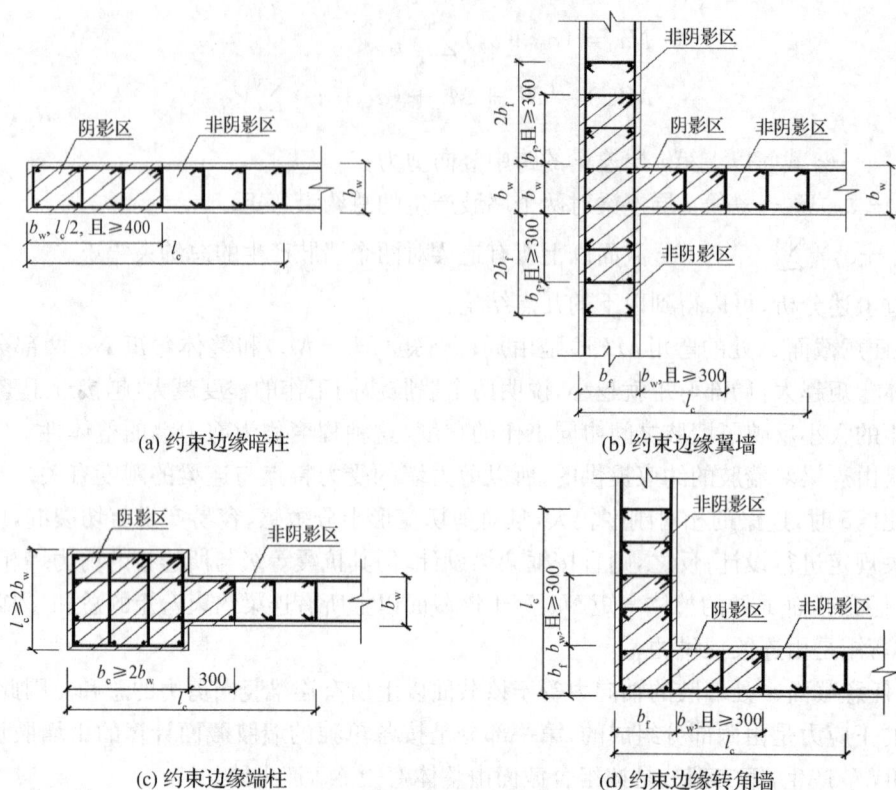

(a) 约束边缘暗柱 (b) 约束边缘翼墙

(c) 约束边缘端柱 (d) 约束边缘转角墙

图4-8　约束边缘构件尺寸要求(尺寸单位:mm)

约束边缘构件阴影区内的竖向钢筋除应满足正截面受压(受拉)承载力计算要求外,其配筋率在抗震等级为一、二、三级时分别不应小于 1.2%、1.0% 和 1.0%,并分别不应小于 $8\phi16$、$6\phi16$ 和 $6\phi14$(ϕ 表示钢筋直径)。非阴影区内的竖向钢筋的配置同墙身钢筋。

约束边缘构件内箍筋或拉筋沿竖向的间距,抗震等级为一级时,不宜大于 100 mm,抗震等级为二、三级时不宜大于 150 mm;箍筋、拉筋沿水平方向的肢距不宜大于 300 mm,不应大于竖向钢筋间距的 2 倍。

表4-3　约束边缘构件沿墙肢的长度 l_c

项目	一级(9度)		一级(6、7、8)		二、三级	
	$\mu_N \leqslant 0.2$	$\mu_N > 0.2$	$\mu_N \leqslant 0.3$	$\mu_N > 0.3$	$\mu_N \leqslant 0.4$	$\mu_N > 0.4$
l_c(暗柱)	$0.20h_w$	$0.25h_w$	$0.15h_w$	$0.20h_w$	$0.15h_w$	$0.20h_w$
l_c(翼墙或端柱)	$0.15h_w$	$0.20h_w$	$0.10h_w$	$0.15h_w$	$0.10h_w$	$0.15h_w$

注:1. μ_N 为墙肢在重力荷载代表值作用下的轴压比,h_w 为墙肢的长度;

2. 剪力墙的翼墙长度小于翼墙厚度的3倍或端柱截面边长小于2倍墙厚时,按无翼墙、无端柱查表;

3. l_c 为约束边缘构件沿墙肢的长度,对于暗柱不应小于墙厚和400 mm的较大值;有翼墙或端柱时,不应小于翼墙厚度或端柱沿墙肢方向截面高度加300 mm。

构造边缘构件中无阴影区和非阴影区之分,其尺寸要求如图4-9所示。

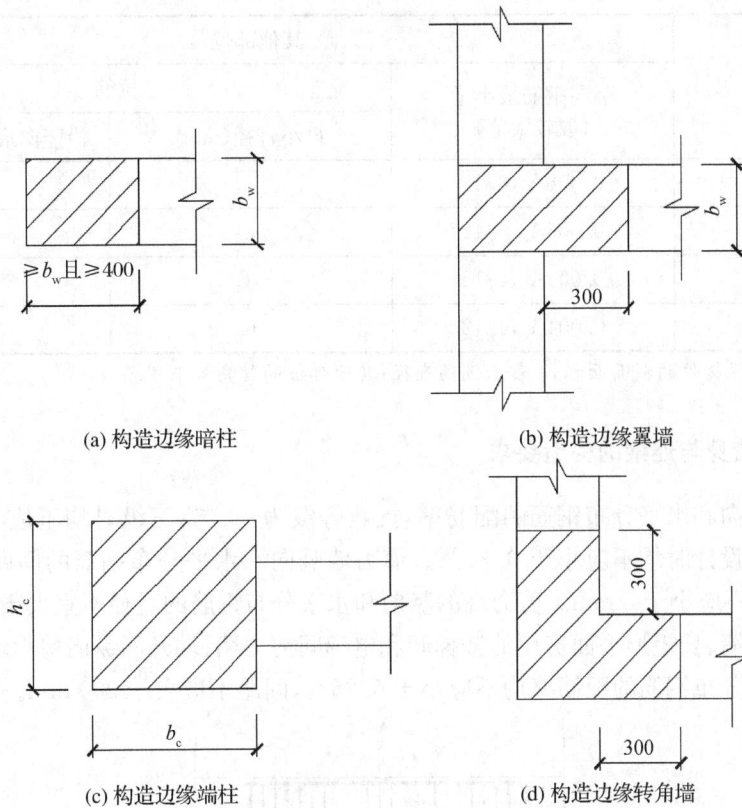

(a) 构造边缘暗柱   (b) 构造边缘翼墙

(c) 构造边缘端柱   (d) 构造边缘转角墙

图 4-9 构造边缘构件尺寸要求(尺寸单位:mm)

构造边缘构件应满足正截面受压(受拉)承载力要求。当端柱受集中荷载时,其竖向钢筋、箍筋直径和间距应满足框架柱的要求。竖向钢筋及箍筋的最小配筋率应符合表 4-4 的要求,箍筋、拉筋沿水平方向的肢距不宜大于 300 mm,不应大于竖向钢筋间距的 2 倍。非抗震设计的剪力墙,墙肢端部应配置不少于 $4\phi12$ 的纵向钢筋,箍筋直径不应小于 6 mm、间距不宜大于 250 mm。

表 4-4 构造边缘构件的最小配筋率要求

抗震等级	底部加强部位		
	竖向钢筋最小量 (取较大值)	箍筋	
		最小直径(mm)	沿竖向最大间距(mm)
一	$0.010A_c, 6\phi16$	8	100
二	$0.008A_c, 6\phi14$	8	150
三	$0.006A_c, 6\phi12$	6	150
四	$0.005A_c, 6\phi12$	6	200

（续表）

抗震等级	其他部位		
	竖向钢筋最小量（取较大值）	拉筋	
		最小直径（mm）	沿竖向最大间距（mm）
一	$0.008A_c$,$6\phi14$	8	150
二	$0.006A_c$,$6\phi12$	8	200
三	$0.005A_c$,$4\phi12$	6	200
四	$0.004A_c$,$4\phi12$	6	250

注：A_c 为构造边缘构件的截面面积，ϕ 表示钢筋直径；其他部位的转角处采用箍筋。

4.2.5 墙身与连梁的构造要求

剪力墙竖向和水平分布钢筋的配筋率，抗震等级为一、二、三级时均不应小于 0.25%，四级和非抗震设计时均不应小于 0.20%。剪力墙竖向和水平分布钢筋的间距均不宜大于 300 mm，直径不应小于 8 mm。剪力墙的竖向和水平分布钢筋的直径不宜大于墙厚的 1/10。房屋顶层剪力墙、长矩形平面房屋的楼梯间和电梯间剪力墙、端开间纵向剪力墙以及端山墙的水平和竖向分布钢筋的配筋率均不应小于 0.25%，间距不应大于 200 mm。

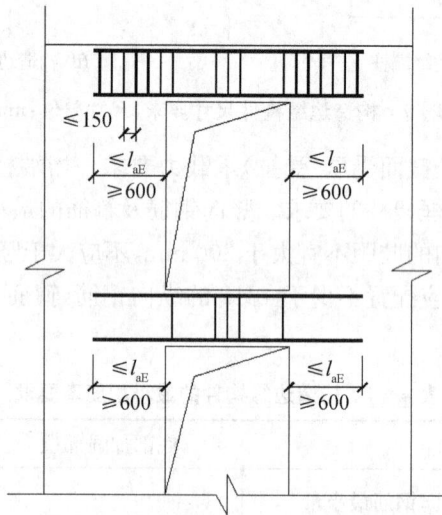

图 4-10 连梁配筋构造（尺寸单位：mm）

连梁顶面、底面纵向水平钢筋伸入墙肢的长度，抗震设计时不应小于 l_{aE}，非抗震设计时不应小于 l_a，且均不应小于 600 mm。抗震设计时，沿梁全长箍筋的构造应符合框架梁梁端箍筋加密区的箍筋构造要求；非抗震设计时，沿连梁全长的箍筋直径不应小于 6 mm，间距不应大于 150 mm。顶层连梁纵向水平钢筋伸入墙肢的长度范围内应配置箍筋，箍筋间距不宜大于 150 mm，直径应与该连梁的箍筋直径相同。连梁高度范围内的墙肢水平分布钢筋应设在连梁内拉通作为连梁的腰筋。连梁截面高度大于 700 mm 时，其两侧腰筋的直径不应小于 8 mm，间距不应大于 200 mm；跨高比≤2.5 的连梁，其两侧腰筋的总面积配筋率不应小于 0.3%。

4.2.6　剪力墙洞口的构造要求

剪力墙开有边长小于 800 mm 的小洞口,且在整体计算中不考虑其影响时,应在洞口上、下、左、右配置补强钢筋。补强钢筋的直径不应小于 12 mm,截面面积应分别不小于被截断的水平分布钢筋和竖向分布钢筋的面积,如图 4-11 所示。

穿过连梁的管道宜预埋套管,洞口上、下的截面有效高度不宜小于梁高的 1/3,且不宜小于 200 mm;被洞口削弱的截面应进行承载力验算,洞口处应配置补强纵向钢筋和箍筋,如图 4-12 所示,补强纵向钢筋的直径不应小于 12 mm。

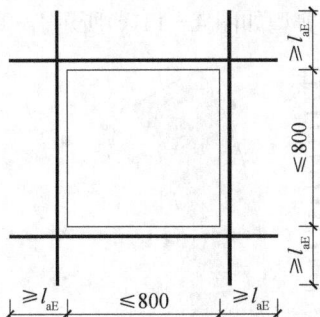

图 4-11　剪力墙洞口的补强钢筋
（尺寸单位:mm）

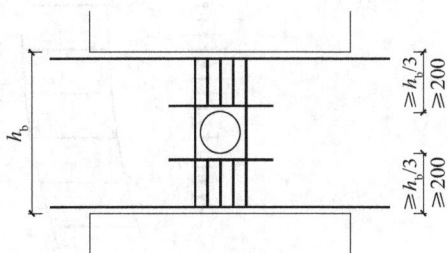

图 4-12　连梁洞口的补强钢筋
（尺寸单位:mm）

4.3　框架-剪力墙结构

4.3.1　概念

在框架结构中的适当部位增设一定数量的剪力墙,形成的框架和剪力墙共同承受竖向和水平荷载的结构体系叫作框架-剪力墙结构,简称框-剪结构,如图 4-13 所示。

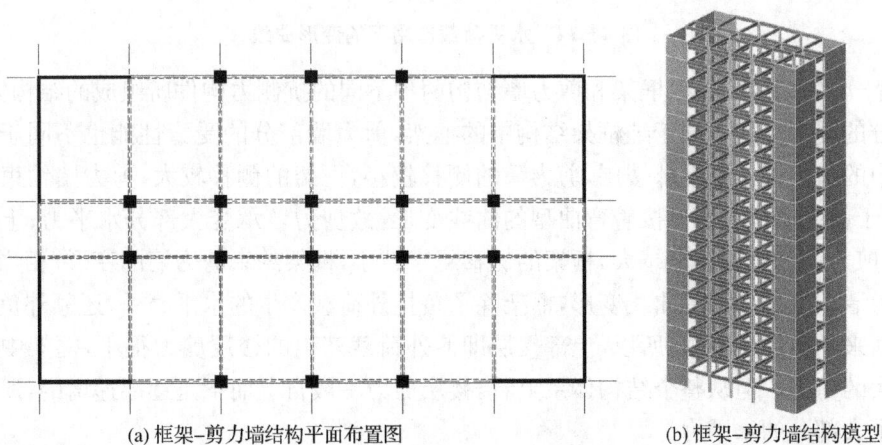

(a) 框架-剪力墙结构平面布置图　　　　　(b) 框架-剪力墙结构模型

图 4-13　框架-剪力墙结构

框架-剪力墙结构结合了框架结构和剪力墙结构优点,既可使建筑平面灵活布置,得到自由的使用空间,又可使整个结构的侧向刚度较为适当,大部分水平力由剪力墙承担,而竖向荷载由框架和剪力墙共同承担,具有良好的抗震性能。

4.3.2 框架-剪力墙结构的受力特点

层间侧移是指在水平荷载作用下,本层楼板相对于相临下层楼板的水平位移,它是评估结构受力性能的一个重要指标,结构的层间侧移越大,结构越容易发生破坏。框架结构的变形曲线属于剪切型,如图 4 - 14(a)所示,其层间侧移自上而下逐层增大。剪力墙的变形曲线属于弯曲型,如图 4 - 14(b)所示,其层间侧移自上而下逐层减小。而框架-剪力墙结构,由于连系梁和楼盖的协调作用,使得框架与剪力墙之间相互制约、变形协调,各层的层间侧移较为均匀,有效减轻结构在水平作用下的破坏程度,其变形曲线属于弯剪型如图 4 - 14(c)所示。

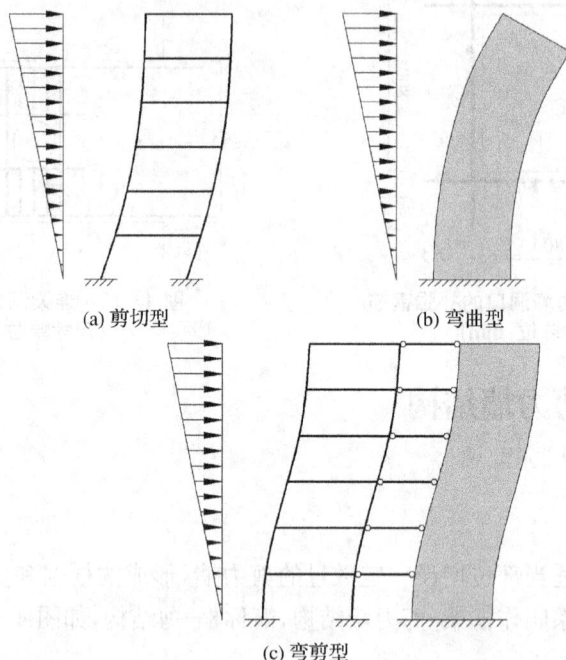

(a) 剪切型   (b) 弯曲型

(c) 弯剪型

图 4 - 14 水平荷载作用下的变形曲线

框架-剪力墙结构是由框架和剪力墙结构两种不同的抗侧力构件所组成的结构体系,其框架部分的受力性能不同于纯框架结构中的框架,剪力墙部分的受力性能也不同于纯剪力墙结构中的剪力墙。在下部楼层,剪力墙的侧移较小,框架的侧移较大,剪力墙约束框架变形,相当于剪力墙拉着框架按着弯曲型的曲线变形,故剪力墙承受大部分水平力;上部楼层则相反,剪力墙的侧移越来越大,框架的侧移越来越小,框架约束剪力墙的变形,相当于框架拉着剪力墙按着剪切型的曲线变形,框架除了负担外荷载产生的水平力外,还额外负担了把剪力拉回来的附加水平力,所以,上部楼层即使外荷载产生的楼层剪力很小,框架中也会出现相当大的剪力。但从整个结构体系上看,楼层剪力一般自上而下是逐层递增的,所以剪力墙负担了大部分的水平力。

从抗震性能方面看,一方面,框架结构属于延性结构,具有良好的变形能力,而剪力墙体系刚度大,故延性较差。二者相结合形成的框架-剪力墙结构的变形能力优于纯剪力墙结构。另一方面,在地震作用下框架-剪力墙结构具有多道防线:小震作用下,剪力墙承受主要水平荷载;中震作用下,框架和剪力墙共同工作;大震作用下,首先是剪力墙达到极限承载力而开裂,充当第一道防线,随后框架在保持结构稳定及防止结构倒塌方面发挥作用。

4.3.3　框架-剪力墙结构的布置与构造要求

框架-剪力墙结构应设计成双向抗侧力体系,抗震设计时,结构两主轴方向均应布置剪力墙。剪力墙宜均匀布置在建筑物的周边附近、楼梯间、电梯间、平面形状变化及恒载较大的部位,剪力墙的间距不宜过大;平面形状凹凸较大时,宜在凸出部分的端部布置剪力墙;纵、横剪力墙宜组成 L 形、T 形和 [形等形式;单片剪力墙底部承担的水平剪力不应超过结构底部总水平剪力的 30%;剪力墙宜贯通建筑物的全高,宜避免刚度突变;剪力墙开动时,洞口宜上下对齐;楼、电梯间等竖井宜尽量与靠近的抗侧力结构结合布置;抗震设计时,剪力墙的布置宜使结构各主轴方向的侧向刚度接近。

框架-剪力墙结构中,剪力墙的竖向、水平分布钢筋的配筋率,抗震设计时均不应小于 0.25%,非抗震设计时均不应小于 0.20%,并应至少双排布置。各排的分布筋之间应设置拉筋,拉筋的直径不应小于 6 mm、间距不应大于 600 mm。

4.4　筒体结构简介

筒体结构具有造型美观、使用灵活、受力合理以及整体性强等优点,适用于较高的高层建筑。目前,高层建筑结构中的筒体结构主要有框架-核心筒结构与筒中筒结构两类,这两种结构的组成和传力体系有很大区别。

框架-核心筒结构是在框架-剪力墙结构基础上发展而来的,这种结构体系将所有的剪力墙布置在结构平面的中间部位,周围再布置上框架,如图 4-15 所示。通常将核心筒部位用作电梯井道,核心筒外围的框架部分作为主要的建筑使用功能区,这样既能使建筑上得到较大的使用空间,也能使结构上在各个方向的受力比较均匀,特别是在抗扭刚度上较为均匀。

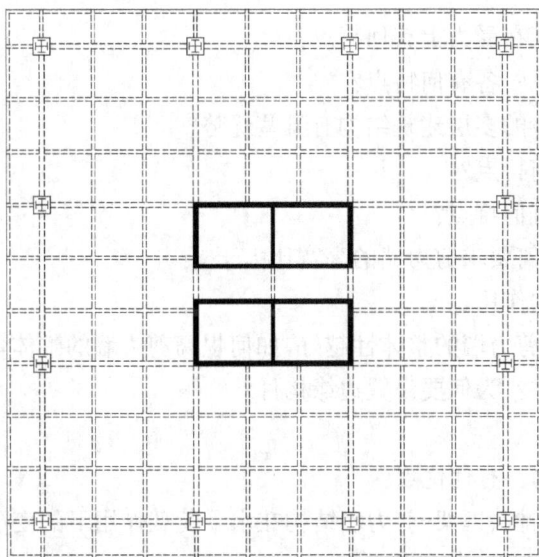

(a) 框架-核心筒结构平面布置　　(b) 框架-核心筒结构模型

图 4-15　框架-核心筒结构

当建筑物比较高或建筑所在区域抗震设防烈度较高时,框架-核心筒结构由于外围框架的间距较大,无法提供较大的抗侧刚度,故将外围框架的柱距减小,所形成的结构体系相当于中间部位的剪力墙筒体和外围的框架筒体共同承担水平荷载,故而称为筒中筒结构,如图4-16所示。

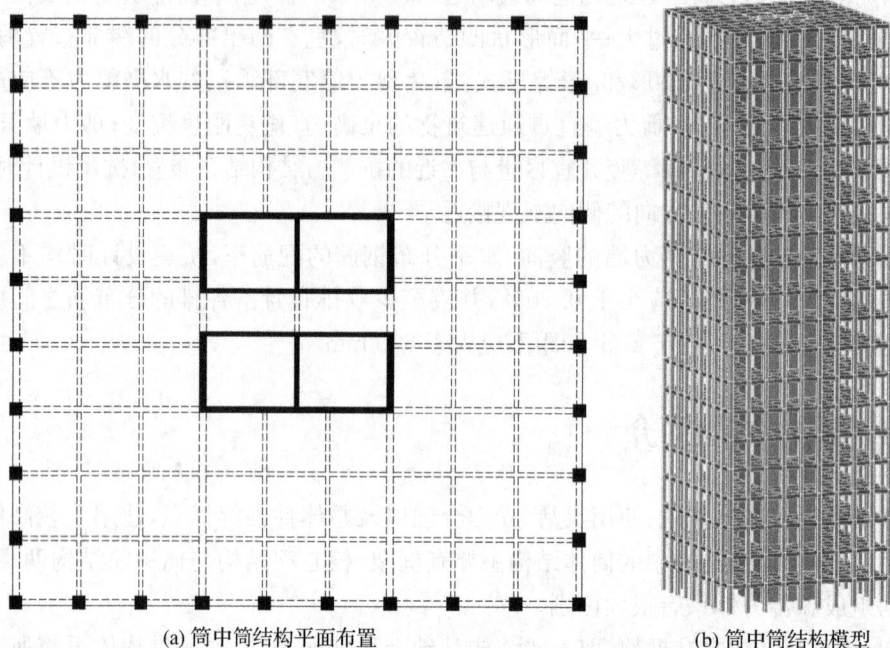

(a) 筒中筒结构平面布置   (b) 筒中筒结构模型

图 4-16　筒中筒结构

思考题

4-1. 什么是高层建筑结构?其在受力上有何特点?

4-2. 高层建筑有哪些结构体系?各有何特点?

4-3. 高层建筑结构相对于一般的多层建筑结构有哪些优势?

4-4. 什么是剪力墙结构?有何特点?

4-5. 剪力墙有哪些类型?各有何特点?

4-6. 在进行剪力墙设计时,为何要求剪力墙的高宽比大于3?

4-7. 简述剪力墙结构中连梁的作用。

4-8. 剪力墙的整体弯矩越大,剪力墙的整体性越好,如何提高剪力墙的整体弯矩?

4-9. 什么是剪力墙的边缘构件?为何要设置边缘构件?

4-10. 边缘构件有哪些类型?

4-11. 什么是框架-剪力墙结构?有何优点?

4-12. 简述框架结构、剪力墙结构、框架-剪力墙结构在水平荷载作用下的变形曲线有何不同。

4-13. 简述剪力墙的受力特点。

4-14. 框架-剪力墙结构中剪力墙的布置有哪些要求？

4-15. 筒体结构有何特点？目前，常用的筒体结构体系有哪些？

4-16. 简述框架-核心筒结构与筒中筒结构的相似点与不同点。

习　题

4-1.《高层建筑混凝土结构技术规程》(JGJ 3—2010)中规定＿＿＿＿以上或房屋高度大于＿＿＿＿的住宅建筑和房屋高度大于＿＿＿＿的其他高层民用建筑称为高层建筑。

4-2. 在民用建筑中，高层建筑常用的结构体系有＿＿＿＿、＿＿＿＿、＿＿＿＿和＿＿＿＿。

4-3. 相同的抗震设防烈度下，＿＿＿＿结构的适用高度最大，＿＿＿＿结构的适用高度最小。

4-4. 框架结构属柔性结构，侧向刚度较小，其合理建造高度一般为＿＿＿＿左右。

4-5. 筒体结构是指由单个或多个筒体组成的空间结构体系，其受力特点与(　　)相似。

A. 悬臂梁　　　　　　B. 筒形悬臂构件　　　C. 简支梁　　　　　　D. 桁架

4-6. 由框架和剪力墙共同承受竖向和水平作用的结构称为(　　)。

A. 框架结构　　　　　B. 剪力墙结构　　　　C. 框架-剪力墙结构　D. 筒体结构

4-7. 高层建筑结构的水平荷载呈(　　)分布。

A. 正三角形　　　　　B. 倒三角形　　　　　C. 矩形　　　　　　　D. 梯形

4-8. 高层建筑结构的设计中，(　　)起控制作用。

A. 重力荷载　　　　　B. 风荷载　　　　　　C. 地震作用　　　　　D. 水平荷载

4-9. 框架结构体系与剪力墙结构体系相比(　　)。

A. 框架结构体系的延性好些，但抗侧力差些

B. 框架结构体系的延性差些，但抗侧力好些

C. 框架结构体系的延性和抗侧力都比剪力墙结构体系差

D. 框架结构体系的延性和抗侧力都比剪力墙结构体系好

4-10. 剪力墙结构是指建筑物的竖向承重构件是由多道＿＿＿＿所组成的结构。

4-11. 底部几层采用框架结构，上部仍为剪力墙结构，这种结构体系称为＿＿＿＿。

4-12. 剪力墙按洞口情况分为＿＿＿＿、＿＿＿＿和＿＿＿＿；按高宽比分为＿＿＿＿、＿＿＿＿和＿＿＿＿。

4-13. 当墙段长度（即墙段截面高度）很长时，受弯时产生的裂缝宽度会较大，墙体的纵筋可能会拉断，因此墙的长度不宜过大，一般不应大于＿＿＿＿。

4-14. 剪力墙的整体弯矩由连梁对墙肢的约束提供，故剪力墙的受力特点与连梁的＿＿＿＿有关。

4-15. 剪力墙的边缘构件在外形上分为＿＿＿＿、＿＿＿＿、＿＿＿＿和＿＿＿＿。

4-16. 下列不属于剪力墙结构优点的是(　　)。

A. 结构整体性好、刚度大　　　　　　B. 抵抗侧向变形能力强

C. 使用空间灵活　　　　　　　　　　D. 具有较好的抗震性能

4-17. 高墙的墙体破坏模式呈(　　),故高墙具有较好的延性,在工程中通常将剪力墙设计成高墙。

A. 弯曲破坏　　　　　　　　　　B. 剪切破坏

C. 弯剪破坏　　　　　　　　　　D. 拉伸破坏

4-18. 两端与剪力墙相连,且跨高比不大于(　　)的梁称为连梁。

A. 3　　　　　　　B. 5　　　　　　　C. 8　　　　　　　D. 10

4-19. 抗震设计时,剪力墙需设置底部加强部位,其范围取(　　)。

A. 底部两层和墙体总高度的 1/12 二者中的较大值

B. 底部三层和墙体总高度的 1/12 二者中的较大值

C. 底部三层和墙体总高度的 1/10 二者中的较大值

D. 底部两层和墙体总高度的 1/10 二者中的较大值

4-20. 框架结构在水平荷载作用下结构的水平位移曲线是＿＿＿＿型,而剪力墙结构在水平荷载作用下结构的水平位移曲线则是＿＿＿＿型。

4-21. 在框架结构中的适当部位增设一定数量的剪力墙,形成的框架和剪力墙共同承受竖向和水平荷载的结构体系叫作＿＿＿＿。

4-22. 框架结构的层间侧移自上而下逐层＿＿＿＿。剪力墙的层间侧移自上而下逐层＿＿＿＿。

4-23. 以下对于框架-剪力墙结构的描述中错误的是(　　)。

A. 框架-剪力墙结构结合了框架结构和剪力墙结构优点,既可使建筑平面灵活布置,又可使整个结构的侧向刚度较为适当

B. 框架-剪力墙结构,由于连系梁和楼盖的协调作用,使得框架与剪力墙之间的相互制约、变形协调,各层的层间侧移较为均匀

C. 在地震作用下框架-剪力墙结构具有多道防线,大震作用下,框架作为第一道防线,剪力墙作为第二道防线

D. 从整个结构体系上看,楼层剪力自上而下是逐层递增的,所以剪力墙负担了大部分的水平力

项目五
结构施工图识读

结构施工图识读是学习完"建筑结构"这门课程之后必须掌握的一项技能,将来走向工作岗位后,无论是从事建设方(国内也称为甲方)、施工方、监理方的相关工作,还是从事建筑工程相关的咨询服务工作,都要求能够熟练识读图纸,并且能够理解结构设计人员的真实目的与意图,所以说"图纸是工程师的语言"。本部分首先介绍传统的结构施工图绘制方法,以及建筑制图中的相关标准。在此基础上,再介绍平面整体表示方法(简称平法)的相关概念与规则。每节的内容都配有相关的实例,帮助理解相关的制图规则。

■ **学习目标**　了解传统制图方法的相关概念;掌握结构制图规范的有关要求;了解平法的基本概念;掌握梁平法制图规则;掌握板平法制图规则;掌握柱平法制图规则;掌握剪力墙平法制图规则。

■ **核心概念**　集中标注;原位标注;截面注写;列表注写。

5.1　结构制图基本概念

5.1.1　传统制图方法

1. 传统制图方法的概念

传统制图方法是基于投影原理来绘制的,主要优点是表达上比较直观、易于快速提取图中的有关信息,缺点是绘图的工作量比较繁重、绘图周期比较长。以一根梁的配筋图为例,如图 5-1(a)所示,将梁的立面向一个竖直面作正投影得到梁的立面配筋图,由于梁截面钢筋的内容比较复杂,故将其用一个假想面截开后,再向另一个竖直面作正投影,这样就又得到了该梁的剖面配筋图,最后再标注上相应的钢筋信息,就完成了该梁的结构施工图,如图5-1(b)所示。

传统制图方法绘制的结构施工图主要包括结构平面图、构件立面图与剖面图和钢筋材料明细表。结构平面图主要用于确定构件的几何尺寸与坐标信息,构件的立面图与剖面图用于确定构件内部的钢筋信息,而钢筋材料明细表则更加精确地表达了钢筋的几何尺寸与用量。这三种图相辅相成地表达了整个结构体系内部的配筋情况。

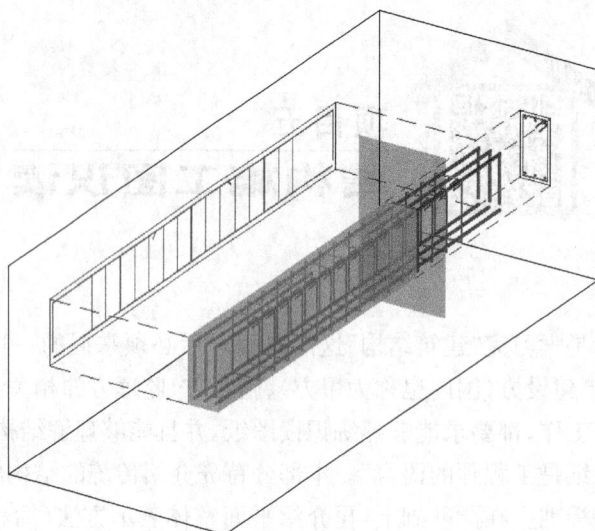

（a）梁钢筋三维投影示意图

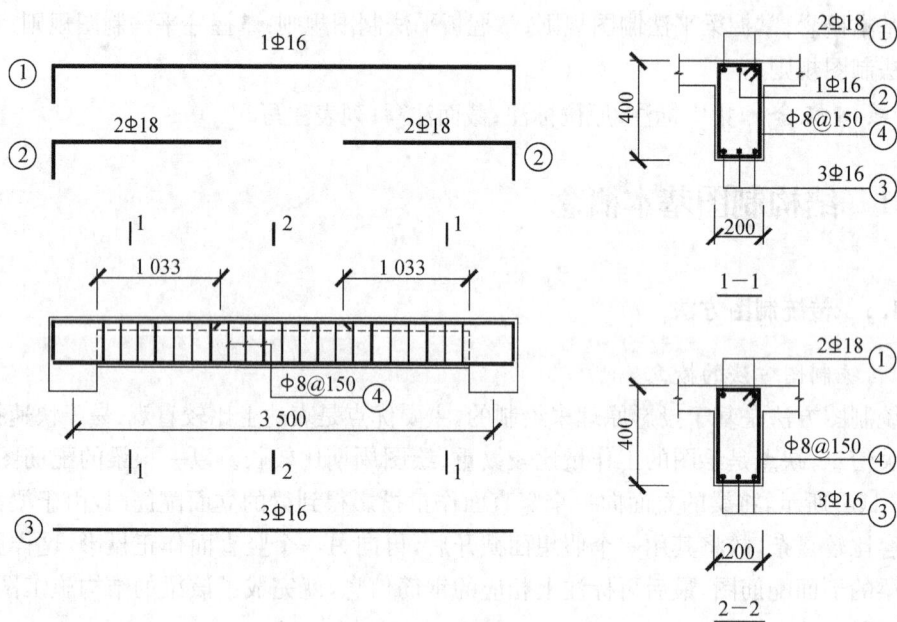

（b）梁配筋图

图 5-1　梁三维投影及配筋图(尺寸单位:mm)

2. 结构制图规范的要求

图线宽度 b，应按表 5-1 的规定选用。每个图样应根据复杂程度与比例大小，先选用适当基本线宽度 b，再选用相应的线宽组。在同一张图纸中，相同比例的各图样，应选用相同的线宽组。

表 5-1　线宽组(mm)

线宽比	线宽组					
b	2.0	1.4	1.0	0.7	0.5	0.35
$0.5b$	1.0	0.7	0.5	0.35	0.25	0.18
$0.25b$	0.5	0.35	0.25	0.18	—	—

结构施工图中,各个部位的图线应按表 5-2 选用。

表 5-2　图线

名　称		线　型	线　宽	一般用途
实线	粗	———	b	主钢筋线、图名下的横线、剖切线
	中	———	$0.5b$	结构平面图及详图中剖到或可见的墙身轮廓线、基础轮廓线、箍筋线、板钢筋线
	细	———	$0.25b$	可见的钢筋混凝土构件的轮廓线、尺寸线、标注引出线,标高符号,索引符号
虚线	粗	– – – –	b	不可见的钢筋线
	中	– – – –	$0.5b$	结构平面图中的不可见构件、墙身轮廓线
	细	– – – –	$0.25b$	基础平面图中的管沟轮廓线、不可见的钢筋混凝土构件轮廓线
单点长画线	粗	–·–·–	b	柱间支撑、垂直支撑、设备基础轴线图中的中心线
	细	–·–·–	$0.25b$	定位轴线、对称线、中心线
双点长画线	粗	–··–··–	b	预应力钢筋线
	细	–··–··–	$0.25b$	原有结构轮廓线
折断线		——∿——	$0.25b$	断开界线

绘图时根据图样的用途、被绘物体的复杂程度,应选用表 5-3 中的常用比例,特殊情况下也可选用可用比例。当构件的纵、横向断面尺寸相差悬殊时,可在同一详图中的纵、横向选用不同的比例绘制。轴线尺寸与构件尺寸也可选用不同的比例绘制。

表 5-3　比例

图　名	常用比例	可用比例
结构平面图 基础平面图	1∶50、1∶100 1∶150、1∶200	1∶60
圈梁平面图、总图中管沟、地下设施等	1∶200、1∶500	1∶300
详图	1∶10、1∶20	1∶5、1∶25、1∶4

结构施工图中,各部分的钢筋的画法应符合表 5-4 的要求。

表 5-4 钢筋的画法

序号	名 称	图 例	说 明
1	钢筋横断面	●	
2	无弯钩钢筋的端部		下图表示,短钢筋投影重叠时,短钢筋的端部用 45°斜画线表示
3	带半圆形弯钩的钢筋端部		仅用于 HPB300 级钢筋
4	带直钩的钢筋端部	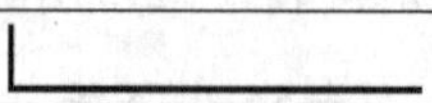	
5	无弯钩的钢筋搭接		
6	带半圆弯钩的钢筋搭接		仅用于 HPB300 级钢筋
7	带直钩的钢筋搭接		
8	机械连接的钢筋接头		用文字说明机械连接的方式(冷挤压或锥螺纹等)
9	接触对焊的钢筋接头(闪光焊、压力焊)		
10	在结构平面图中配置双层钢筋时,底层钢筋的弯钩应向上或向左,顶层钢筋的弯钩则向下或向右	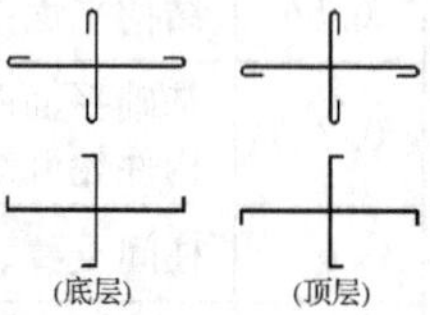 (底层)　(顶层)	半圆形弯钩仅用于 HPB300 级钢筋
11	若在断面图中不能表达清楚的钢筋布置,应在断面图外增加钢筋大样图(如:钢筋混凝土墙、楼梯等)	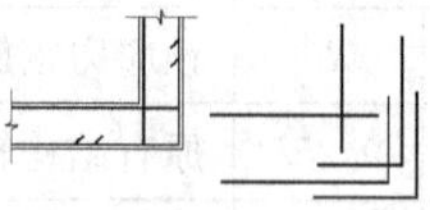	
12	图中所表示的箍筋、环筋等若布置复杂时,可加画钢筋大样及说明	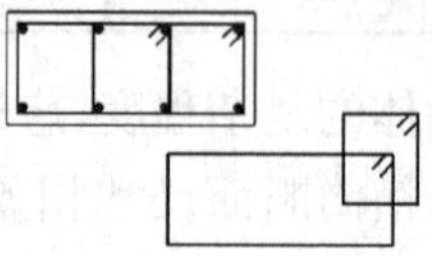	

5.1.2 平面整体表示方法

平面整体表示方法(简称平法)是把结构构件的尺寸和配筋等,按照平面整体表示方法的制图规则,整体直接表达在各类构件的结构平面布置图上,再与标准构造详图相配合,即构成一套与传统绘图方法不同的新型完整的结构施工图绘制方法。平法系列图集总共包括:

11G101—1《混凝土结构施工平面整体表示方法制图规则和构造详图(现浇混凝土框架、剪力墙、梁、板)》;

11G101—2《混凝土结构施工平面整体表示方法制图规则和构造详图(现浇混凝土板式楼梯)》;

11G101—3《混凝土结构施工平面整体表示方法制图规则和构造详图(独立基础、条形基础、筏形基础及桩基承台)》。

本次项目后面几节内容将主要介绍 11G101—1 图集中的制图规则,该图集中的相关构造已在其他项目中做了介绍,对于其他两本图集读者可在学完该图集后自行学习或者参阅其他课程要求。

5.2　梁平法施工图

5.2.1　概述

梁平法施工图有平面注写方式与截面注写方式两种,由于后者仍然需要绘制梁的剖面图,在绘图方式上比较接近于传统表达方式,工程中应用较少,故本章只介绍梁的平面注写方式。

梁的平面注写方式是指在梁平面布置图上,分别在不同编号的梁中各选一根梁,在其上注写截面尺寸和配筋具体数值的方式表达梁平法施工图。平面注写方式包括集中标注与原位标注,集中标注用来表达整根梁在不同跨上的通用数值,原位标注用来表达梁某个部位的特殊数值,即当集中标注中某项数值不适用于梁的某个部位时,则将该项数值进行原位标注,如图 5-2 所示。

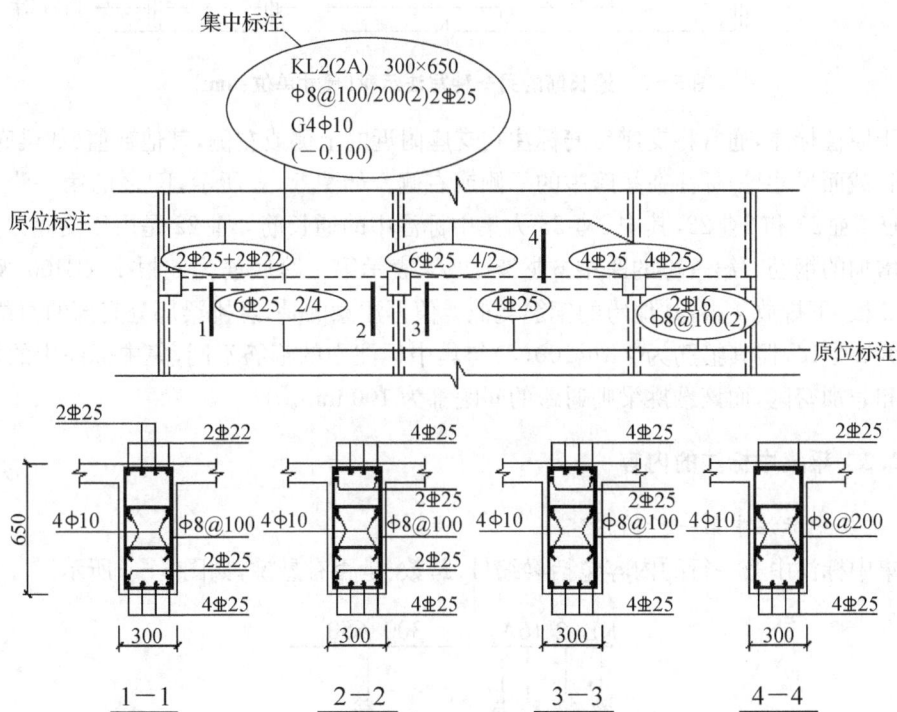

图 5-2　平面注写方式示例(尺寸单位:mm)

注:本图中四个梁截面都采用传统表示方法绘制,用于对比按平面注写方式表达同样的内容。实际采用平面注写方式表达时,不需绘制梁截面配筋图和图 5-2 中的剖切符号。

集中标注是从梁的边缘引出一条铅垂线,再在线的右侧和上侧进行标注。图 5-2 中集中标注的内容表示梁各跨的通用数值,没有不同于梁的集中标注内容时,全梁都要执行集中标注的内容。这时,该梁全长截面均为宽 300 mm,高 650 mm,即等截面梁。集中标注第一行中,KL2 为梁的编号,(2A)中的 2 表示 2 跨,A 表示一端有悬挑。集中标注第二行是箍筋采用 HPB300 级钢筋,直径 8 mm,加密区间距 100 mm,非加密区间距 200 mm,双肢箍。2Φ25 表示 2 根直径为 25 mm 的 HRB400 级的通长筋,即贯通梁全长的钢筋。集中标注的第三行表示 4 根直径 10 mm 的构造腰筋。(−0.100)是梁顶面比楼板结构层面低 100 mm。

对于第二行中的通长筋 2Φ25,也可另起一行标注,即把第二行中的通长筋写在了第三行,相应原来的第三、四行改写成第五、六行,如图 5−3 所示。

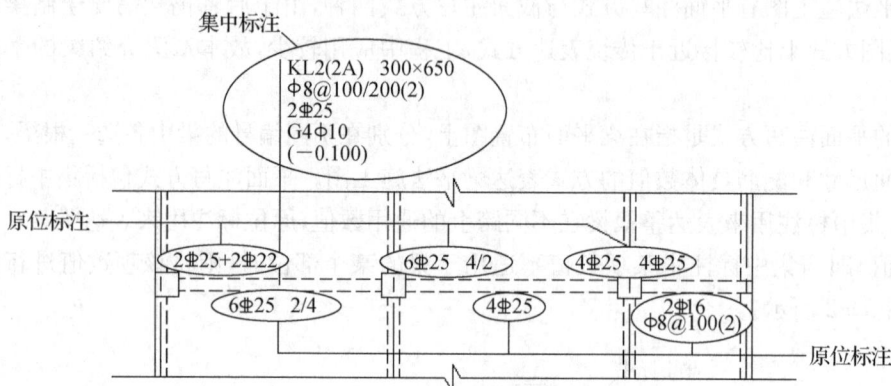

图 5−3 通长筋的另一种写法示意(尺寸单位:mm)

对于原位标注,通常将支座负筋标注在支座附近的上侧或左侧,其他数值(如梁底筋、箍筋、腰筋、截面尺寸等)标注在梁跨中的下侧或右侧。如图 5−3 所示,KL2 的第一跨左支座处的钢筋 2Φ25 和 2Φ22,其中 2Φ25 为集中标注中的通长筋,2Φ22 是由于支座处负弯矩较大而增加的钢筋。第一跨的跨中 6Φ25 2/4 表示第一跨底筋为 6 根 HRB400 级钢筋,上排放 2 根,下排放 4 根,其他跨的钢筋类似。值得注意的是,悬挑梁部分底部的原位标注,其底筋为 2Φ16,但其箍筋为 Φ 8@100(2)与集中标注中的箍筋不同,集中标注中的箍筋有加密区和非加密区,而该悬挑梁则通跨的间距都为 100 mm。

5.2.2 梁集中标注的内容

1. 梁集中标注中第一行的内容

梁集中标注中第一行的内容包括梁编号、跨数、是否有悬挑,如图 5−4 所示。

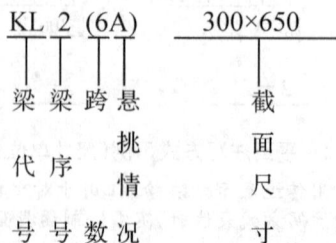

图 5−4 梁集中标注第一行的内容(尺寸单位:mm)

梁编号包括梁类型代号和梁序号。梁类型代号应按表 5−5 选用,楼层框架梁与屋面框架梁都属于框架梁的范畴,框架梁最明显的特征就是其两端的支座必须均为框架柱,故凡是两端与框架柱相连的梁均用框架梁的代号。如果梁的两端或一端的支座不是框架柱,则该梁即为非框架梁,其代号为"L"。梁序号由结构设计人员自己设定,从阿拉伯数字"1"开始往后递增。为了方便施工人员阅读图纸及查找构件,设计人员在确定梁序号时应尽量按照某个顺序(如从左至右、从上至下依次递增)编写。

表 5-5 梁类型代号

梁类型	代号	梁类型	代号
楼层框架梁	KL	非框架梁	L
屋面框架梁	WKL	悬挑梁	XL
框支梁	KZL	井字梁	JZL

梁的跨数及悬挑情况一起标注在梁序号右侧的括号内。对于悬挑情况的标注,当为一端悬挑时,在跨数后面标"A";当为两端悬挑时,在跨数后面标"B";当没有悬挑时,跨数后面不用标注任何符号。

2. 梁集中标注中第二行的内容

梁集中标注第二行的内容主要表达箍筋的信息,有时也会有上部通长筋的信息。抗震框架梁的箍筋信息主要包括钢筋级别、直径、加密区与非加密区间距及肢数,如图 5-5 所示,其中加密区的范围可按照相应的构造要求计算得出,加密区与非加密区数值之间用"/"分隔。图 5-5(a)表示箍筋的加密区和非加密区肢数相同的情况,箍筋级别为 HPB300 级钢筋,直径为 10 mm,加密区间距为 100 mm,非加密区间距为 200 mm,均为四肢箍。图 5-5(b)表示箍筋的加密区和非加密区肢数不相同的情况,箍筋级别为 HPB300 级钢筋,直径为 8 mm,加密区间距为 100 mm,四肢箍;非加密区间距为 200 mm,两肢箍。

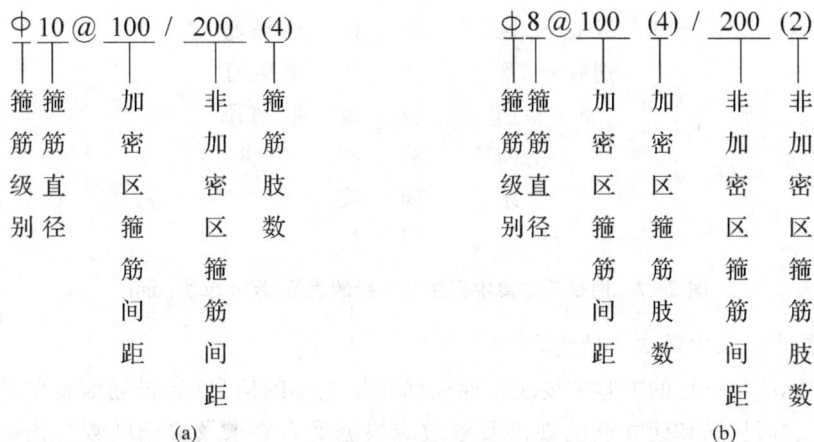

图 5-5 抗震框架梁箍筋的表示(尺寸单位:mm)

对于非抗震梁(如非抗震框架梁、次梁等),当其含有两种箍筋间距时,由于非抗震梁的箍筋本身没有加密区的概念,故在表达方式上有所不同。此时,应当由结构设计人员确定较小间距箍筋的个数并标注在箍筋信息的开始位置。如图 5-6(a)所示,表示箍筋级别为

HPB300 级钢筋,直径为 10 mm,梁的两端各有 13 个间距为 150 mm 的箍筋,跨中部分的箍筋间距为 200 mm,均为四肢箍。如图 5-6(b)所示,表示箍筋级别为 HPB300 级钢筋,直径为 12 mm,梁的两端各有 18 个间距为 150 mm 的箍筋,四肢箍;跨中部分的箍筋间距为 200 mm,两肢箍。

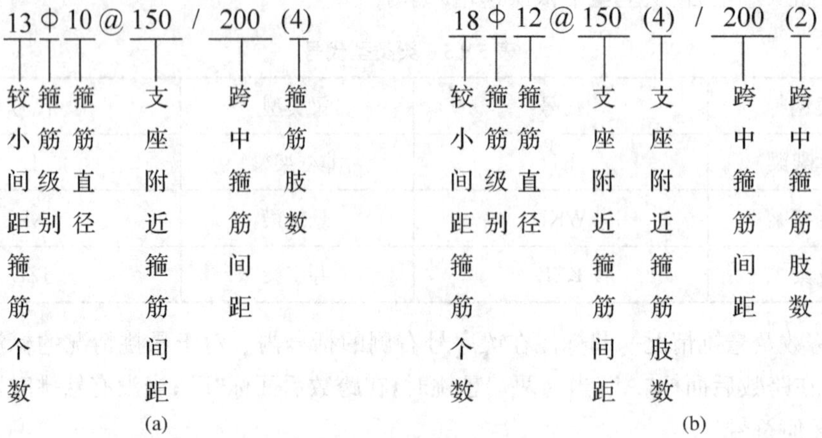

$$13\ \Phi\ 10\ @\ 150\ /\ 200\ (4)$$

| 较小间距箍筋个数 | 箍筋级别 | 箍筋直径 | 支座附近箍筋 | 跨中箍筋间距 | 箍筋肢数 |

(a)

$$18\ \Phi\ 12\ @\ 150\ (4)\ /\ 200\ (2)$$

| 较小间距箍筋个数 | 箍筋级别 | 箍筋直径 | 支座附近箍筋 | 支座附近箍筋 | 跨中箍筋间距 | 跨中箍筋肢数 |

(b)

图 5-6 非抗震梁箍筋的表示(尺寸单位:mm)

当梁中只含有上部通长筋时,可将上部通长筋放在集中标注的第二行箍筋信息之后,如图 5-7 所示。这种表示方法在 5.2.1 节已作了简要说明,关于通长筋的表达方式将在后面内容中详细说明。

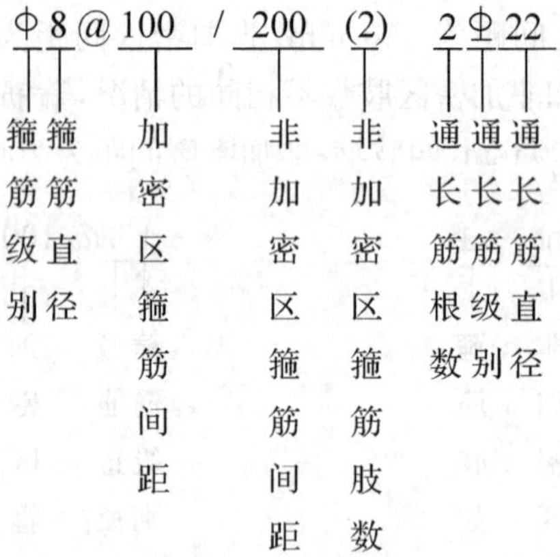

$$\Phi\ 8\ @\ 100\ /\ 200\ (2)\ \ 2\ \Phi\ 22$$

| 箍筋级别 | 箍筋直径 | 加密区箍筋 | 非加密区箍筋间距 | 非加密区箍筋肢数 | 通长筋根数 | 通长筋级别 | 通长筋直径 |

图 5-7 通长筋放集中标注第二行的表示(尺寸单位:mm)

3. 梁集中标注中第三行的内容

梁集中标注第三行的内容主要表达通长筋和架立筋的信息(通长筋信息单独写成一行时),所标注的通长筋和架立筋的规格及根数应根据受力要求及箍筋肢数等构造要求来确定。图 5-8(a)表示梁中只含有上部通长筋,钢筋级别为 HRB335 级钢筋,根数为 2,直径为 22 mm,这种表示方法仅适用于两肢箍。当箍筋的肢数多于两肢箍时,梁跨中的上部需设置架立筋,其表示方法如图 5-8(b)所示,即括号内表示架立筋的钢筋级别为 HPB300 级钢筋,根数为 4,直径为 12 mm。当梁中同时设有上部和下部通长筋时,用";"将其隔开表示,如图 5-8(c)所示,表示上部通长筋为 3Φ22,下部通长筋为 3Φ20。图 5-8(d)则表示同时有下部通长筋及架立筋的情况。

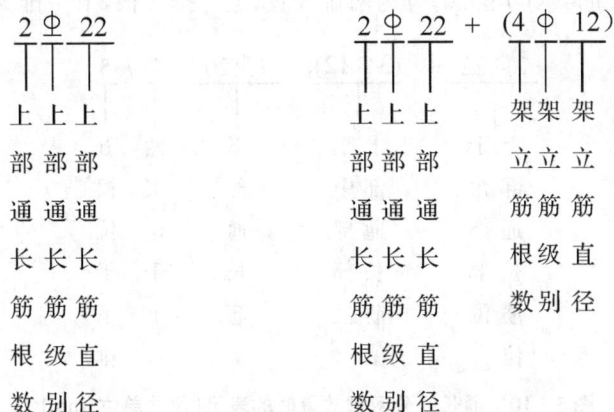

(a)　　　　　　　　　　(b)

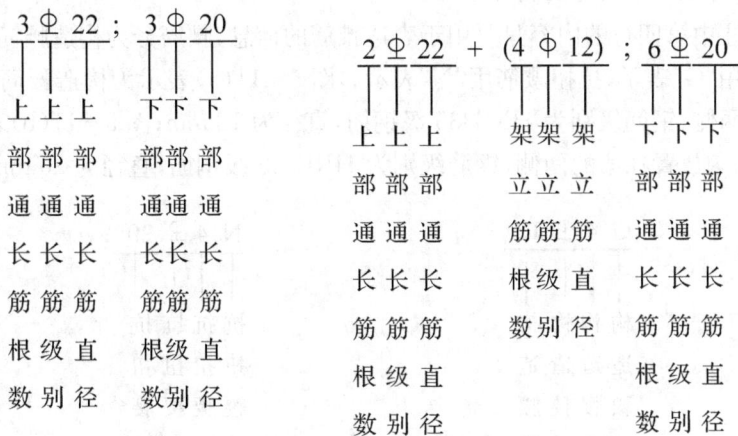

(c)　　　　　　　　　　(d)

图 5 - 8　通长筋和架立筋的表示(尺寸单位:mm)

当通长筋中含有两种不同的钢筋直径时,在表示时用"＋"连接两种直径不同的钢筋,并且角部钢筋放在"＋"的前面,中部钢筋放在"＋"的后面,如图 5 - 9 所示。

图 5 - 9　两种不同直径通长筋的表示(尺寸单位:mm)

当通长筋根数较多并且需要分两排放置时,用"/"将不同排之间的钢筋分开。如图 5-10所示,底部通长筋共有 7Φ20,分为两排放置,上一排 2 根,下一排 5 根。

2Φ22 ＋ (3Φ12); 7Φ20 2 / 5

上	上	下	两	五
部	部	部	根	根
角	中	通	位	位
通	通	长	于	于
长	长	筋	上	下
筋	筋		排	排
位	位			

图 5-10 通长筋分两排放置时的表示(尺寸单位:mm)

4. 梁集中标注中第四行的内容

梁集中标注中第四行的内容只要用于表达腰筋的信息,腰筋分为构造腰筋和抗扭腰筋,其中构造腰筋用"G"表示,抗扭腰筋用"N"表示。图 5-11(a)表示为构造腰筋,共有 4 根均匀放置在梁的两侧,钢筋级别为 HRB335 级钢筋,直径为 12 mm;图 5-11(b)表示为抗扭腰筋,共有 4 根均匀放置在梁的两侧,钢筋级别为 HRB335 级钢筋,直径为 20 mm。

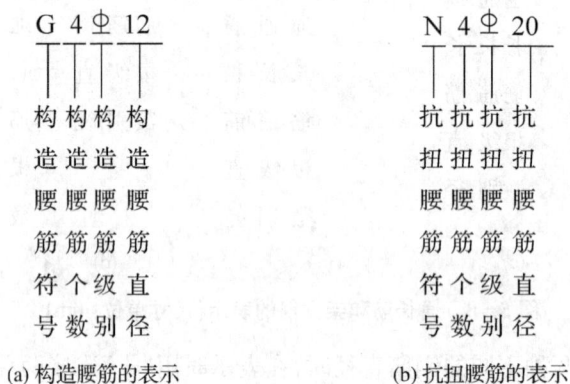

G 4Φ12   N 4Φ20

构	构	构	构		抗	抗	抗	抗
造	造	造	造		扭	扭	扭	扭
腰	腰	腰	腰		腰	腰	腰	腰
筋	筋	筋	筋		筋	筋	筋	筋
符	个	级	直		符	个	级	直
号	数	别	径		号	数	别	径

(a) 构造腰筋的表示   (b) 抗扭腰筋的表示

图 5-11 腰筋的表示(尺寸单位:mm)

以上所述梁集中标注的前四行内容均为必须标注的项目。

5. 梁集中标注中第五行的内容

梁集中标注中第五行的内容主要表示梁顶面标高高差的信息。梁顶面标高高差是指相对于楼板上表面的高差。当梁顶面与本层楼面存在高差时,需要将高差值写在括号内,无高差时不标注。如图 5-12 所示,该梁的梁顶面相对于本层楼面低 0.100 m。

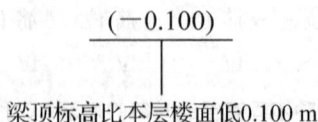

(-0.100)

梁顶标高比本层楼面低0.100 m

图 5-12 梁顶面标高高差的表示

5.2.3 梁原位标注的内容

1. 梁中支座负筋的原位标注

梁支座负筋的原位标注应写在支座附近的上侧或左侧,其表示方法与集中标注中的通长筋的表示方法相同。需要注意的是,对于中间支座,一般情况下,支座两边的配筋是相同的,故只需要在支座的任意一侧的上方或下方标注一次;当支座两边的配筋不同时,则需要分别在两侧标注。如图 5-13 所示,从左至右,KL5 的第二个支座两侧梁的配筋相同,均为 4Φ25,第三个支座两侧的配筋不同,左侧为 4Φ25,右侧为 3Φ20。当支座两侧的配筋相同时,施工时应拉通布置,不同时则两侧的钢筋分别在支座内锚固。

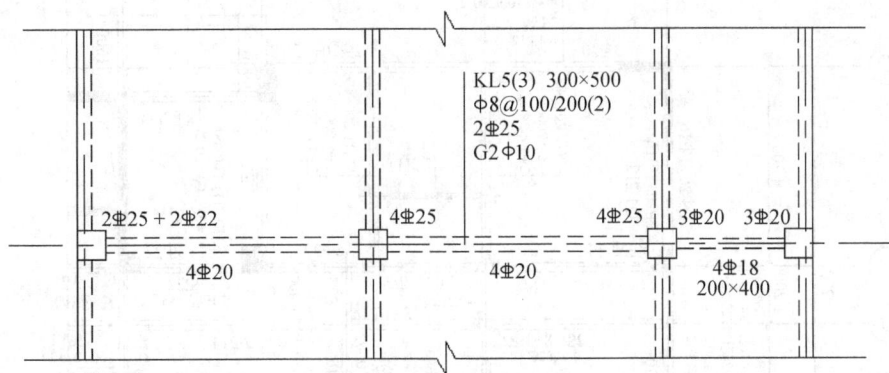

图 5-13 梁原位标注的表示(尺寸单位:mm)

2. 梁中其他信息的原位标注

梁中其他信息(包括底筋、截面尺寸、箍筋、腰筋、梁顶面标高高差)应标注在梁跨中的下侧或右侧,其表示方法与集中标注中相应的表示方法相同。当某跨梁的原位标注信息超过一项时,按照从第一行至最后一行的排列顺序为底筋、截面尺寸、箍筋、腰筋、梁顶面标高高差。如图 5-13 所示,梁的最右跨的底筋和截面尺寸的数值与集中标注不同。

5.2.4 梁平法实例讲解

本节以一个工程实例进行梁平法识图的综合讲解,将前面所学的内容加以巩固。

如图 5-14 所示,以 KL1 为例。从集中标注中可以看出 KL1 一共两跨,截面尺寸为 200 mm×600 mm,箍筋Φ8,加密区间距为 100 mm,非加密区间距为 200 mm,两肢箍。上部通长筋为 2Φ20。抗扭腰筋为 4Φ12。由此可以初步得出该梁的大体信息,如图 5-15 所示。

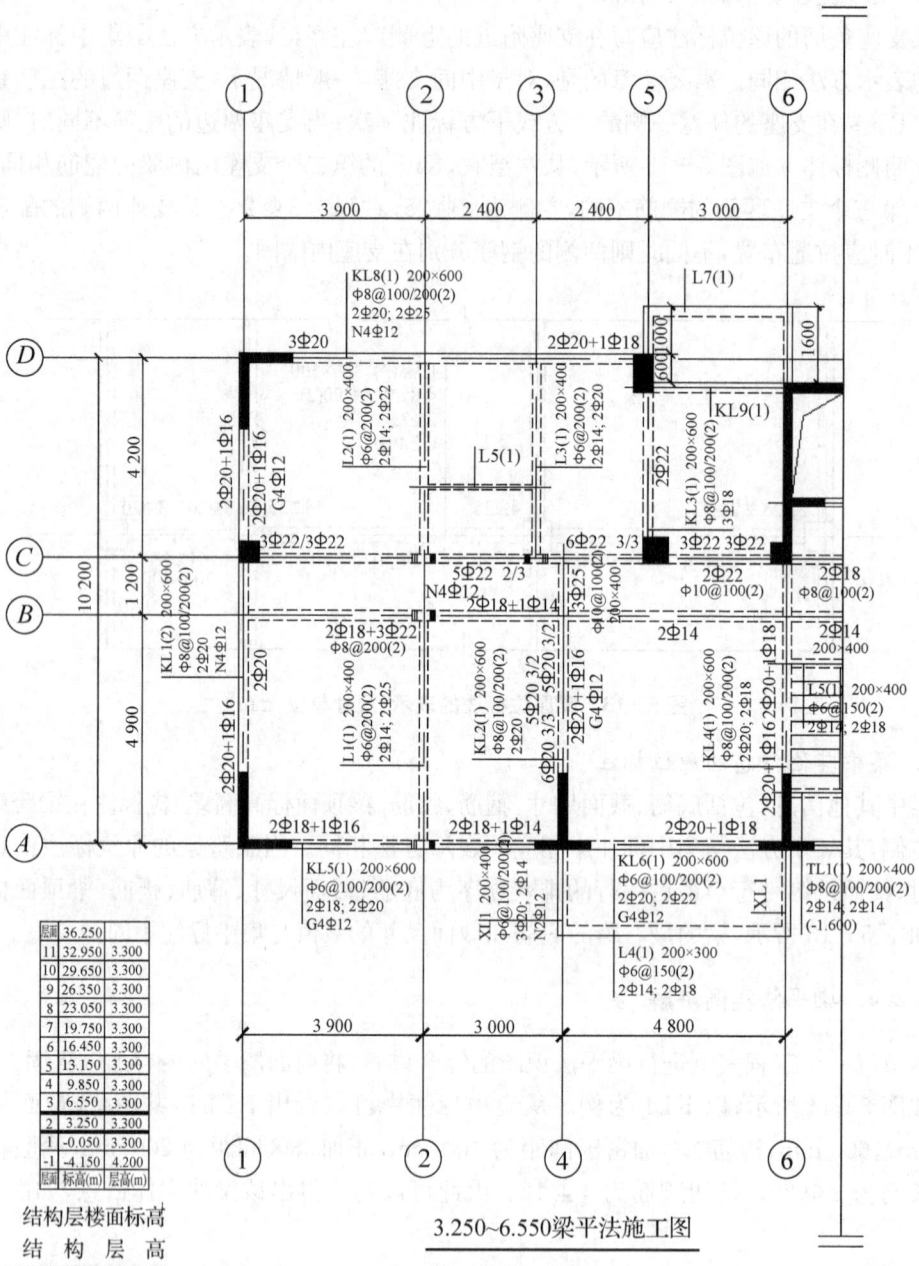

图 5-14 梁平法实例(尺寸单位:mm)

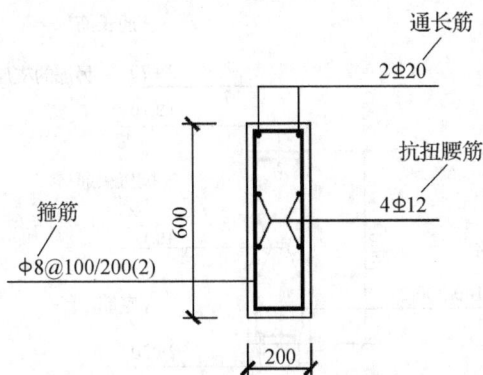

图 5 - 15 KL1 集中标注的内容(尺寸单位:mm)

　　在读完集中标注的内容后,再依次读原位标注的内容,这里按照从下至上的顺序阅读。第一跨左端支座处的有原位标注,表示其支座负筋与原位标注不同,该处的支座负筋为 2Φ20+1Φ16,需要注意的是,此处的 2Φ20 仍然是通长筋,1Φ16 是另外加进去的,如图 5 - 16 所示。因此可以得出一个经验性的方法,在读原位标注的内容时,应当先扣除与集中标注相同的钢筋,再读另加进去的钢筋。

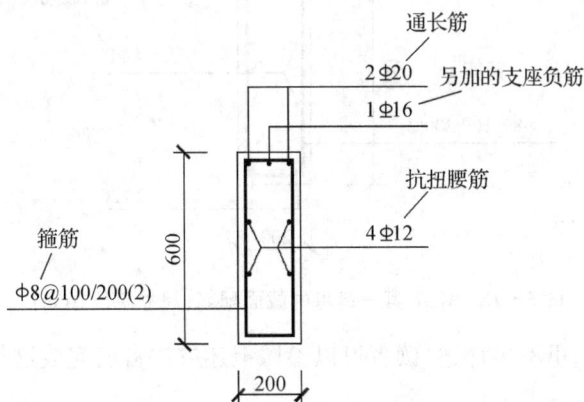

图 5 - 16 KL1 左端支座的配筋(尺寸单位:mm)

　　第一跨的跨中含有原位标注,表示第一跨的底部钢筋为 2Φ20。底部钢筋在某一跨中一般需要伸入支座,所以前面所述的第一跨左端支座处截面配筋还应加上底筋 2Φ20,如图 5 - 17 所示。而第一跨的跨中只有底筋与集中标注不同,故只需加入底筋的内容即可,如图 5 - 18 所示。

　　第一跨右端支座处没有原位标注,但并不意味着其截面配筋与图 5 - 15 相同,因为其底筋在原位标注中没有表示出来,故还需加进底筋,其截面配筋与图 5 - 18 相同。

　　第二跨的阅读方法与第一跨相同,但需要注意跨中的原位标注,不仅仅底筋与集中标注不同,腰筋也变成了构造腰筋,虽然都是 2Φ12,但其锚固长度不同,所以这点需要格外的注意。

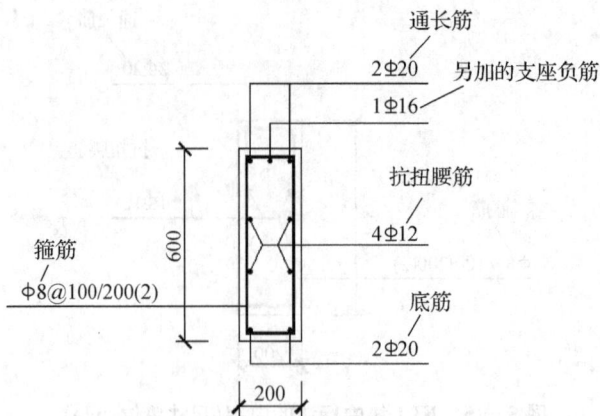

图 5-17 KL1 第一跨左端支座修改后的配筋(尺寸单位:mm)

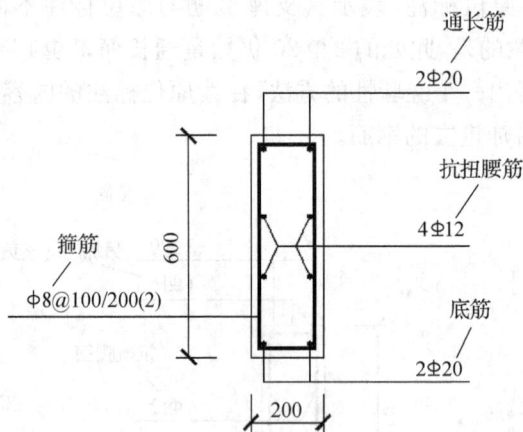

图 5-18 KL1 第一跨跨中截面配筋(尺寸单位:mm)

对于其他的梁,这里不再详述,读者可以参照上述方法自己完成这部分的阅读。

5.3 有梁楼盖板施工图

5.3.1 概述

有梁楼盖板平法施工图是指在楼面板和屋面板布置图上,采用平面注写的表达方式。板平面注写主要包括板块集中标注和板支座原位标注。

为了方便设计和施工识图,规定结构平面的坐标方向为:

当两个方向的轴网正交布置时,图面从左至右为 X 方向,从下至上为 Y 方向,如图5-19中间部分所示;当轴网转折时,局部坐标方向顺轴网转折角度做相应的转折,如图5-19右侧转折部分所示;当轴网向心布置时,切向为 X 方向,法向为 Y 方向,如图5-19左侧弧形轴网部分所示。

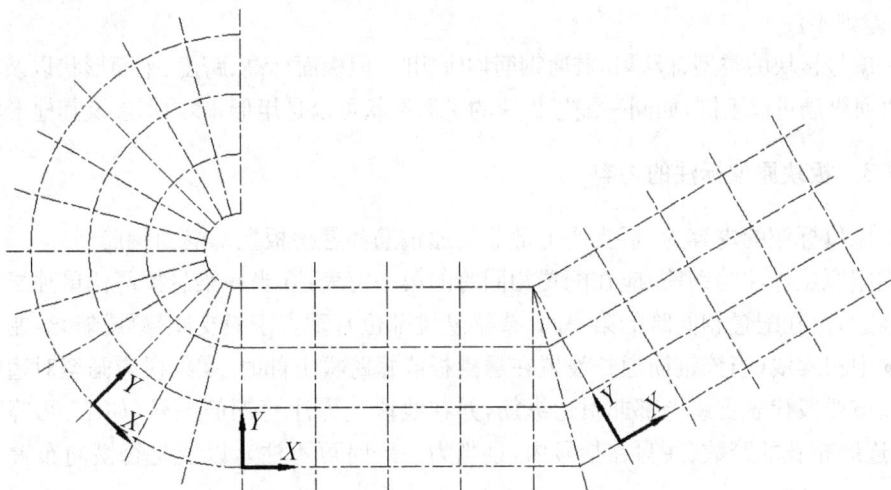

图 5-19　结构平面坐标方向的规定

5.3.2　板块集中标注的内容

板块集中标注的内容包括板块编号、板厚、贯通纵筋,以及当板面标高不同时的标高高差。

对于普通楼(屋)面,两个方向均以一跨为一板块,所有板块应逐一进行编号,相同编号的板块可任选其一做集中标注,其他仅注写置于圆圈内的板编号,以及当板面标高不同时的标高高差。

板编号包括板类型代号和板序号。板类型代号按表 5-6 选取。板序号由结构设计人员自己设定,写在相应板块的圆圈内,从阿拉伯数字"1"开始往后递增。为了方便施工人员阅读图纸及查找构件,设计人员在确定板序号时应尽量按照某个顺序(如从左至右、从上至下依次递增)编写。

表 5-6　板类型代号

板类型	代号
楼面板	LB
屋面板	WB
悬挑板	XB

板厚注写为 $h=\times\times\times$(为垂直板面的厚度);当悬挑板的端部改变截面厚度时,用"/"分隔根部与端部的高度值,注写为 $h=\times\times\times/\times\times\times$;当设计已在图中统一注明板厚时,此项可不注明。

贯通筋按板块的下部和上部分别注写(当板块上部不设贯通筋时则不标注),并且用"B"代表下部,用"T"代表上部,用"B&T"表示下部与上部;X 方向用"X"打头,Y 方向用"Y"打头,双向贯通纵筋配置相同时则用"$X\&Y$"打头。当在某些板内(例如在悬挑板 XB 的下部)配置有构造钢筋时,则 X 方向用"X_c"打头,Y 方向用"Y_c"打头。板中的分布钢筋可不必注写,而在图中用文字的方式统一注明。

板面标高高差是指相对于结构层楼面标高的高差,应将其注写在括号内,且有高差则注明,无高差则不注。

同一编号板块的类型、板厚和贯通钢筋均应相同,但板面标高、跨度、平面形状以及板支座上部非贯通纵筋可以不同,如同一编号板块的平面形状可以是矩形、多边形以及其他形状等。

5.3.3 板块原位标注的内容

板块原位标注的内容为:板支座上部非贯通钢筋和悬挑板上部受力钢筋。

板支座原位标注的钢筋,应在配置相同跨的第一跨表达(当在梁悬挑部位单独配置时则在原位表达)。在配置相同跨的第一跨(或梁悬挑部位),垂直于板支座(梁或墙)绘制一段适宜长度的中粗实线(当该钢筋通长设置在悬挑板或短跨板上部时,实线段应画至对边或贯通短跨),以该线段代表支座上部非贯通纵筋,并在线段上方注写钢筋编号(如①、②等)、配筋值、横向连续布置的跨数(注写在括号内,且当为一跨时可不注),以及是否横向布置到梁的悬挑端。

板支座上部非贯通筋自支座中线向板内的伸出长度,注写在线段的下方位置。

当中间支座上部非贯通纵筋向支座两侧对称伸出时,可仅在支座一侧线段下方标注伸出长度,另一侧不标注,如图5-20所示。

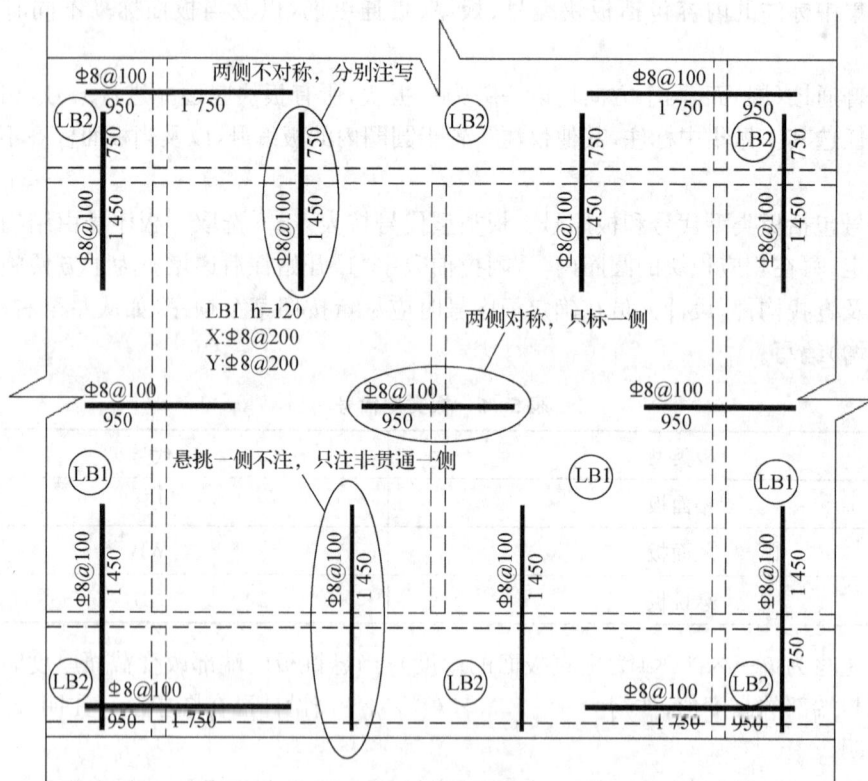

图5-20 板块原位标注示例(尺寸单位:mm)

当向支座两侧非对称伸出时,应分别在支座两侧线段下方注写伸出长度,如图5-20所示。

对线段画至对边贯通全跨或贯通全悬挑长度的上部通长纵筋,贯通全跨或伸出至全悬挑一侧的长度不标注,只注明非贯通筋另一侧的伸出长度值,如图5-20所示。

5.3.4 板块平法实例讲解

本节以一个工程实例进行板平法识图的综合讲解,将前面所学的内容加以巩固。

如图 5-21 所示,以 1、2、A、B 轴线所包围的板为例,板块原位标注的内容有板厚 $h=$ 100 mm,X 方向上的底部钢筋为 $\Phi 8@200$,Y 方向上的底部钢筋为 $\Phi 8@200$。再看原位标注,左端支座负筋为 $\Phi 8@200$,伸出支座长度为 1 050 mm;右端支座负筋为 $\Phi 8@100$,两侧分别伸出支座长度为 980 mm、750 mm;下端支座负筋为 $\Phi 8@200$,伸出支座长度为 1 050 mm;上段支座的钢筋在 B、C 轴线之间是拉通的,为 $\Phi 10@150$,两侧伸出支座长度均为 980 mm。

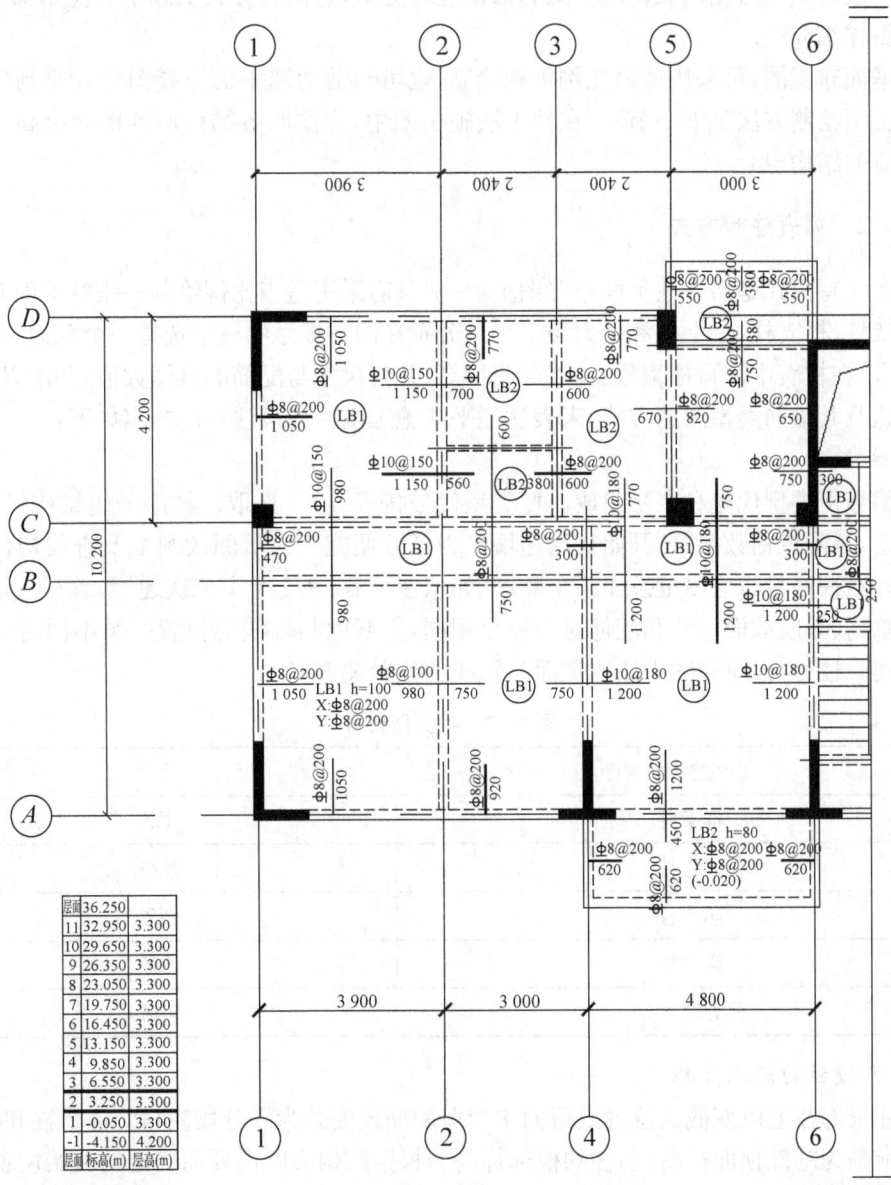

结构层楼面标高
结构 层 高

3.250~6.550板平法施工图

注:分布钢筋为 $\Phi 6@200$

图 5-21 板平法实例(尺寸单位:mm)

此时,对于该板在图上标注的内容已经完全解读了,但还应注意在图纸的右下角部位有个"注",所讲的内容是分布钢筋为Φ6@200,因为在图中分布钢筋没有注明,而写在注释中,所以在读图时千万不能忘记读注释的内容。

5.4 柱施工图

5.4.1 概述

柱平法施工图可用列表注写方式和截面注写方式,这两种方式实际中的应用都比较多,故都将做详细介绍。

柱平面布置图,可采用适当比例单独绘制,也可与剪力墙平面布置图合并绘制(剪力墙结构施工图绘制方法见下一节)。在柱平法施工图中,应注明各结构层的楼面标高、结构层高及相应的结构层号。

5.4.2 列表注写方式

列表注写方式是指在柱平面布置图上(一般只需采用适当比例绘制一张柱平面布置图,包括框架柱、框支柱、梁上柱和剪力墙上柱),分别在同一编号的柱中选择一个截面标注几何参数代号;在柱表中注写柱编号、柱段起止标高、几何尺寸与配筋的具体数值,并配以各种柱截面形状及其箍筋类型图的方式,来表达柱平法施工图。列表注写的内容如下:

1. 柱编号

柱编号由类型代号和序号组成。柱类型代号按表5-7选取。柱序号由结构设计人员自己设定,从阿拉伯数字"1"开始往后递增。为了方便施工人员阅读图纸及查找构件,设计人员在确定柱序号时应尽量按照某个顺序(如从左至右、从上至下依次递增)编写。编号时,当柱的总高、分段截面尺寸和配筋对应完全相同,仅截面与轴线的位置关系不同时,仍可将其编为同一柱号,但应在图中注明截面与轴线的位置关系。

表5-7 柱类型代号

柱类型	代号
框架柱	KZ
框支柱	KZZ
芯柱	XZ
梁上柱	LZ
剪力墙上柱	QZ

2. 各段柱的起止标高

自柱根部往上以变截面位置或截面未变但配筋改变处为界分段注写。框架柱和框支柱的根部标高为基础顶面标高;芯柱的根部标高为根据结构实际需要而确定的起始位置标高;梁上柱的根部标高为梁顶面标高;剪力墙上柱的根部标高为墙顶面标高。

3. 几何尺寸

对于矩形柱,注写截面尺寸 $b\times h$ 及与轴线位置关系的几何参数代号 b_1、b_2 和 h_1、h_2 的具体数值(若 b_1、b_2 和 h_1、h_2 已在图中注明,可不注写此项),需对应于各段柱分别注写(其中 $b=b_1+b_2$、$h=h_1+h_2$)。当截面的某一边收缩变化至与轴线重合或偏到轴线另一侧时,则 b_1、b_2、h_1、h_2 中的某项为零或负值。

对于圆柱,表中 $b×h$ 一栏改用为"$d×××$"(其中"$×××$"为圆柱的直径)表示。为了表达简单,圆柱截面与轴线的关系也用 b_1、b_2 和 h_1、h_2 表示,并且 $d=b_1+b_2=h_1+h_2$。

4. 钢筋信息

对于柱纵筋,当纵筋直径相同,各边根数也相同时(包括矩形柱、圆柱和芯柱),将纵筋注写在"全部纵筋"一栏中;除此之外,柱纵筋分角筋、截面 b 边中部筋和 h 边中部筋三项分别注写(对于采用对称配筋的矩形截面柱,可仅注写一侧中部筋,对称边省略不注)。

对于箍筋,需注写箍筋类型及肢数,并注写在"箍筋类型"栏内。具体工程所设计的各种箍筋类型图以及箍筋复合的具体方式,需画在表的上部或图中的适当位置,并在其上标注与表中相对应的 b、h 和类型号。箍筋还应注写钢筋级别、直径及间距,当为抗震设计时,用"/"区分柱端箍筋加密区与柱身非加密区长度范围内箍筋的不同间距,箍筋加密区的范围参见柱的相关构造要求确定。当圆柱采用螺旋箍筋时,需在箍筋前加"L"。

5.4.3　截面注写方式

截面方式是指在柱平面布置图的柱截面上,分别在同一编号的柱中选择一个截面,以直接注写截面尺寸和配筋具体数值的方式来表达柱平法施工图。截面注写方式中包含集中标注和原位标注。

截面注写方式中,如果柱的分段截面尺寸和配筋均相同,仅截面与轴线的位置关系不同时,可将其编为同一柱号。但此时应在未画配筋的柱截面上注写该柱截面与轴线关系的具体尺寸。

1. 集中标注

集中标注中的内容包括柱编号、截面尺寸、纵筋信息及箍筋信息。柱编号的规则与列表注写中的编号规则相同,且标注在第一排。柱截面尺寸标注在第二排。纵筋信息标注在第三排,当柱中所有纵筋的规格相同时,将所有纵筋都标注在第三排;当柱中纵筋的规格有两种时,此时集中标注的第三排只标注角筋的规格,其余各边中部钢筋在原位标注中表示。箍筋标注在第四排,其表示方法与列表注写相同。

2. 原位标注

原位标注的内容主要是柱截面尺寸与轴线之间的关系、各边中部钢筋的规格。当采用对称式配筋时,各边中部钢筋的表示,可仅在一侧注写中部筋,对边省略不注。

5.4.4　柱平法实例讲解

本节以一个工程实例进行柱平法识图的综合讲解,将前面所学的内容加以巩固。

以 KZ1 与 KZ2 为例,将列表注写方式与截面注写方式进行对比讲解。先看 KZ1,从柱表和图中都可以看出柱的截面尺寸为 450 mm×450 mm。对于纵筋的描述,由于所有纵筋的类型一致,故在柱表中只注写"全部纵筋"一项为 8 Φ 18,而在截面注写方式中,只在集中标注中注写 8 Φ 18,原位标注中不注写任何纵筋信息。箍筋信息需要在柱表中注写箍筋的类型号(即箍筋的肢数),而截面注写中已将箍筋的肢数绘制的非常明确了,故不需标注出来,此案例中,箍筋为Φ10@100/150。

再看 KZ2,从柱表和图中都可以看出柱的截面尺寸为 550 mm×550 mm。对于纵筋的描述,由于角筋与边部钢筋的类型不一致,故在柱表中应分开注写,角筋为 4Φ18,b 边一侧为3Φ16,h 边一侧为 2Φ16。在截面注写方式中,集中标注中注写角筋信息 4Φ18,原位标注分别注写边部钢筋信息,分别为 3Φ16 和 2Φ16。箍筋信息为Φ10@100/150。

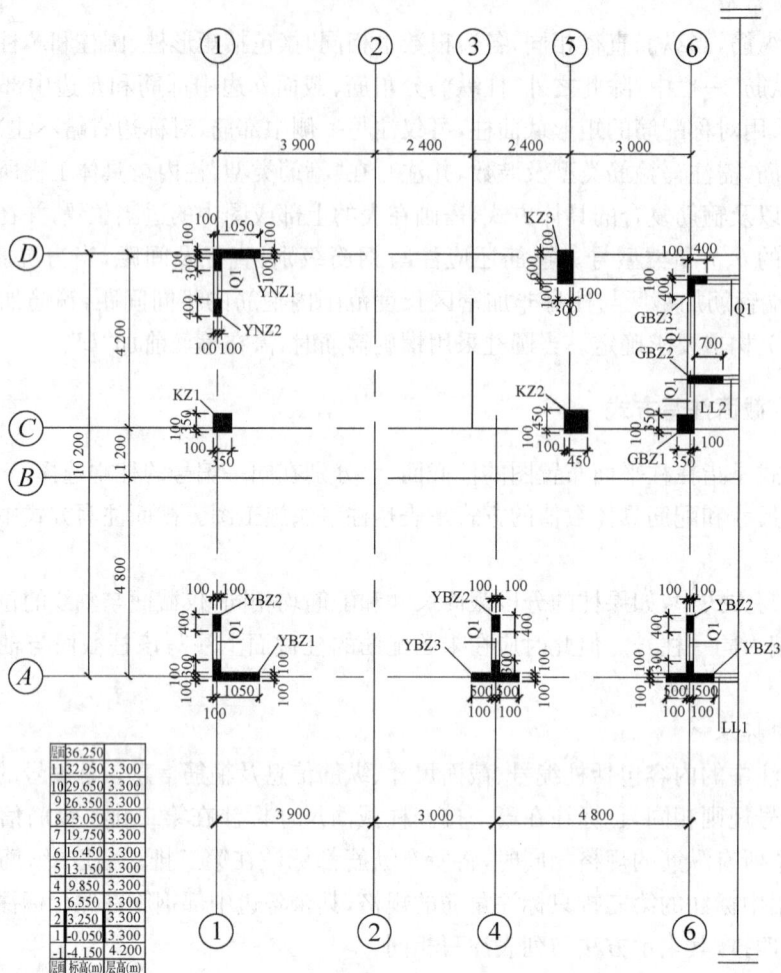

结构层楼面标高
结构层高

−0.050~6.550柱、剪力墙平法施工图

柱 表

柱号	标 高	$b×h$	全部纵筋	角筋	b边一侧	h边一侧	箍筋类型号	箍 筋
KZ1	−0.050~6.550	450×450	8Φ18				3×3	Φ10@100/150
KZ2	−0.050~6.550	550×550		4Φ18	3Φ16	2Φ16	4×3	Φ10@100/150
KZ3	−0.050~6.550	400×800		4Φ20	1Φ18	3Φ18	4×3	Φ10@100/150

图 5−22 柱列表注写实例(尺寸单位:mm)

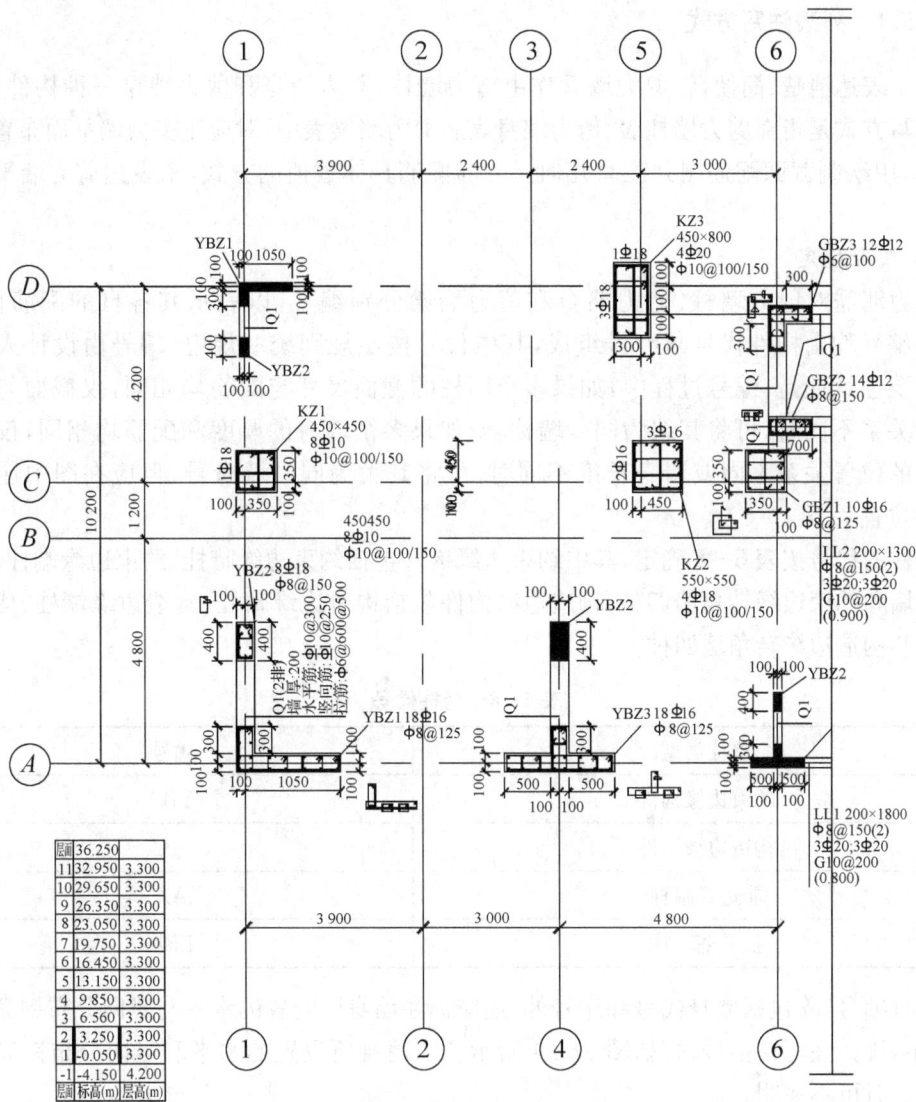

图 5-23　柱截面注写实例(尺寸单位:mm)

5.5　剪力墙施工图

与柱平法施工图相似,剪力墙平法施工图有列表注写方式和平面注写方式两种。剪力墙平面布置图可采用适当比例绘制,也可与柱或梁平面图合并绘制。当剪力墙较复杂或采用截面注写方式时,应按标准层分别绘制剪力墙平面布置图。在剪力墙平法施工图中,应注明各结构层的楼面标高、结构层高及相应的结构层号。

5.5.1　列表注写方式

为了表达清楚、简便,将剪力墙看作由剪力墙柱、剪力墙身和剪力墙梁三种构件构成。列表注写方式是指在剪力墙柱表、剪力墙身表和剪力墙梁表中,对应于剪力墙平面布置图上的编号,用绘制截面配筋图并注写几何尺寸与配筋具体数值的方式,来表达剪力墙平法施工图。

1. 编号规定

剪力墙需对剪力墙柱、剪力墙身和剪力墙梁分别编号,以表示其各自的配筋信息。各自的编号均由构件代号与编号组成,其中代号按照规则统一规定,编号由设计人员确定。需要注意的是,编号过程中,如果多个墙柱的截面尺寸与配筋均相同,仅截面与轴线的位置关系不同时,可将其编为同一墙柱号;如果多个墙身的厚度和配筋相同,仅墙厚与轴线的位置关系不同或墙身长度不同时,可将其编为同一墙身号,但应在图中注明与轴线的位置关系。

墙柱的代号按表 5-8 确定,其中约束边缘构件包括约束边缘暗柱、约束边缘端柱、约束边缘翼墙和约束边缘转角墙四种,构造边缘构件包括构造边缘暗柱、构造边缘端柱、构造边缘翼墙和构造边缘转角墙四种。

表 5-8　墙柱代号

墙柱类型	代号
约束边缘构件	YBZ
构造边缘构件	GBZ
非边缘暗柱	AZ
扶　壁　柱	FBZ

墙身编号,除包括墙身代号和序号外,还应标注墙身所配置的水平与竖向分布钢筋的排数,其中,排数注写在括号内,如图 5-24 所示。当墙身所设置的水平和竖向分布钢筋的排数均为 2 时可不注明。

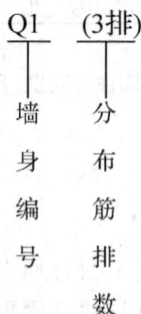

图 5-24　墙身编号示意

墙梁的代号按表 5-9 确定。在具体工程中,当某些墙身需设置暗梁或边框梁时,宜在剪力墙平法施工图中绘制暗梁或边框梁的平面布置图并编号,以明确其具体位置。

表 5 - 9 墙梁代号

墙梁类型	代号
连梁	LL
连梁(对角暗撑配筋)	LL(JC)
连梁(对角斜筋配筋)	LL(JX)
连梁(集中对角斜筋配筋)	LL(DX)
暗 梁	AL
边框梁	BKL

2. 剪力墙柱表中的表达内容

注写墙柱编号,绘制该墙柱的截面配筋图,标注墙柱的几何尺寸。约束边缘构件需注明阴影部分及非阴影部分的尺寸,构造边缘构件只需注明阴影部分的尺寸。

注写各段墙柱的起止标高,自墙柱根部往上以变截面位置或截面未变但配筋改变处为界分段注写。墙柱根部标高一般指基础顶面标高(部分框支剪力墙结构则为框支梁顶部标高)。

注写各段墙柱的纵向钢筋和箍筋,注写值应与在表中绘制的截面配筋图对应一致。纵向钢筋标注总配筋值;墙柱箍筋的注写方式与柱箍筋相同。

约束边缘构件除注写阴影部位的箍筋外,尚需在剪力墙平面布置图中注写非阴影区内布置的拉筋(或箍筋)。

3. 剪力墙身表中的表达内容

注写墙身编号(含水平分布钢筋的排数)。注写各段墙身起止标高,自墙身根部往上以变截面位置或截面未变但配筋改变处为界分段注写。墙身根部标高一般指基础顶面标高(部分框支剪力墙结构则为框支梁的顶面标高)。注写水平分布钢筋、竖向分布钢筋和拉筋的具体数值。注写数值为一排水平分布钢筋和竖向分布钢筋的规格与间距。拉筋应注明布置方式是"双向"还是"梅花双向"。

4. 剪力墙梁表中的表达内容

注写墙梁编号、墙梁所在楼层号、墙梁顶面高差、墙梁截面尺寸 $b×h$、上部纵筋、下部纵筋和箍筋的具体数值。其中墙梁顶面高差是指相对于墙梁所在结构层楼面的高差值。

5.5.2 截面注写方式

截面注写方式是指在分标准层绘制的剪力墙平面布置图上,以直接在墙柱、墙身、墙梁上注写截面尺寸和配筋具体数值的方式来表达剪力墙平法施工图。选用适当比例原位放大绘制剪力墙平面布置图,其中对墙柱绘制配筋截面图;对所有墙柱、墙身、墙梁分别按5.5.1节中的规则编号,并分别在相同编号的墙柱、墙身、墙梁中选择一根墙柱、一道墙身、一根墙梁进行注写。

墙柱的注写内容主要有几何尺寸、纵筋及箍筋的具体数值。约束边缘构件除注明阴影部分具体尺寸外,尚需注明非阴影区的尺寸。除注写阴影区内的箍筋数值外,尚需注写非阴影区内的拉筋(或箍筋)数值。

墙身的注写内容包括墙身编号(包括注写在括号内的墙身所配置的水平与竖向分布钢筋的排数)、墙后尺寸、水平分布钢筋、竖向分布钢筋的具体数值。

墙梁的注写内容主要有墙梁编号、墙梁截面尺寸 $b×h$、墙梁箍筋、上部纵筋、下部纵筋和墙梁顶面标高高差的具体数值。

5.5.3　剪力墙洞口的表示方法

无论采用列表注写方式还是截面注写方式,剪力墙上的洞口均可在剪力墙平面布置图上原位表达。洞口的具体表达方式为:在剪力墙平面布置图上绘制洞口示意,并标注洞口中心的平面定位尺寸。在洞口中心位置引注:① 洞口编号;② 洞口几何尺寸;③ 洞口中心相对标高;④ 洞口每边补强钢筋;共四项内容。

1. 洞口编号

洞口编号由洞口类型代号和序号组成,其中洞口类型代号,矩形洞口为 JD,圆形洞口为 YD,洞口序号由结构设计人员确定。

2. 洞口几何尺寸

矩形洞口为:洞宽×洞高($b×h$),圆形洞口为洞口直径 D。

3. 洞口中心相对标高

洞口中心相对标高是指相对于结构楼(地)面标高的洞口中心高度。当其高于结构楼面时为正值,低于结构楼层面时为负值。

4. 洞口每边补强钢筋

当洞口补强钢筋按构造配置时,此项不需标注,施工人员按照相应构造图集施工。当按计算配置时,需标注此项。

按计算配置时,当矩形洞口的洞宽、洞高或圆形洞口的直径均不大于 800 mm 时,此项注写为洞口每边补强钢筋的具体数值。当洞宽、洞高方向补强钢筋不一致时,分别注写洞宽、洞高方向补强钢筋的具体数值,用"/"分隔。

当矩形洞口或圆形洞口的洞宽或直径大于 800 mm 时,在洞口的上、下需设置补强暗梁,此项注写为洞口上、下每边暗梁的纵筋与箍筋的具体数值,圆形洞口需注明环向加强钢筋的具体数值;当洞口上、下边为剪力墙连梁时,此项免注;洞口竖向两侧设置边缘构件时,此项也免注。

5.5.4　剪力墙平法实例讲解

本节以一个工程实例进行剪力墙平法识图的综合讲解,将前面所学的内容加以巩固。

剪力墙施工图包括剪力墙连梁、剪力墙身和剪力墙边缘构件的配筋信息。先看剪力墙连梁的表示方法,以 LL1 为例,在列表注写方式中,将梁顶的相对标高差、梁截面、上部纵筋、下部纵筋及箍筋等信息全部注写在剪力墙梁表中。由图 5-25(b)中的剪力墙梁表可知,连梁 LL1 的梁顶相对标高差为 0.900 m,连梁截面尺寸为 200 mm×1 800 mm,上部纵筋为 3Φ20,下部纵筋为 3Φ20,箍筋为Φ8@150,两肢箍。需要指出的是,该表格中没有说明腰筋的信息,是由于连梁的腰筋通常是按照构造配筋的,所以施工人员可自行查阅相关的构造图集确定腰筋的规格与数量。连梁的截面注写方式与框架梁的平法施工图在表达方式上是一致的,读者可参阅框架梁部分的内容对照学习。

剪力墙身的信息包括墙标高、墙厚、水平筋信息、竖向筋信息和拉筋信息,以 Q1 为例, 如图 5 - 25(b)所示。对应于列表注写方式,可以看出,Q1 的标高为－0.050～6.550 m,墙 厚为 200 mm,水平分布筋为 $\Phi 10@300$,竖向分布筋为 $\Phi 10@250$,拉筋为 $\Phi 6@600@500$,这 里的"@600"表示拉筋的水平间距,"@500"表示拉筋的竖向间距。对应于截面注写方式中, 仅仅将表格中的信息对应标注于图上,如图 5 - 26 所示。

剪力墙边缘构件的信息主要有边缘构件的标高、纵筋信息和箍筋信息。在列表注写方 式中,如图 5 - 25(b)所示,YBZ1 的起止标高为－0.050～6.550 m,纵筋为 18 Φ 16,箍筋为 $\Phi 8@125$。剪力墙边缘构件的截面注写方式与框架柱的平法施工图相似,读者可参照框架 柱部分的内容学习。

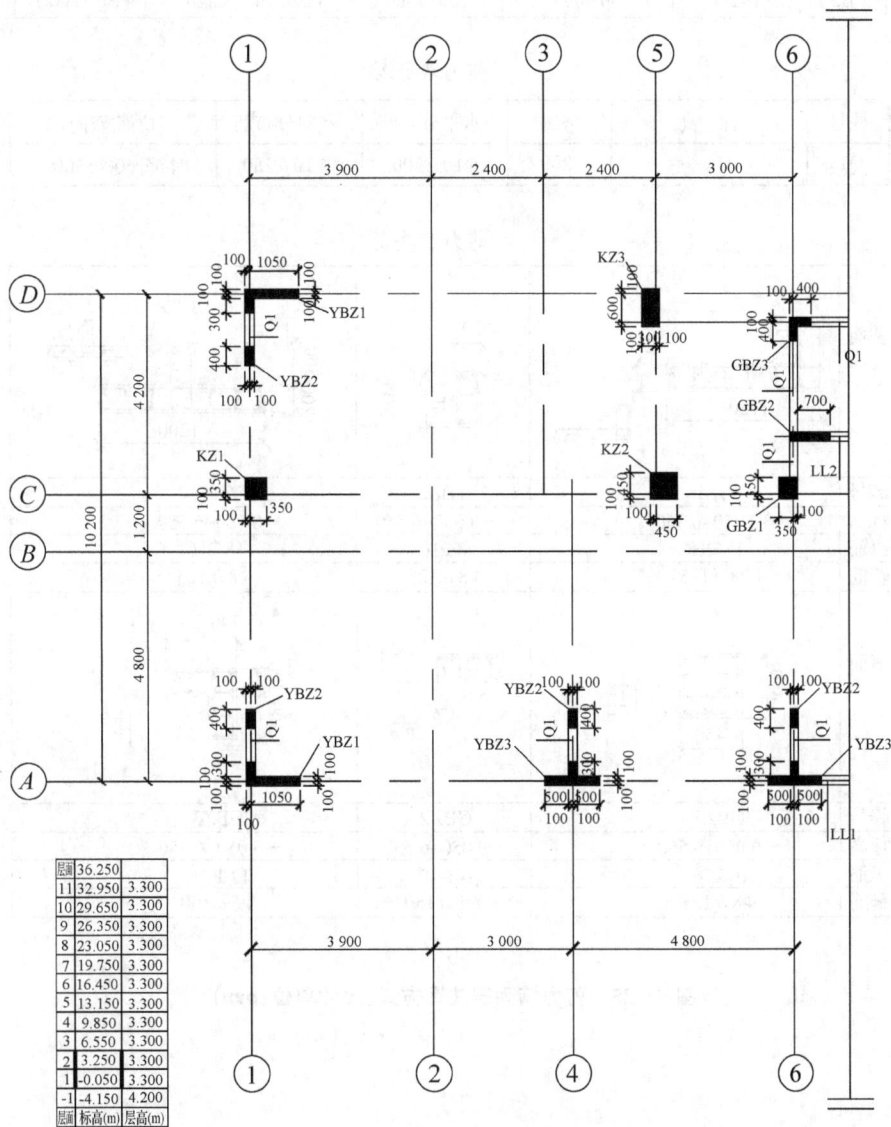

结构层楼面标高
结 构 层 高

－0.050~6.550柱、剪力墙平法施工图

(a)

图 5 - 25(续)

剪力墙梁表

编号	所在楼层号	梁顶相对标高差	梁截面 $b \times h$	上部纵筋	下部纵筋	箍 筋
LL1	1~2	0.900	200×1800	3Φ20	3Φ20	Φ8@150(2)
LL2	1~2	0.900	200×1300	3Φ20	3Φ20	Φ8@150(2)

剪力墙身表

柱号	标　高	墙厚	水平分布筋	竖向分布筋	拉筋(双向)
Q1	−0.050~6.550	200	Φ10@300	Φ10@250	Φ6@600@500

剪力墙柱表

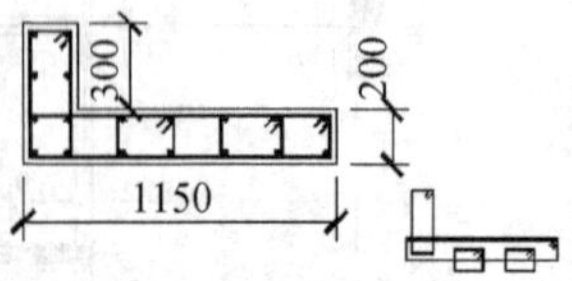

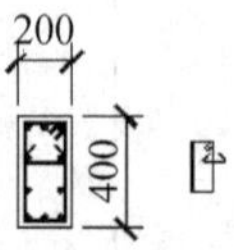

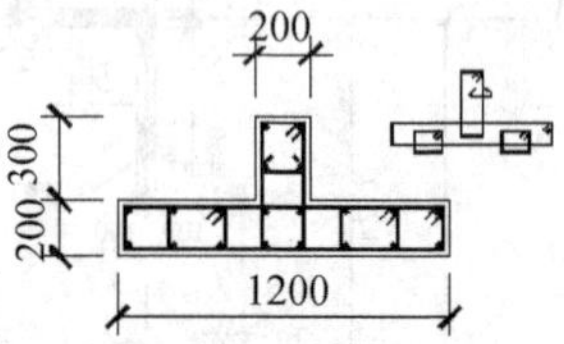

编号	YBZ1	YBZ2	YBZ3
标高	−0.050~6.550	−0.050~6.550	−0.050~6.550
纵筋	18Φ16	8Φ16	18Φ16
箍筋	Φ8@125	Φ8@125	Φ8@125

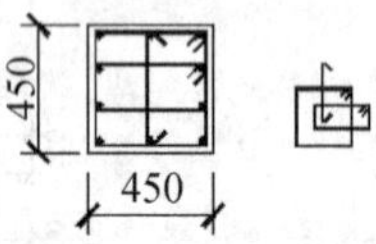

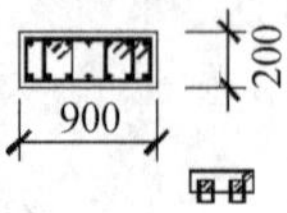

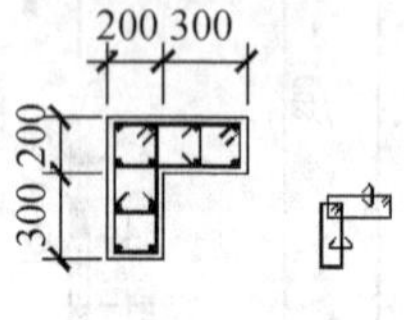

编号	GBZ1	GBZ2	GBZ3
标高	−0.050~6.550	−0.050~6.550	−0.050~6.550
纵筋	10Φ16	14Φ12	12Φ12
箍筋	Φ8@125	Φ8@150	Φ6@100

(b)

图 5－25　剪力墙列表注写方式(尺寸单位:mm)

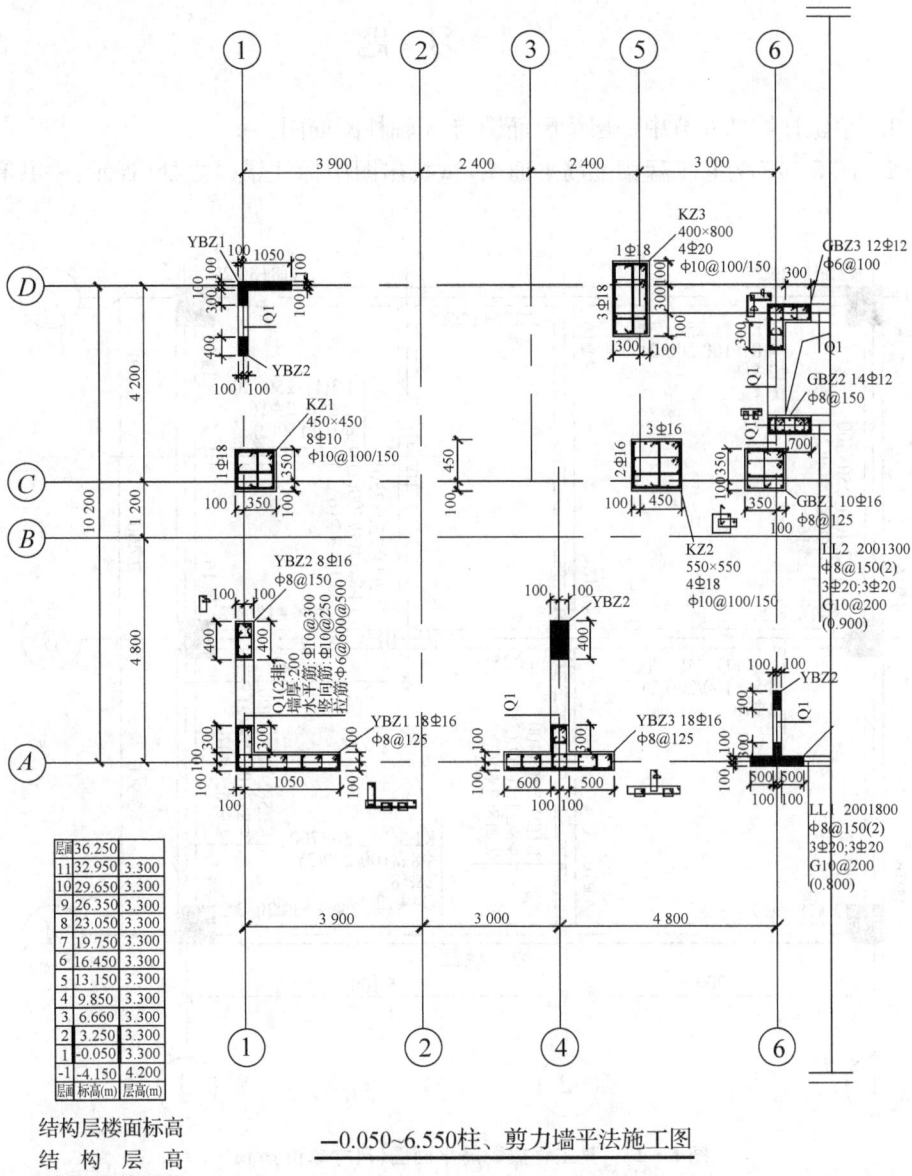

—0.050~6.550柱、剪力墙平法施工图

结构层楼面标高
结 构 层 高

图 5 - 26　剪力墙截面注写方式(尺寸单位:mm)

思考题

5-1. 传统制图方法与平法各有何优缺点?

5-2. 结构平面图(比例1∶100)与详图大样(比例1∶25)在同一张图纸中怎样表达?

习 题

5-1. 手工抄绘 3.6 节中一层梁配筋图与 A 轴柱配筋图。

5-2. 图 5-27 为某工程梁配筋平面图,试找出图中标注错误之处(提示:一共有 5 处错误)。

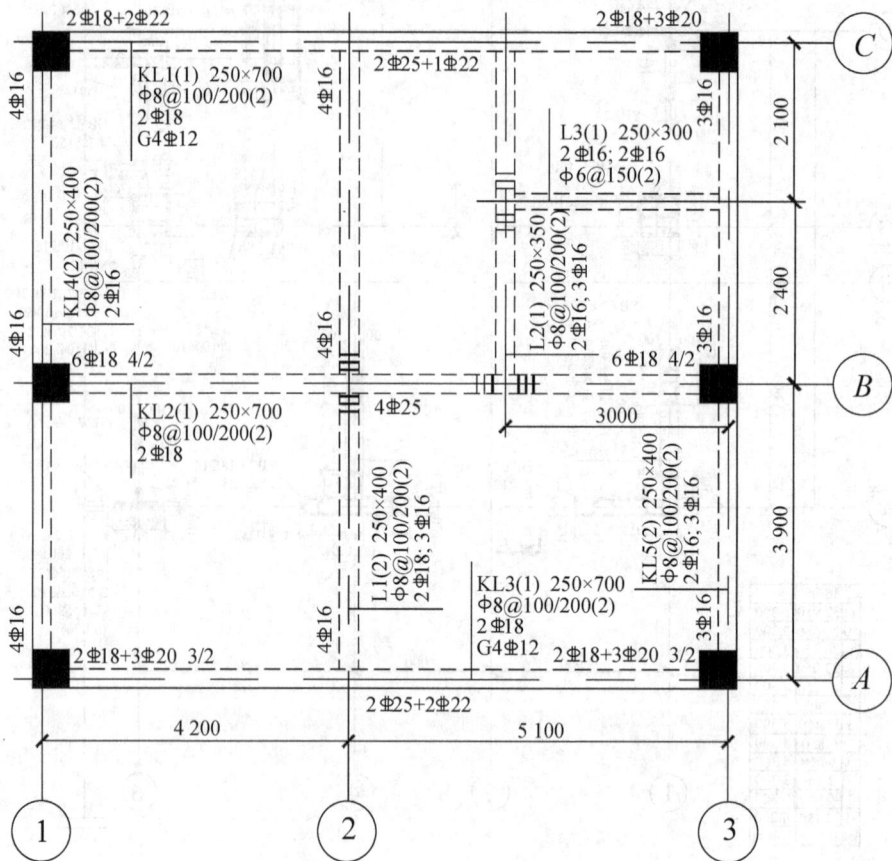

图 5-27 某工程梁配筋平面图(尺寸单位:mm)

5-3. 图 5-28 为某工程梁配筋平面图,试用传统制图方法绘制 KL1 与 KL3 的配筋图。

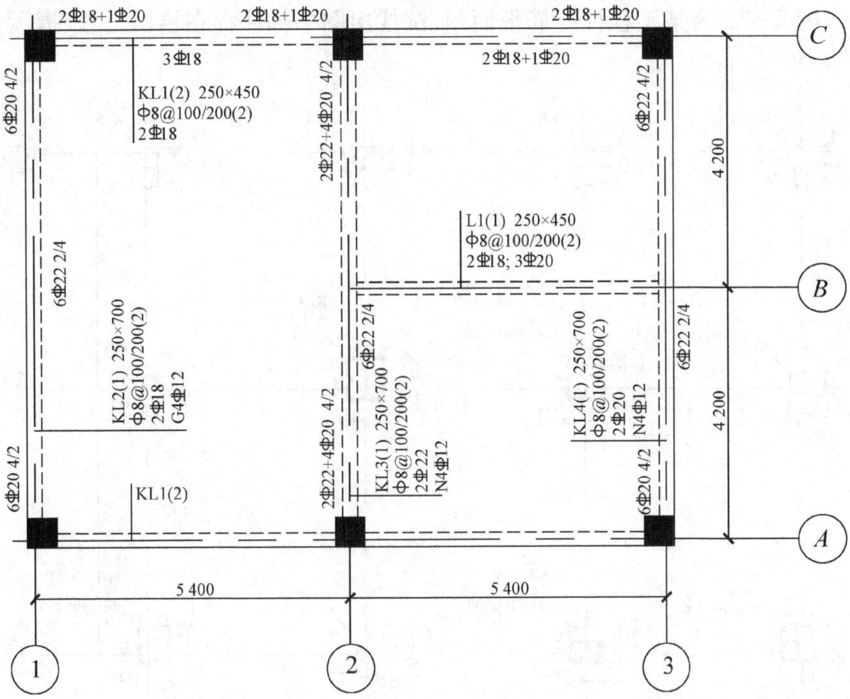

图 5-28 某工程梁配筋平面图(尺寸单位:mm)

5-4. 图 5-29 为某工程板配筋平面图,试找出图中标注有误之处(提示:一共有三处错误)。

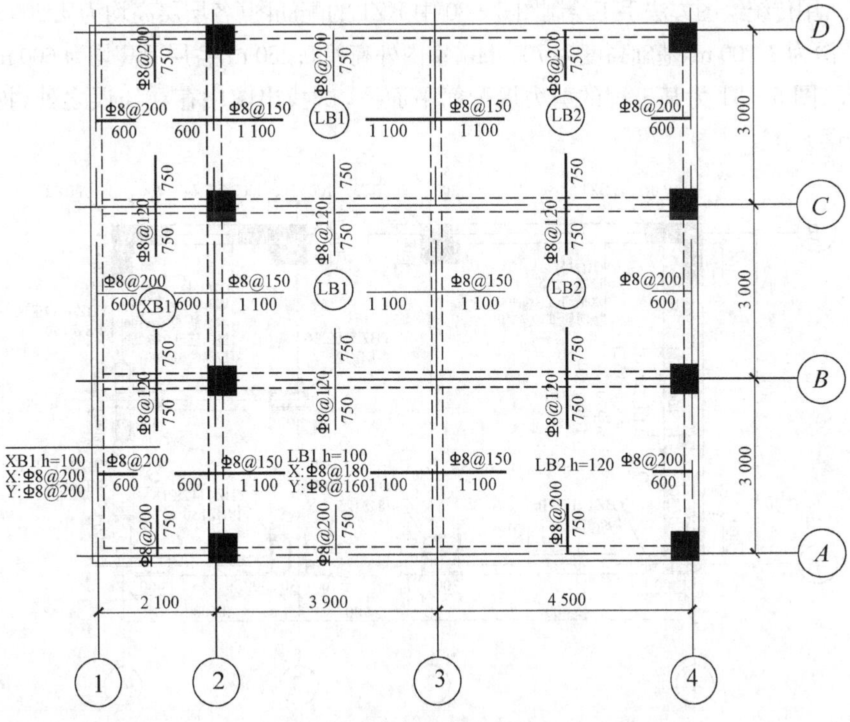

图 5-29 某工程板配筋平面图(尺寸单位:mm)

5-5. 图5-30为某工程柱配筋平面图,试找出图中标注存在错误之处(提示:一共有6处错误)。

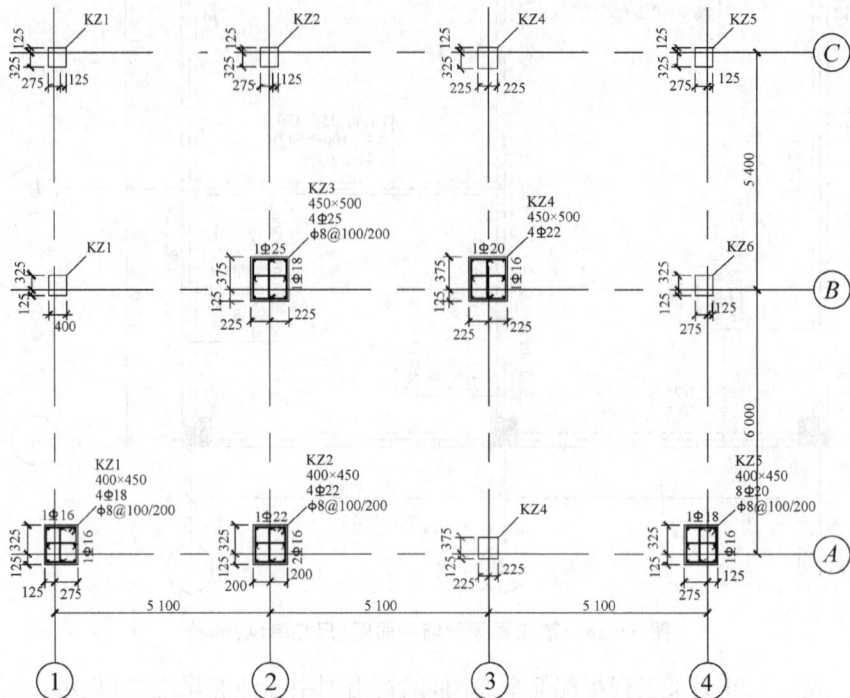

5-30　某工程柱配筋平面图(尺寸单位:mm)

5-6. 用传统绘图方法手工绘制图5-30中KZ1的配筋图(各层层高均为4.200 m,一共三层,基础埋深为2.200 m,基础高度为700 mm,室内外高差0.450 m,各层梁高均为600 mm)。

5-7. 图5-31为某工程的剪力墙配筋平面图,试找出图中存在错误之处(提示:一共有5处错误)。

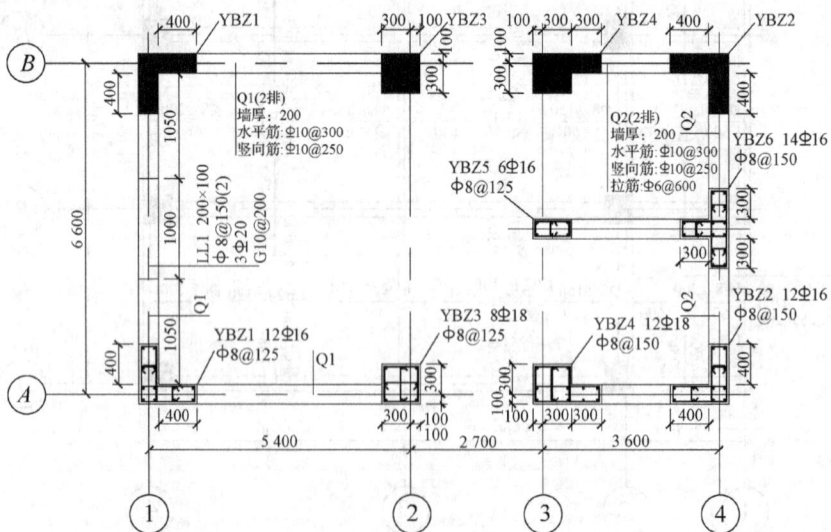

图5-31　某工程剪力墙配筋平面图(尺寸单位:mm)

附　录

附录一

附表 1-1　普通钢筋的强度取值

牌号	符号	公称直径 d(mm)	屈服强度标准值 f_{yk}	极限强度标准值 f_{stk}	抗拉强度设计值 f_y	抗压强度设计值 f_y'
HPB300	Φ	6~22	300	420	270	270
HRB335 HRBF335	Φ ΦF	6~50	335	455	300	300
HRB400 HRBF400 RRB400	Φ ΦF ΦR	6~50	400	540	360	360
HRB500 HRBF500	Φ ΦF	6~50	500	630	435	410

注:牌号中数字表示钢筋的强度级别,字母 HPB 表示普通热轧光圆钢筋,HRB 表示普通热轧带肋钢筋, HRBF 表示细晶粒热轧带肋钢筋,RRB 表示余热处理带肋钢筋。例如,HPB300 表示强度级别为 300 MPa 的普通热轧光圆钢筋。

附表 1-2　混凝土的强度取值(N/mm²)

强度	混凝土强度等级													
	C15	C20	C25	C30	C35	C40	C45	C50	C55	C60	C65	C70	C75	C80
f_{ck}	10.0	13.4	16.7	20.1	23.4	26.8	29.6	32.4	35.5	38.5	41.5	44.5	47.5	50.2
f_c	7.2	9.6	11.9	14.3	16.7	19.1	21.1	23.1	25.3	27.5	29.7	31.8	33.8	35.9
f_{tk}	1.27	1.54	1.78	2.01	2.20	2.39	2.51	2.64	2.74	2.85	2.93	2.99	3.05	3.11
f_t	0.91	1.10	1.27	1.43	1.57	1.71	1.80	1.89	1.96	2.04	2.09	2.14	2.18	2.22

附录二

附表 2-1 钢筋的计算截面面积(mm²)

公称直径/mm	钢筋根数									
	1	2	3	4	5	6	7	8	9	10
6	28	57	85	113	141	170	198	226	254	283
8	50	101	151	201	251	302	352	402	452	503
10	79	157	236	314	393	471	550	628	707	785
12	113	226	339	452	565	679	792	905	1 018	1 131
14	154	308	462	616	770	924	1 078	1 232	1 385	1 539
16	201	402	603	804	1 005	1 206	1 407	1 608	1 810	2 011
18	254	509	763	1 018	1 272	1 527	1 781	2 036	2 290	2 545
20	314	628	942	1 257	1 571	1 885	2 199	2 513	2 827	3 142
22	380	760	1 140	1 521	1 901	2 281	2 661	3 041	3 421	3 801
25	491	982	1 473	1 963	2 454	2945	3 436	3 927	4 418	4 909
28	616	1 232	1 847	2 463	3 079	3 695	4 310	4 926	5 542	6 158
30	707	1 414	2 121	2 827	3 534	4 241	4 948	5 655	6 362	7 069
32	804	1 608	2 413	3 217	4 021	4 825	5 630	6 436	7 238	8 042
36	1 018	2 036	3 054	4 072	5 089	6 107	7 125	8 143	9 161	10 179
40	1 257	2 513	3 770	5 027	6 283	7 540	8 796	10 053	11 310	12 566

附表 2-2 每米板宽的钢筋截面面积(mm²)

钢筋间距/mm	公称直径/mm									
	6	8	10	12	14	16	18	20	22	25
70	404	718	1 122	1 616	2 199	2 872	3 635	4 488	5 430	7 012
80	353	628	982	1 414	1 924	2 513	3 181	3 927	4 752	6 136
90	314	559	873	1 257	1 710	2 234	2 827	3 491	4 224	5 454
100	283	503	785	1 131	1 539	2 011	2 545	3 142	3 801	4 909
110	257	457	714	1 028	1 399	1 828	2 313	2 856	3 456	4 462
120	236	419	654	942	1 283	1 676	2 121	2 618	3 168	4 091
125	226	402	628	905	1 232	1 608	2 036	2 513	3 041	3 927
130	217	387	604	870	1 184	1 547	1 957	2 417	2 924	3 776
140	202	359	561	808	1 100	1 436	1 818	2 244	2 715	3 506
150	188	335	524	754	1 026	1 340	1 696	2 094	2 534	3 272

(续表)

钢筋间距/mm	公称直径/mm									
	6	8	10	12	14	16	18	20	22	25
160	177	314	491	707	962	1 257	1 590	1 963	2 376	3 068
170	166	296	462	665	905	1 183	1 497	1 848	2 236	2 887
180	157	279	436	628	855	1 117	1 414	1 745	2 112	2 727
190	149	265	413	595	810	1 058	1 339	1 653	2 001	2 584
200	141	251	392	565	770	1 005	1 272	1 571	1 901	2 454
250	113	201	314	452	616	804	1 018	1 257	1 521	1 963
300	94	168	262	377	513	670	848	1 047	1 267	1 636

附录三

附表 3 - 1　民用建筑楼面活荷载标准值及相关系数的取值

项次	类别	标准值（kN/m²）	组合值系数 ψ_c	频遇值系数 ψ_f	准永久值系数 ψ_q
1	住宅、宿舍、旅馆、办公楼、医院病房、托儿所、幼儿园	2.0	0.7	0.5	0.4
2	实验室、阅览室、会议室、医院门诊室	2.0	0.7	0.6	0.5
3	教室、食堂、餐厅、一般资料档案室	2.5	0.7	0.6	0.5
4	礼堂、剧场、影院、有固定座位的看台	3.0	0.7	0.5	0.3
5	商店、展览厅、车站、港口、机场大厅及旅客等候室	3.5	0.7	0.6	0.5
6	(1) 健身房、演出舞台 (2) 运动场、舞厅	4.0 4.0	0.7 0.7	0.6 0.6	0.5 0.3
7	书库、档案库、贮藏室	5.0	0.9	0.9	0.8
8	厨房　(1) 餐厅 　　　(2) 其他	4.0 2.0	0.7 0.7	0.7 0.6	0.7 0.5
9	浴室、卫生间、盥洗室	2.5	0.7	0.6	0.5
10	走廊、门厅 (1) 宿舍、旅馆、医院病房、托儿所、幼儿园、住宅 (2) 办公楼、餐厅、医院门诊部 (3) 教学楼及其他可能出现人员密集的情况	2.0 2.5 3.5	0.7 0.7 0.7	0.5 0.6 0.5	0.4 0.3 0.4
11	楼梯　(1) 多层住宅 　　　(2) 其他	2.0 3.5	0.7 0.7	0.5 0.5	0.4 0.3
12	阳台	2.5	0.7	0.6	0.5

参考文献

[1] 中华人民共和国国家标准.GB 50010—2010 混凝土结构设计规范[S].北京:中国建筑工业出版社,2010.

[2] 中华人民共和国行业标准.JGJ 3—2010 高层建筑混凝土结构技术规程[S].北京:中国建筑工业出版社,2010.

[3] 中华人民共和国国家标准.GB 50009—2012 建筑结构荷载规范[S].北京:中国建筑工业出版社,2012.

[4] 中华人民共和国国家标准.GB 50011—2010 建筑抗震设计规范[S].北京:中国建筑工业出版社,2010.

[5] 中华人民共和国国家标准.GB 50223—2008 建筑抗震设防分类标准[S].北京:中国建筑工业出版社,2008.

[6] 中国建筑标准设计研究院. 11G101—1 混凝土结构施工图平面整体表示方法制图规则和构造详图(现浇混凝土框架、剪力墙、梁、板)[S].北京:中国计划出版社,2011.

[7] 中国建筑标准设计研究院. 11G101—2 混凝土结构施工图平面整体表示方法制图规则和构造详图(现浇混凝土板式楼梯)[S].北京:中国计划出版社,2011.

[8] 中国建筑标准设计研究院. 11G101—3 混凝土结构施工图平面整体表示方法制图规则和构造详图(独立基础、条形基础、筏形基础及桩基承台)[S].北京:中国计划出版社,2011.

[9] 沈蒲生,罗国强,熊丹安.混凝土结构[M].北京:中国建筑工业出版社,2004.

[10] 贾瑞晨,甄精莲,项林.建筑结构[M].北京:中国建筑工业出版社,2012.

[11] 刘雁宁,郭清燕,张秀丽.建筑结构[M].北京:北京理工大学出版社,2009.

[12] 于建民,张叶红.钢筋混凝土结构[M].北京:清华大学出版社,2013.

[13] 程文瀼.混凝土结构设计[M].武汉:武汉大学出版社,2006.

[14] 高竞.平法结构钢筋图识读[M].北京:中国建筑工业出版社,2009.

[15] 于丽,顾玉萍.房屋建筑学[M].南京:东南大学出版社,2010.

[16] 同济大学,西安建筑科技大学,东南大学等.房屋建筑学[M].北京:中国建筑工业出版社,2005.

[17] 王秀花.建筑材料[M].北京:机械工业出版社,2009.

[18] 尹路平.建筑材料[M].青岛:中国海洋大学出版社,2011.

[19] 刘文锋.混凝土结构设计原理[M].北京:高等教育出版社,2004.

[20] 东南大学,天津大学,同济大学.混凝土结构设计原理[M].北京:中国建筑工业出版社,2012.

[21] 顾祥林.混凝土结构基本原理[M].上海:同济大学出版社,2004.

[22] 张晋元.混凝土结构设计[M].天津:天津大学出版社,2012.

[23] 赵顺波.混凝土结构设计原理[M].上海:同济大学出版社,2004.

[24] 蓝宗建.混凝土结构设计原理[M].南京:东南大学出版社,2002.

[25] 沈蒲生,梁兴文.混凝土结构设计原理[M].北京:高等教育出版社,2012.

图书在版编目(CIP)数据

建筑结构 / 朱进军,刘小丽,李晟文主编. 一南京:
南京大学出版社,2016.8(2022.12重印)
ISBN 978 - 7 - 305 - 17410 - 0

Ⅰ. ①建… Ⅱ. ①朱… ②刘… ③李… Ⅲ. ①建筑结
构—高等学校—教材 Ⅳ. ①TU3

中国版本图书馆 CIP 数据核字(2016)第 188649 号

出版发行　南京大学出版社
社　　　址　南京市汉口路 22 号　　　邮　编 210093
出 版 人　金鑫荣
书　　名　建筑结构
主　　编　朱进军　刘小丽　李晟文
责任编辑　董 薇 吴 华　　　　　编辑热线:025 - 83597482
照　　排　南京开卷文化传媒有限公司
印　　刷　广东虎彩云印刷有限公司
开　　本　787×1 092　　1/16　印张 14.25　字数 346 千
版　　次　2016 年 8 月第 1 版　2022 年 12 月第 4 次印刷
ISBN　978 - 7 - 305 - 17410 - 0
定　　价　36.00 元

网　　址:http://www.njupco.com
官方微博:http://weibo.com/njupco
微信服务号:njuyuexue
销售咨询热线:(025)83594756